Teubner-Reihe UMWELT

K. H. Knoll

Hygiene bei der Entsorgung
von Siedlungsabfällen

Teubner-Reihe UMWELT

Herausgegeben von
Prof. Dr. mult. Dr. h.c. Müfit Bahadir, Braunschweig
Prof. Dr. Hans-Jürgen Collins, Braunschweig
Prof. Dr. Bertold Hock, Freising

Diese Buchreihe ist ein Forum für Veröffentlichungen zum gesamten Themenbereich Umwelt. Es erscheinen einführende Lehrbücher, Monographien und Forschungsberichte, die den aktuellen Stand der Wissenschaft wiedergeben.

Das inhaltliche Spektrum reicht von den naturwissenschaftlich-technischen Grundlagen über umwelttechnische Fragestellungen bis hin zu juristisch, sozial- und gesellschaftswissenschaftlich ausgerichteten Titeln. Besonderer Wert wird dabei auf eine allgemeinverständliche, dennoch exakte und präzise Darstellung gelegt. Jeder Band ist in sich abgeschlossen.

Die Autoren der Reihe wenden sich vorwiegend an Studierende, Lehrende sowie in der Praxis tätige Fachleute.

Hygiene bei der Entsorgung von Siedlungsabfällen

 B. G. Teubner Stuttgart · Leipzig 1998

Prof. Dr. med. habil. Karl Heinz Knoll

Geboren 1922 in Frankfurt am Main. Von 1943 bis 1950 – mit Kriegsunterbrechung – Studium der Medizin und der Naturwissenschaften an der Johann-Wolfgang-Goethe-Universität Frankfurt am Main. 1952 Promotion und Volontärassistent am Hygiene-Institut Frankfurt/Main. Ab 1953 Wissenschaftlicher Assistent am Hygiene-Institut der Justus-Liebig-Universität Gießen, dort 1963 Habilitation in der Medizinischen Fakultät für das Fachgebiet „Medizinische Mikrobiologie und Hygiene". Leiter des Medizinal-Untersuchungsamtes und Oberassistent des Hygiene-Institutes. Ernennung 1970 zum apl. Professor und 1971 zum Professor an einer Universität auf Lebenszeit. Geschäftsführender Direktor des Zentrums für Ökologie im Fachbereich Humanmedizin.
1974 Berufung auf das Ordinariat für Hygiene im Fachbereich Humanmedizin der Philipps-Universität Marburg und als Direktor des Institutes für Umwelt- und Krankenhaushygiene. 1980 Ernennung zum Honorar-Professor des Fachbereiches Technisches Gesundheitswesen der Fachhochschule Gießen. 1983 Verleihung der Johann-Peter-Frank-Medaille für besondere Verdienste um das Öffentliche Gesundheitswesen der Bundesrepublik Deutschland. 1993 Emeritierung als ordentlicher Professor.
Beiratsmitglied verschiedener Gesundheits- und Umweltinstitutionen. Mitglied zahlreicher nationaler und internationaler Fachgesellschaften. Herausgeber von Büchern und Fachzeitschriften, über 300 Publikationen.

Gedruckt auf chlorfrei gebleichtem Papier.

Die Deutsche Bibliothek – CIP-Einheitsaufnahme

Knoll, Karl Heinz:
Hygiene bei der Entsorgung von Siedlungsabfällen /
von Karl Heinz Knoll. –
Stuttgart ; Leipzig : Teubner, 1998
  (Teubner-Reihe Umwelt)
    ISBN 978-3-519-00233-8   ISBN 978-3-322-93048-4 (eBook)
    DOI 10.1007/978-3-322-93048-4

Umschlaggestaltung: E. Kretschmer, Leipzig

Vorwort

Das Schrifttum zu Siedlungsabfällen, über ihre Entsorgung und für Verfahren zu ihrer Behandlung und Aufbereitung ist in den letzten Jahrzehnten fast ebenso angewachsen, wie die Abfallmengen selbst. Ähnliches gilt für die Gesetzgebung, die besonders in der Bundesrepublik Deutschland zur Thematik „Abfälle" seit Mitte des Jahrhunderts immer stärkeren Umfang angenommen hat. Mit der Erkenntnis, daß die bisherigen Beseitigungsmethoden von Abfällen „die Grenzen des Wachstums" aufzeigten und deshalb für die Zukunft unserer Erde nicht mehr realisierbar sind, wurden neue Leitlinien entwickelt. Sie lassen sich unter zwei Schwerpunkten zusammenfassen: Vermeidung von Abfällen und Bewirtschaftung von Abfällen.

Unter dem Begriff der Abfallwirtschaft stehen Wiederverwendung und Verwertung der in Abfällen enthaltenen Wertstoffe im Vordergrund. Mit Recyclingmaßnahmen sollen damit auch Ressourcen geschützt werden. Der vor allem in diesem Jahrhundert zunehmende weltweite Trend zur Wegwerfgesellschaft soll mit dem Prinzip der Vermeidung von Abfällen eingedämmt werden.

Damit wird in der Abfallwirtschaft, wie in der einschlägigen Gesetzgebung, ein Präventivcharakter erkennbar, der seit jeher dem Fachgebiet Hygiene eigen war.

Dieses präventivmedizinisch ausgerichtete Fach ist bestrebt, Krankheiten zu verhindern und die Gesundheit zu fördern. So war der Abfallsektor stets auch das Arbeitsgebiet von Hygienikern, und zwar aus der Erkenntnis heraus, daß über Abfälle Krankheiten entstehen und verbreitet werden können. Die Umwelthygiene hat die Aufgabe, Wasser, Boden und Luft vor Verunreinigungen zu schützen, wobei die schadlose Abfallentsorgung vorrangige Bedeutung erlangt.

Die vorliegende Publikation „Hygiene bei der Entsorgung von Siedlungsabfällen" entstand auf der Basis jahrzehntelanger Forschungstätigkeiten zu Fragen der Aufbereitung von Abfällen unter den Gesichtspunkten der Hygiene im Rahmen einer interdisziplinären Arbeitsgemeinschaft von Universitätsinstituten. In Zusammenarbeit mit dem Leichtweiß-Institut für Wasserbau der Technischen Universität Braunschweig wurde auf Anregung von Herrn Prof. Dr.-Ing. H.-J. Collins eine Veröffentlichung in der „Teubner-Reihe Umwelt" der B.G.Teubner Verlagsgesellschaft Stuttgart/Leipzig vorgeschlagen. Zumal Hygienefragen in dem bisher meist technisch ausgerichteten Schrifttum nur am Rande behandelt wurden, bin ich diesem Vorschlag gerne nachgekommen.

Als Information soll dieses Buch besonders Ingenieuren, Technikern und Umweltfachleuten dienen, denen die Zusammenhänge zwischen Abfallentsorgung und Hygiene weniger oder nicht bekannt sind und die mit dieser Schrift auch für ihre praktische Tätigkeit Hinweise zur Realisierung technischer Maßnahmen unter Hygienekautelen erhalten sollen.

Unter den Aspekten der Hygiene im Umgang mit Siedlungsabfällen sind bevorzugt gesundheitliche Beeinträchtigungen des Menschen und mögliche Belastungen seiner Umwelt zu beachten; beide Möglichkeiten können letztendlich zu Erkrankungen führen. Dabei spielen Infektionskrankheiten durch krankheitserregende Mikroorganismen eine besondere Rolle. Aus diesem Grunde werden in einem speziellen Kapitel „Mikrobiologie" Mikroorganismen in ihrer Bedeutung als Infektionskeime, aber auch sonstige Mikroorganismen in ihrer Funktion im Zusammenhang mit der Entsorgung von Siedlungsabfällen ausführlich abgehandelt. Auch dieses Kapitel soll zum besseren Verständnis für Ingenieure und Techniker dienen.

In der weiteren Kapitelabfolge werden unter Hygiene-Gesichtspunkten die einzelnen Abfallarten, ihre Sammlung und deren Abtransport behandelt, sowie Verfahren der Vorbehandlung von Siedlungsabfällen. Im Kapitel Abfall-Aufbereitung sind die entsprechend der Abfallgesetzgebung möglichen Verfahren der Geordneten Deponie, der Verbrennung und der Kompostierung bearbeitet und in ihrer Hygiene-Relevanz beurteilt worden.

Während im Text zitiertes Schrifttum nur auf besondere Originalarbeiten zum jeweiligen Thema verweist, dient ein umfangreiches Literaturverzeichnis mit weiterführenden Publikationen als vertiefende Nachschlagemöglichkeit zur Gesamtthematik. Ebenso wird auf einschlägige Gesetze, Verordnungen und Richtlinien zur Entsorgung von Siedlungsabfällen hingewiesen. In einem zusätzlichen Glossar sind im Text aufgeführte Begriffe nochmals in Kurzform erläutert.

Mein besonderer Dank gilt neben Herrn Prof. Dr.-Ing. H.-J. Collins für die Ermutigung zu diesem Buchprojekt und für seine stets hilfreichen Hinweise und Empfehlungen während dessen Erstellung sowie dem Verlag für die Aufnahme in die „Teubner-Reihe Umwelt". Herrn J. Weiß danke ich für kritische Hinweise zum Manuskript.

Marburg, im Juli 1998   Karl Heinz Knoll

Inhalt

1 Einleitung

Unter den Aspekten der Umwelthygiene gebührt der hygienisch einwandfreien Entsorgung von Siedlungsabfällen besondere Bedeutung. Die in Siedlungsgebieten des Menschen anfallenden festen und flüssigen Abfälle sind mit Inhaltsstoffen belastet, die in gesundheitlicher Hinsicht zu beachten sind, um bei der Sammlung von Abfällen, ihrem Transport und allen weiteren Maßnahmen zu deren Behandlung und Aufbereitung Schäden zu vermeiden. Die gesamte Entsorgung muß unter den Gesichtspunkten der Hygiene derart erfolgen, daß auch von den bei der Abfallbehandlung entstehenden Produkten keine nachteiligen Folgen ausgehen können. In Anbetracht der Tatsache, daß allen Abfällen auch eine ästhetische Bedeutung zukommt, ist dieser Gesichtspunkt ebenfalls bei allen Entsorgungsmaßnahmen zu beachten, auch wenn Ästhetik nicht identisch ist mit den Anforderungen der Hygiene im Rahmen der Abfallwirtschaft.

Da von Siedlungsabfällen nicht nur Beeinträchtigungen der menschlichen Gesundheit ausgehen können, sondern auch negative gesundheitliche Einwirkungen auf Tiere und Pflanzen, sind alle Maßnahmen unter diesen gesamthygienischen Kautelen durchzuführen. Auch umwelthygienische Auswirkungen auf Boden, Wasser und Luft sind zu berücksichtigen, zumal von derart geschädigten Medien wiederum sekundäre Schadwirkungen auf die belebte Umwelt zu erwarten sind.

Für alle von Siedlungsabfällen ausgehenden negativen Einflüsse sind neben biologischen Faktoren ebenfalls chemische oder physikalische Ursachen verantwortlich zu machen. Als Organismen, die Krankheiten für Mensch, Tier und Pflanze verursachen, können verschiedene Krankheitserreger in Siedlungsabfällen vorkommen. Einige sind auch in der Lage, Giftstoffe zu bilden, die dann ihrerseits Vergiftungen auslösen können. Ebenfalls muß mit chemischen Schadstoffen gerechnet werden, die zu biologischen Schäden führen oder auch als Umweltgifte wirken; im Rahmen der Entsorgungsmaßnahmen von Siedlungsabfällen können zusätzlich chemische oder physikalische Substanzen gebildet werden, die dann als sekundäre Schadstoffe umwelthygienische Bedeutung gewinnen.

Die Aufgaben der Hygiene in der Abfallwirtschaft stellen sich somit als umfassende Maßnahmen zur Gesundheitsvorsorge dar, zur Vermeidung gesundheitlicher Beeinträchtigungen bei der Entsorgung von Siedlungsabfällen, wie auch zur Verhütung von Umweltbelastungen, indem dieses präventive Prinzip bei allen Verfahren zur Anwendung kommen sollte.

Abfallwirtschaft unter Hygienekautelen muß aber auch zukunftsorientiert sein, um zukünftigen Hygieneproblemen bei Anfall und Entsorgung von Siedlungabfällen vorzubeugen. Dies gilt auch für die im Rahmen der Aufbereitung und Behandlung von Abfällen entstehenden Produkte, inwieweit diese zukünftigen Anforderungen an ihre Umweltverträglichkeit standhalten bzw. ob sie überhaupt auf Dauer verwendungsfähig sind.

Wenn in der Geschichte der Menschheit zunächst rein instinktiv Abfälle als Ursache für gesundheitliche Probleme vermutet wurden, so waren es später Ärzte und im letzten Jahrhundert vor allem Hygieniker, welche die causalen Zusammenhänge erkannten und aufklären konnten. Von ihnen wurden dann auch Lösungsvorschläge auf präventiver Grundlage entwickelt. Abfälle sollten so schnell als möglich aus Ansiedlungen entfernt werden, um Erkrankungen und Epidemien vorzubeugen.

Mit der Schaffung der kaiserlichen Reichsanstalt für Wasser-, Boden- und Lufthygiene in Berlin erhielten diese Bereiche neue Aktualität, die noch bis heute Gültigkeit besitzt.

Auch die Gesetzgebung hat sich diesem Trend angepaßt derart, daß mehr und mehr die präventive Vorsorge in den Vordergrund rückt: Die Vermeidung von Abfällen zur Verhütung von Umweltproblemen erhält vorrangigen Charakter.

Dem Schutz der Ressourcen der Erde dient die Kreislaufwirtschaftsgesetzgebung, welche den Gedanken der Wiederverwertung, des Recyclings, realisieren soll.

Der Inhalt des Buches befaßt sich mit Fragen der Hygiene bei der Entsorgung von Siedlungsabfällen. Dabei werden nur die in der Abfallgesetzgebung erfaßten festen Abfälle berücksichtigt, wozu auch die bei der Abwasseraufbereitung entstehenden Klärschlämme gehören. Die im Rahmen der Abwasserbehandlung zu beachtenden Hygieneprobleme werden nicht behandelt.

Ebenfalls wurde die Entsorgung der bei Massentierhaltungen erzeugten Abfälle nicht gesondert abgehandelt, da diese mit einer eigenen Hygieneproblematik behaftet sind.

Dies gilt auch für den Bereich der Sonderabfälle, besonderer Abfälle aus Gewerbe und Industrie, welche in Anbetracht ihrer Beschaffenheit und ihrer unterschiedlichen Zusammensetzung auch eigenständigen Entsorgungsmaßnahmen unterliegen.

Auch wenn dem Bereich „Altlasten" gerade seitens der Hygiene eine bevorzugte Bedeutung zukommt, soll dieser Fragenkomplex nur angedeutet, aber nicht ausführlich dargestellt werden, um den vorgesehenen Umfang des Buches nicht zu sprengen.

Dagegen werden nicht nur umwelthygienische Fragen im Zusammenhang mit der Entsorgung von Siedlungsabfällen angesprochen, sondern auch gewerbehygienische und arbeitsmedizinische Probleme, die für Müllwerker bei ihrer Tätigkeit zu beachten sind.

Da die Überwachung der Entsorgung von Siedlungsabfällen zu den Aufgaben des öffentlichen Gesundheitsdienstes gehört, finden auch Gesundheitsämter praktische Hinweise für ihre Aufsichtstätigkeit.

Für Ingenieure und Techniker in Umweltämtern und ähnlichen Einrichtungen mit Aufgaben zur Entsorgung von Siedlungsabfällen wurde versucht, medizinische und hygienische Probleme ausführlich darzustellen. In einem eigens für diesen Personenkreis erstellten Glossar sind einzelne Begriffe nochmals separat erläutert. Insbesondere werden hier medizinische Fachbegriffe aus anderen Sprachen verständlich interpretiert.

Im Schrifttumsverzeichnis finden sich ebenfalls Hinweise zu ergänzender und weiterführender Literatur zum Sachgebiet.

Bei den einzelnen Methoden der Sammlung, des Transportes und der Aufbereitung von Siedlungsabfällen wurde auf die Verfahrenstechnik nur insoweit eingegangen, als sie für die Hygiene von Bedeutung ist; zur Technik in der Abfallwirtschaft steht ausreichende Spezialliteratur zur Verfügung, auf die im Bedarfsfalle zurückgegriffen werden kann.

Die vorliegende Publikation soll letztlich einen Beitrag zur Lösung von Abfallproblemen unter Hygienekautelen liefern und mit dazu beitragen, daß die Entsorgung von Siedlungsabfällen auch in der Zukunft keine gesundheitlichen Beeinträchtigungen verursacht.

2 Geschichtliches

Geschichtlich gesehen ist die Hygiene sicherlich so alt wie die Menschheitsgeschichte überhaupt. Wenn damit das bewußte Vermeiden von Gefahren für die Gesundheit des Menschen und Maßnahmen zur Förderung der menschlichen Gesundheit verstanden werden, dann gibt es hierzu bereits im 6. Jahrtausend v.Chr. Hinweise, die erkennen lassen, daß schon damals einwandfreie Trinkwasserbeschaffenheit ebenso wie die Entfernung von Abfällen aus den Wohnbereichen des Menschen aus einem hygienischen Urinstinkt heraus als wesentliche Voraussetzungen der Gesundheit erkannt worden waren.

Nicht nur Anlagen zur Wasserversorgung, sondern auch solche zur Abwasserbeseitigung sind bereits in der babylonisch-assyrischen Geschichte bekannt.
In Mesopotamien fanden sich in einem Palast der Sumerer in Dur-Sargon bereits um 3750 v.Chr. Aborte mit Spülung.

Bekannt sind auch die Entwässerungen am Indus in der Stadt Mohendscho-Daro, wo um 4500-2750 v.Chr. in Backsteinhäusern Sitzaborte benutzt wurden, deren Entwässerung über gebrannte Tonrohre in unterirdische Stadtkanäle in den Indus erfolgten. In diesen Städten wurden die festen Abfälle z.B. von einem meist im ersten Stockwerk der Gebäude liegenden Küchenbereich entsorgt, indem sie über einen „Müllschlucker" ins Erdgeschoß in Tonbehälter befördert wurden, die jeweils hinter den Häusern standen und über eine eigene Entsorgungsstraße abgefahren wurden („Wechseltonnen-System" !).

Ähnliche Beachtung zollte man den Abfallstoffen, die in menschlichen Ansiedlungen auftraten, in Babylon und Ninive sowie auf Kreta um 2000 v.Chr.

Neben Vorschriften in Papyrusfunden zur Beseitigung von Abfällen, die bereits auf einen hohen Kenntnisstand der alten Ägypter hinsichtlich von Maßnahmen zur Gesundheitsvorsorge hinweisen, finden sich ausführliche Hygieneregeln in der Bibel im dritten und vierten Buch Moses, die vermutlich auf ägyptischen Überlieferungen beruhen und für die Bedürfnisse des Volkes Israel weiterentwickelt wurden. Sie können nach der heutigen Nomenklatur bereits als Gesetze und Empfehlungen zur Umwelthygiene bezeichnet werden.

Ohne Kenntnisse der Erregernatur von Mikroorganismen für Infektionskrankheiten waren bei allen alten Hochkulturen die Zusammenhänge zwischen Abfällen und Krankheitsgeschehen vor allem bei den Priestern bekannt, die wesentlich dazu beitrugen, durch Hygienemaßnahmen einen präventiven Gesundheitsschutz aufzubauen. Sie gaben deshalb auch für die Beseitigung von Abfällen entsprechende Hygieneempfehlungen, welche teilweise auch den heutigen Hygieneanforderungen durchaus noch standhalten können.

Da sich insbesondere in größeren menschlichen Ansiedlungen und Wohngebieten Probleme der Hygiene zeigten, wurden vornehmlich in Städten des Altertums Einrichtungen der Umwelthygiene erforderlich, die sich bei heutigen Ausgrabungen als Zeugen einer relativ hochstehenden Hygienekultur wiederfanden.

So verwundert es nicht, daß noch heute zur Ableitung der Abwässer der Stadt Rom die bekannte cloaca maxima, die im 5. Jh.v.Chr. von den alten Römern gebaut wurde, benutzt wird.

Auch in Köln fand man bei Tiefbauarbeiten noch die Überreste einer Kanalisation aus der Römerzeit. Weiterhin ist bekannt, daß die Etrusker in der Nähe des heutigen Bologna bereits eine Abwasserkanalisation besaßen.

Neben der Sammlung fester Abfälle in Tonkrügen waren auch Abfallgruben schon im Altertum bekannt, die von sogenannten Goldgräbern nach festgesetzten Vorschriften entleert wurden und deren Inhalt außerhalb der Stadt deponiert werden mußte. Die Bezeichnung „Goldgräber" dürfte zurückzuführen sein auf die Abfallsteuer namens chrysargyrum (goldiges Geld), welche von Kaiser Konstatinus dem Großen in Rom eingeführt wurde. Doch die bis heute für den Staat und die Gemeinden lukrative Gebührenerhebung zur Entsorgung von Abfällen hat noch berühmtere Vorgänger in der von Vespasianus um 75 nach Christus eingeführten Harnsteuer, die zur Besteuerung der von ihm in Rom gebauten Urinierstände diente. Als ihn sein Sohn Titus deshalb tadelte, hielt er ihm das auf diese Weise eingenommene Geld unter die Nase mit den - bis heute bekannten - Worten „pecunia non olet" (Geld stinkt nicht !). Als Vorbild könnten ihm Unternehmer im alten Rom gedient haben, die auf den Straßen gegen entsprechendes Entgelt zu jedermanns Nutzung tragbare Abtritte zur Verfügung stellten.

Im antiken Griechenland gab es bereits 320 v.Chr. in Athen Vorschriften für die tägliche Straßenreinigung, zu welcher die Anlieger verpflichtet wurden. In ähnlichen Bestimmungen wurde festgelegt, daß Abfuhrunternehmer, die Straßenmüll einsammelten und Fäkalgruben leerten, diese Abfälle mindestens 10 Stadien (etwa 2 km) außerhalb der Stadtmauern von Athen ablagern mußten. Derartige Städtehygiene könnte noch bis heute Vorbild mancher Abfallentsorgungsverfahren sein.

Daß auch bei mangelnder Stadthygiene bereits hygienische Zusammenhänge im Hinblick auf die Attraktivitätswirkung von Abfällen und dem Auftreten von Ungeziefer erkannt wurden, zeigen Anordnungen des Kaisers Domitian um 90 n.Chr., wonach entsprechende Schädlingsbekämpfungen durchgeführt werden mußten.

Alle diese aus heutiger Sicht anerkennenswerten Hygienetechniken gerieten mit dem Untergang der antiken Hochkulturen und mit dem Zerfall des Römischen Reiches in Vergessenheit und blieben es bis ins Mittelalter. Die dann beginnenden Seuchenzüge, welche die Bevölkerung vor allem in Europa durch Pest, Cholera, Typhus u.a. Infektionskrankheiten dezimierten, wurden als Strafen Gottes gedeutet, indem die Menschen durch giftige Nebel und Dämpfe (Miasmen) dahingerafft werden, welche über die menschlichen Ansiedlungen hinwegziehen.

Diese „Miasmen-Theorie" scheint sich im Unterbewußtsein vieler Menschen bis heute gehalten zu haben und wirkt sich in Sonderheit bei der Entsorgung von Abfällen und bei Entscheidungen zu deren Aufbereitung aus.

Das vielerorts geübte „St.Florians-Prinzip": „Heiliger St. Florian, verschone mich, zünd' andre an !" kann man allenfalls auch als Relikt des mittelalterlichen Miasmendenkens bezeichnen.

So konnten zunächst im Mittelalter keine Zusammenhänge erkannt werden, inwieweit diese Großseuchen ihre Ursachen auch in der damals unmöglichen Abfallbeseitigung haben könnten, bei der antike Hygieneregeln unbekannt waren. Es war in Städten üblich, Abfälle offen auf den Straßen abzulagern, Fäkalien wurden aus Abtritten („Abort") über Fallrohre („Plumps-Clo"!) - sofern kein Gewässer, Fluß o.ä. (wie z.B. in Nürnberg) zur Aufnahme zur Verfügung stand - direkt auf die Straße entleert. So konnten Straßen nur benutzt werden, indem man in Abfallschlamm und Kot waten mußte. Daß dies auch nicht zur Verbesserung der Stadtluft beigetragen hatte, dürfte selbstverständlich sein. Es kann vermutet werden, daß der in der damaligen Zeit entstandene Ausspruch „Es stinkt wie die Pest !" im Zusammenhang mit der üblichen Abfallentsorgung geprägt wurde.

Nachdem erkannt wurde, daß durch Straßenbefestigung, deren regelmäßige Reinigung, wie auch durch Verbrennung von Pestleichen und deren Habseligkeiten, die weitere Ausbreitung der Seuchen eingedämmt werden konnte, entstanden instinktiv Hygienemaßnahmen zur Abfallentsorgung. Sammelbehälter für Abfälle wurden eingeführt, Gesetze und Verordnungen erlassen, welche der Vorbeugung von Gesundheitsschäden, wie der Ausschaltung von Infektionsrisiken, dienen sollten, ohne daß Infektionserreger als solche schon bekannt waren.

Von „Öffentlicher Gesundheitspflege" als Aufgabe des medizinischen Fachgebietes Hygiene konnte man erst nach Erscheinen der Abhandlung von Johann Peter Frank im Jahre 1784 „System einer vollständigen medicinischen Polizey" sprechen.

Jedoch erst Ende des 19. Jahrhunderts begann das Zeitalter der „Mikrobenjäger", mit der Entdeckung von Bakterien, des kausalen Nachweises ihrer Funktion als Erreger von Infektionskrankheiten und mit dem Erkennen von Möglichkeiten zu ihrer Bekämpfung. Neben Robert Koch und Louis Pasteur ist Max von Pettenkofer zu nennen, dem 1866 in München das erste Hygiene-Institut an einer deutschen Universität übertragen wurde und der mit umwelthygienischen Maßnahmen die Erkrankungshäufigkeit an Cholera und Typhus in München wesentlich reduzieren konnte.

Die ersten präventivmedizinischen Erfolge von Hygienikern basierten auf dem Postulat: Alle Abfälle müssen so schnell als möglich aus den Siedlungsgebieten des Menschen herausgeschafft werden, bevor sie einen gesundheitlichen Schaden anrichten können !

Auch die damals geprägte Forderung nach „Desinfektion am Krankenbett" besagt ja dasselbe und gilt heute noch in der erweiterten Version derart, daß überall dort, wo ein gesundheitsschädlicher Stoff vorliegt oder anfällt, d.h. am Ort seiner Entstehung, die aus hygienischer Sicht erforderlichen Maßnahmen zu seiner Ausschaltung getroffen werden müssen, bevor er in die Umwelt abgegeben wird.

Sicherlich kann den damaligen Hygienikern nicht angelastet werden, daß die von ihnen aufgestellten Forderungen und veranlaßten Maßnahmen noch nicht in ihrer vollen zukünftigen Auswirkung durchdacht wurden, zumal die Folgen damals nicht absehbar waren. Der sichtbare Erfolg, den von Pettenkofer z.B. mit seiner Schwemmkanalisation innerhalb der Stadt erzielte, ging einher mit der Abwassereinleitung in einen Vorfluter und der Belastung der Isar mit Schadstoffen. Die Beschaffenheit der Gewässer konnte in der damaligen Zeit noch eine biologische Selbstreinigungskraft aufweisen, welche eine ausreichende Abwasseraufbereitung vermuten ließ. Die spätere Gewässerverschmutzung durch Einleitung ungereinigter Abwässer aus praktisch allen menschlichen Ansiedlungen und die daraus resultierenden Folgeerscheinungen waren damals sicherlich nicht vorauszuahnen.

Erst Folgegenerationen von Hygienikern war es vorbehalten, aus Gründen der Hygiene anstelle des im Gewässer erfolgenden biologischen Abbaus der Abwasserbelastung, eine Aufbereitung von Abwässern vor ihrer Einleitung in ein Gewässer und schließlich später die vollbiologische Reinigung kommunaler Abwässer auf Kläranlagen zu fordern.

Auch hierbei waren die möglichen Folgen nicht bedacht worden, nämlich daß mit der angestrebten Mineralisierung der oxidablen Substanz in einer Kläranlage die mit dem gereinigten Abwasser in die Gewässer eingeführten Stoffe, wie z.B. Phosphat, Nitrat, zu einer Gewässereutrophierung führen und damit eine sekundäre organische Belastung des Vorfluters bringen, mit allen möglichen Folgeerscheinungen, die man eigentlich mit der Aufbereitung des Abwassers auf der Kläranlage vermeiden wollte. Hierdurch wird heute die - auch von der Umwelthygiene zu stellende - Forderung nach einer weiterführenden Abwasserreinigung zur Eliminierung eutrophierender Substanzen vor Einleitung eines gereinigten Abwassers in einen Vorfluter zu realisieren sein.

Diese aus der geschichtlichen Entwicklung der Abfallaufbereitung und Abfallentsorgung geprägte Erkenntnis, daß bisher die nach Stand der Wissenschaft und der Technik empfohlenen Forderungen und Verfahren hinsichtlich ihrer Hygieneauswirkungen nicht zu Ende gedacht wurden, sollte in Zukunft Veranlassung sein, alle Methoden der Aufbereitung von Siedlungsabfällen einer endgültigen Problemlösung zuzuführen. Dabei sollte immer gerade im Sinne der Umwelthygiene das präventivmedizinische Postulat Beachtung finden, daß ein Schadstoff möglichst schon am Ort seiner Entstehung bekämpft oder elimiert wird, so daß er keine sekundären gesundheitlichen Schäden auslösen kann.

Zunehmend mit den Erkenntnissen der Hygiene wurden weltweit Forderungen zur Behandlung von Siedlungsabfällen gestellt. Dies führte 1876 in England zum Bau der ersten Müllverbrennungsanlage. Während der Choleraepidemie im Jahre 1892 in Hamburg wurden die Abfälle der Stadt im Umland deponiert, was den Protest der dortigen Bewohner - aus Furcht vor der Übertragung von Cholera - auslöste, so daß keine Ablagerungsflächen zur Verfügung gestellt wurden; somit war der Hamburger Senat gezwungen, für die städtischen Abfälle eine Müllverbrennungsanlage zu erstellen und im Jahre 1893 in Betrieb zu nehmen. Diese Anlage war übrigens die erste Einrichtung in Deutschland zur Verbrennung von Hausmüll.

Bereits um die Jahrhundertwende waren auch erste Anzeichen zur Wiederverwertung der in Abfällen enthaltenen Stoffe, wie auch zur Energieausnutzung aus der Müllverbrennung zu erkennen.

Zur Eliminierung von Wertstoffen aus Hausmüll wurden in New York 1898 die ersten Aussortieranlagen für Müll in Betrieb genommen. Diese Methode, durch Handauslese Wertstoffe aus Abfällen wiederzugewinnen, fand dann auch in Deutschland in den Städten Berlin, Hamburg und München Nachahmung. Die damalige Ausbeute erreichte nach Literaturangaben bereits beachtliche Mengen an sogenannten Wertstoffen, wobei man bestrebt war, durch zusätzlichen maschinellen Einsatz das Ausleseergebnis weiter zu verbessern; hinsichtlich der gesundheitlichen Beeinträchtigung der Personen am Förderband finden sich keine Angaben, was auch nicht verwunderlich ist, wurden doch manche dieser „Müllwerker" durch Verkauf der Wertstoffe zu „Müllionären".

Infolge des weltweit steigenden Verbrauchs von Konsumgütern im 20. Jahrhundert und insbesondere nach dem 2. Weltkrieg stiegen Menge und Volumen der festen Abfallstoffe stark an. Mit zunehmendem Wohlstand der Bevölkerung wuchs auch die Menge des „Wohlstandmülls". Auch in Deutschland entwickelte sich die Wegwerfgesellschaft, so daß zwangsläufig Probleme auftreten mußten, wohin man alle Abfälle verbringen sollte.

Mitte diesen Jahrhunderts wuchs aber auch das Umweltbewußtsein des Menschen, der erkennen mußte, daß wir „nur diese eine Erde" besitzen, die für ein Überleben der Menschheit geschützt werden muß, daß die Ressourcen dieser Erde nicht unendlich zur Verfügung stehen und es ein Verbrechen ist, Rohstoffe als Abfälle so zu beseitigen, daß sie für eine Nutzung nicht mehr zur Verfügung stehen.

Die Verkündung der Magna Charta der Weltgesundheitsorganisation (WHO) zum Schutze der menschlichen Gesundheit, die Meadows-Studie über die Grenzen des Wachstums, die Forderungen des Club of Rome hinsichtlich der Sicherung nicht regenerierbarer Ressourcen der Erde und schließlich die erste Welt-Umwelt-Konferenz mit ihrem Motto „Nur diese eine Erde !" sind mit Recht als Beginn eines neuen Erdzeitalters zu betrachten, in dem auch die alten Ziele der Umwelthygiene verwirklicht werden können.

Dies wirkte sich auch auf dem Abfallsektor aus, wo sich insbesondere in industrialisierten und dicht besiedelten Gebieten Europas bereits in den fünfziger Jahren ein Umdenken in der Behandlung von Siedlungsabfällen zeigte. Die erste internationale Konferenz für Abfallbeseitigung fand 1958 in Holland statt. Dort konnten auch die in Deutschland schon bestehende „Arbeitsgemeinschaft für kommunale Abfallwirtschaft" (AkA) und die an der Universität Gießen interfakultativ arbeitende „Arbeitsgemeinschaft von Universitätsinstituten für Abfallwirtschaft" ihre ersten Ergebnisse zu Forschungsarbeiten über umweltfreundliche Abfallaufbereitungsverfahren international präsentieren (KNOLL, K. H., 1969).

Beide Institutionen erkannten schon damals, daß eine vollständige Beseitigung aller Abfälle nicht möglich ist und sahen nur in der Bewirtschaftung von Siedlungsabfällen eine Möglichkeit, das Problem Abfall in der Bundesrepublik Deutschland zu lösen. Sie können also mit Recht als Initiatoren und als Vorbild für das zu Beginn der neunziger Jahre aufblühende Recyclinggeschehen auf allen Abfallgebieten bezeichnet werden.

Im Jahre 1960 wurde das erste Taschenbuch der AkA „Sammlung - Aufbereitung und Verwertung von Siedlungsabfällen" herausgegeben, das der Vorläufer des heute internationalen Standardwerkes zur Müll- und Abfallbeseitigung "Müll-Handbuch", wie auch der gleichnamigen Fachzeitschrift „Müll und Abfall" war.

Auch seitens der Bundesregierung erfolgten - auf Drängen des ersten Bundes-Umweltbeirates - auf gesetzlicher Ebene und in der Institutionalisierung der „Zentralstelle für Abfallbeseitigung" (ZfA) 1965 in Berlin umweltrelevante Initiativen.

In Anbetracht des damaligen politischen Status von Berlin (Sektorenstadt) wurde ein Veto zur Errichtung eines Bundesamtes für Umwelt ausgesprochen; so ist der Name „Umweltbundesamt" (UBA) zu erklären, das zunächst als Institution des Innenministeriums der Bundesrepublik Deutschland gegründet und später dem Bundes-Umweltministerium zugeordnet wurde. Gleichzeitig ging die Kompetenz für Siedlungsabfälle vom Bundesgesundheitsministerium auf diese neuen Umwelteinrichtungen über.

Diese Entwicklung mußte aber auch sicherstellen, daß zur Realisierung aller Forderungen für den Umweltschutz und zur Bewältigung der Abfallproblematik das geeignete Fachpersonal vorhanden war. Obwohl nach wie vor die gesundheitliche Überwachung umweltrelevanter Anlagen und Einrichtungen als Aufgabe des Öffentlichen Gesundheitsdienstes von Gesundheitsämtern wahrgenommen wurde, hatten die dort tätigen Amtsärzte und das sonstige Personal auf Grund ihrer Ausbildung nicht das technische Wissen, um die auf sie zukommende neue Problematik lösen zu können. Dennoch mußten auch neue Abfallaufbereitungsanlagen durch das zuständige Gesundheitsamt in präventivmedizinischer Hinsicht überprüft werden, bevor sie in Betrieb genommen werden konnten.

Aus derartigen Unsicherheiten heraus, die speziell bei Aufsichtsbehörden des Öffentlichen Gesundheitsdienstes auftraten, begannen in Hessen schon in den sechziger Jahren die ersten Bemühungen, für derartige Aufgaben ein neues Berufsbild zu schaffen. Es sollten Fachkräfte ausgebildet werden, die neben technischen und ingeniösen Voraussetzungen auch biologisch-medizinische Kenntnisse mitbringen, um Umweltprobleme auch unter präventivmedizinischen Kautelen lösen und umweltrelevante Anlagen überwachen zu können. Da sich an der Universität Gießen im Fachbereich Medizin bereits die Technische Hygiene als Institution etabliert hatte, wurde mit Unterstützung der zuständigen hessischen Fachministerien in Gießen auch der neue Fachbereich Technisches Gesundheitswesen ins Leben gerufen, so daß ab 1970 an der Fachhochschule Gießen die Ausbildung von Ingenieuren für Umwelt- und Hygienetechnik beginnen konnte.

Ab 1975 wurde an der Technischen Universität Berlin das Studium für Technischen Umweltschutz möglich, und in den Folgejahren konnten weitere umweltrelevante Studiengänge an deutschen Hochschulen eröffnet werden.
Im Fachbereich Landwirtschaft der Universität Gießen wurde im Jahre 1976 mit Unterstützung der Arbeitsgemeinschaft von Universitätsinstituten für Abfallwirtschaft die neue Fachrichtung „Umweltsicherung in der Landwirtschaft" ins Leben gerufen.
Mit den Absolventen derartiger Hochschulausbildungsgänge waren somit auch Fachkräfte vorhanden, um bei der Lösung umweltrelevanter Probleme mitwirken zu können, wozu auch der Sektor Abfallwirtschaft gehört.
Auch auf dem Gebiet der Gesundheitsgesetzgebung zeichnet sich deutlich der Wandel in der Beurteilung und in den Aufgaben der Hygiene ab. Bereits in dem von der Bundesregierung 1960 verabschiedeten „Gesetz zur Verhütung und Bekämpfung übertragbarer Krankheiten beim Menschen" (Bundesseuchengesetz) ist der vorrangige präventive Charakter gegenüber dem Reichsseuchengesetz zu erkennen, das schwerpunktmäßig auf die Bekämpfung gemeingefährlicher Krankheiten ausgerichtet war.
In dem ab 1961 in Kraft getretenen Bundesseuchengesetz (BSeuchG) fanden auch die auf die Umwelthygiene erweiterten Aufgabenbereiche Aufnahme.
In § 12 heißt es: „Die Gemeinden oder Gemeindeverbände haben darauf hinzuwirken, daß die festen oder flüssigen Abfall- oder Schmutzstoffe so beseitigt werden, daß Gefahren für die menschliche Gesundheit durch Krankheitserreger nicht entstehen".
Da mit Errichtung der Zentralstelle für Abfallbeseitigung und dem Umweltbundesamt die Siedlungsabfälle nicht mehr beim Bundesgesundheitsministerium ressortierten, erfolgten auch Änderungen in der Gesetzgebung. Die im § 12 BSeuchG aufgeführten festen Abfälle wurden mit Novellierung des BSeuchG dort heraus-

genommen, zumal inzwischen auch eine eigene Abfallgesetzgebung geschaffen worden war.

Im Abfallbeseitigungsgesetz vom 7. Juni 1972 werden die Entsorgung und die Aufbereitung fester Siedlungsabfälle nach den drei Verfahren der Geordneten Deponie, der Verbrennung und der Kompostierung geregelt mit der Forderung, daß hierbei keine Gefährdung der Gesundheit von Mensch und Tier erfolgt.

In die Zuständigkeit dieses Gesetzes fallen aber nicht nur die festen Siedlungsabfälle, wie Hausmüll und sonstige Abfallstoffe, sondern auch die bei der Abwasserreinigung anfallenden Klärschlämme.

Wie in der Wassergesetzgebung der Bundesrepublik Deutschland ein deutlicher Wandel in der Hygienebedeutung vom „Gesetz zur Ordnung des Wasserhaushaltes" (Wasserhaushaltsgesetz) aus dem Jahre 1960 bis hin zur Novellierung der Trinkwasserverordnung („Verordnung über Trinkwasser und Wasser für Lebensmittelbetriebe" vom 5.12.1990) zu erkennen ist, hat sich der gleiche präventive Trend besonders deutlich in der Abfallgesetzgebung durchgesetzt.

Aus dem „Gesetz zur Beseitigung von Siedlungsabfällen" wird das „Gesetz zur Vermeidung, Verwertung und Beseitigung von Abfällen" und schließlich im Jahre 1994 das „Gesetz zur Förderung der Kreislaufwirtschaft und Sicherung der umweltverträglichen Beseitigung von Abfällen" (Kreislaufwirtschafts- und Abfallgesetz), in dem bereits mit der Fußnote: „Dieses Gesetz dient der Umsetzung der Richtlinie 91/156/EWG des Europarates..." auf eine zukunftsträchtige Entwicklung der Gesetzgebung in einem Vereinigten Europa hingewiesen wird.

Anfang 1997 wurde dem Bundestag ein Bundes-Bodenschutzgesetz vorgelegt, mit dem jeder Bürger in die Pflicht genommen werden soll, neben Wasser und Luft den für sich und kommende Generationen lebenswichtigen Boden zu erhalten. Dieses Gesetz soll auch Schutz und Sanierung der Böden, sowie die Beseitigung von Altlasten, bundesweit regeln. Damit wird dieses Gesetz als Ergänzung zur Abfallgesetzgebung angesehen werden können und legt gleichfalls die Voraussetzungen zur Entsorgung von Siedlungsabfällen fest.

Es bleibt nur zu hoffen, daß die in Deutschland in der Vergangenheit abgelaufene Entwicklung in der Bedeutung und in den Aufgaben der Hygiene, insbesondere in Richtung zur Umwelthygiene, sich auch im künftigen Europa weiter fortsetzt und stabilisiert.

Bereits in der Vergangenheit konnte man feststellen, daß speziell bei Umweltproblemen Ländergrenzen keine Bedeutung mehr haben, im Gegenteil: Die Umweltproblematik muß global gelöst werden, um präventiv den Schutz des Lebens auf dieser Erde auch für künftige Menschengenerationen sicherzustellen und zu garantieren.

3 Gesetzgebung

Bereits im Kapitel zur Geschichte der Abfallbeseitigung wurde auf verschiedene Empfehlungen, Verordnungen und Gesetze hingewiesen, die im Laufe der Menschheitsgeschichte den Erkenntnissen des jeweiligen Zeitalters entsprechend Abfallprobleme lösen sollten.

Aus diesem Grunde soll im vorliegenden Kapitel lediglich auf derzeit gültige umweltrelevante Rechtsvorschriften hingewiesen werden, in denen sich bereits das aktuelle Umweltbewußtsein einerseits und die in Richtung einer Umwelthygiene geänderten Hygieneforderungen andererseits widerspiegeln.

Wie bereits ausgeführt, findet sich in der Gesetzgebung ganz deutlich ein präventiver Trend, der vom Bundesseuchengesetz vorgegeben wurde, indem nunmehr der Schwerpunkt auf der Vermeidung von Infektionskrankheiten liegt, d.h., die eigentlichen Aufgaben der Hygiene im Rahmen der Vorbeugung gewinnen Vorrang.

Eine weitere Veränderung bei der Bewertung einer Verursachungshaftung z. B. bei Umweltschäden ist zu erkennen, wobei deutlich gemacht wird, daß derartige Straftaten keine Kavaliersdelikte sind und daß nicht der Geschädigte beweispflichtig wird, sondern der Schädiger muß beweisen, ob und inwieweit seine Tat zu einem Schaden geführt hat. Die Justiz spricht hier von einer Umkehr der Beweispflicht.

Das Gesetz über die Vermeidung und Entsorgung von Abfällen vom 7.6.1972 in der Fassung der Bekanntmachung vom 27.8.1986 (4. Novelle zum Abfallgesetz) basiert auf den umweltrelevanten Zielvorstellungen, daß die Abfallvermeidung Vorrang vor der Abfallverwertung hat und daß die Verwertung von Abfallstoffen vorrangig vor deren Entsorgung erfolgen muß.

Damit wird ebenfalls der von der Hygiene vertretene präventive Charakter der Vorsorge unterstrichen. „Der beste Müll und Abfall ist der, der überhaupt nicht entsteht!"

Das Abfallgesetz enthält Bestimmungen über die Verpflichtung zur Entsorgung und die Aufstellung von ländereigenen Abfallentsorgungsplänen. Es ordnet die Zulassungspflicht für Abfallentsorgungsanlagen an. Es regelt die Überwachung der Entsorgung durch die zuständige Behörde. Betreiber ortsfester Abfallentsorgungsanlagen müssen einen Betriebsbeauftragten für Abfall bestellen. Auch die gesonderte Behandlung von Abfällen, die Schadstoffe enthalten, wird geregelt. Abfälle, welche über die Grenzen der Bundesrepublik Deutschland transportiert werden sollen, bedürfen einer besonderen Genehmigung.

Die Bundesgesetzgebung auf dem Gebiet Abfall stellt übrigens eine sogenannte Rahmengesetzgebung dar, die durch Ländergesetze für die jeweiligen Bundesländer in Kraft gesetzt wird.

Bund und Länder können auch entsprechende Rechtsverordnungen erlassen, um den in den Gesetzen gesteckten Zielen Nachdruck zu verleihen.

In Allgemeinen Verwaltungsvorschriften zur Abfallgesetzgebung werden technische und organisatorische Anforderungen zur Entsorgung und Aufbereitung geregelt.

Die Technische Anleitung Abfall (TA Abfall) z.B. enthält als 2. Allgemeine Verwaltungsvorschrift zum Abfallgesetz für den Bereich der besonders überwachungsbedürftigen Abfälle nach § 2 Abs. 2 AbfG Anforderungen für Transport und Lagerung von Abfällen, für Behandlungsverfahren physikalischer, chemischer und biologischer Art, für die Verbrennung und die Deponierung.

In der 3. Allgemeinen Verwaltungsvorschrift zum Abfallgesetz (TA Siedlungsabfall) sind Anforderungen an die stoffliche Verwertung wie auch an die Selektierung von Abfallarten enthalten. Danach dürfen Abfälle nur dann auf einer Geordneten Deponie abgelagert werden, wenn sie nicht verwertet werden können.

Die rechtliche Verbindlichkeit von Technischen Normen und Richtlinien wird erst durch ausdrückliche Rechtsverordnungen erreicht, wobei z.B. DIN-Richtlinien, die bekanntlich dem jeweiligen Stand der Technik entsprechen, nach neuerer Rechtsprechung durchaus wie Gesetze zu handhaben sind.

Für den Bereich Abfall ist die Bundesregierung nach § 14 AbfG ermächtigt, Rechtsverordnungen zum Abfallgesetz zu erlassen, was z.B. die Kennzeichnungspflicht von Produkten betrifft bzw. Maßnahmen zur getrennten Einsammlung und Entsorgung von Abfallarten. So sind 1987 eine Altölverordnung, 1988 eine Pfandverordnung für Getränkeverpackungen aus Kunststoff, 1989 eine Lösemittelverordnung und 1991 die Verpackungsverordnung erlassen worden.

Letztere Rechtsverordnung war übrigens die Voraussetzung zur Einführung des „Dualen Systems" (DSD) in der Bundesrepublik Deutschland.

Durch die Wiedervereinigung Deutschlands wurden diese Abfallgesetzgebung und das gesamte Umweltrecht mit Wirkung vom 1.7.1990 auch in den neuen Bundesländern wirksam, die auf dem Sektor Abfallwirtschaft einen großen Nachholbedarf haben. Aus diesem Grunde läßt sich auch nicht voraussagen, wie sich künftig die Abfallwirtschaft entwickeln wird. Andererseits sind aber gute Möglichkeiten gegeben, die bisher in der Bundesrepublik gemachten Fehler zu vermeiden, um bereits bei Konzeption und Planung von Entsorgungsverfahren und Aufbereitungsanlagen umweltfreundliche und zukunftsträchtige Lösungen anzustreben.

Mit dem „Gesetz zur Förderung der Kreislaufwirtschaft und Sicherung der umweltverträglichen Beseitigung von Abfällen" (Kreislaufwirtschafts- und Abfallgesetz - KrW-/AbfG) vom 27. September 1994 bzw. nach seinem Inkrafttreten am 7.10.1996 wurde die Wiederverwertung von Abfallstoffen im Sinne des Recycling-Denkens als wesentliche Zielrichtung der Abfallwirtschaft verankert.

Mit dem Hinweis „Dieses Gesetz dient der Umsetzung der Richtlinie 91/156/EWG des Rates vom 18.März 1991 ..." wurde bereits eine Orientierung zur europäischen Gesetzgebung vorgegeben, indem Gesetze der Europäischen Gemeinschaft jeweils in nationales Recht zu überführen sind.

Dies gilt z.B. auch für die „Richtlinie des Rates der EG vom 12.12.1991 über gefährliche Abfälle". Diese Verordnung sieht die vollständige Überwachung von Abfällen und Abfallbestandteilen mit gesundheitsschädlichen, giftigen, infektiösen und krebserregenden Stoffen vor und ordnet ihre Identifizierung und Registrierung an.

Auch im Chemikaliengesetz in der Fassung der „Bekanntmachung der Neufassung des Chemikaliengesetzes (ChemG)" vom 25.7.1994 ist der Schutz von Mensch und Umwelt vor der Einwirkung schädlicher und gefährlicher Stoffe geregelt, wobei vorrangig der Entstehung derartiger Stoffe vorzubeugen ist. Damit ist auch in diesem Gesetz das Vorsorgeprinzip verankert.

In der „Verordnung über gefährliche Stoffe (Gefahrstoffverordnung-Gef-Stoff-V)" vom 26.8.1986 sind Hinweise für Arbeitsverfahren festgelegt, um gefährliche Gase, Dämpfe oder Schwebstoffe - soweit nach dem Stand der Technik möglich - nicht zu emittieren (Festlegung von MAK-Werten) bzw. diese durch geringer gefährliche zu ersetzen.

Im Hinblick auf den präventiven Gesundheits- und Umweltschutz sind aber im Bereich der Entsorgung und Aufbereitung von Siedlungsabfällen noch weitere Gesetze mit Hygienerelevanz zu nennen.

Im „Gesetz zum Schutz vor schädlichen Umwelteinwirkungen durch Luftverunreinigungen, Geräusche, Erschütterungen und ähnliche Vorgänge (Bundes-Immissionsschutzgesetz - BImschG)" vom 15.3.1974 in der Fassung der Bekanntmachung vom 14.5.1990 sind ebenso wie in den „Allgemeinen Verwaltungsvorschriften über genehmigungspflichtige Anlagen nach § 16 der Gewerbeordnung - GeWO - Technische Anleitung zum Schutz gegen Lärm (TA Lärm)" vom 16.7.1968 gesetzliche Grundlagen hinsichtlich von Emissionen und Immissionen enthalten, die bei der Entsorgung und Aufbereitung von Siedlungsabfällen entstehen können.

In diesem Zusammenhang sind auch die LAGA-Richtlinien bzw. Merkblätter der Länderarbeitsgemeinschaft Abfall zu erwähnen.

Sie können als ergänzende Ausführungsbestimmungen mit Hinweisen zu Verfahren der Entsorgung und der Aufbereitung von Siedlungsabfällen bezeichnet werden.

Da in das Abfallgesetz auch Klärschlämme als feste Abfälle einbezogen wurden, sind auch die für Abwasser und Klärschlämme erlassenen Gesetze und Rechtsvorschriften zu beachten.

Die hygienerelevanten Vorschriften sind in § 12 des Bundesseuchengesetzes enthalten, wonach Abwasser so zu beseitigen ist, daß keine gesundheitlichen Gefahren resultieren.

Weitere Rechtsvorschriften enthält das Wasserhaushaltsgesetz.

In der „Klärschlammverordnung (AbfKlärV)" vom 15.4.1992 wird festgeschrieben, daß Gefährdungen von Boden und Pflanzen durch Schadstoffe, die im Klärschlamm enthalten sein können, vermieden werden müssen. Für den Gehalt an Schadstoffen wurden Grenzwerte festgelegt, für die Ablagerung oder Verwertung von Klärschlämmen, z.B. in der Landwirtschaft, sind Richtlinien vorgegeben.

Neben diesen Gesetzen, Verordnungen und Richtlinien, die für die Thematik Hygiene in der Abfallwirtschaft grundlegende Bedeutung haben, da sie wesentliche Forderungen zum Schutze der Gesundheit und zur Vorbeugung von Erkrankungen beinhalten, gibt es noch eine Reihe gesetzlicher Vorschriften, die im Zusammenhang mit der Entsorgung und der Aufbereitung von Siedlungsabfällen stehen und bei verschiedenen Verfahren beachtet werden müssen.

Dies können z.B. die Verkehrsgesetzgebung, Landschaftsschutz- und Naturschutzgesetze und Gesetze zum Arbeitsschutz u.ä. sein.

Sofern in den folgenden Kapiteln derartige gesetzlichen Vorschriften tangiert werden, finden sie dort Erwähnung.

Ansonsten werden Rechtsverordnungen nur herangezogen, wenn sie Bedeutung für den Gesundheitsschutz oder die Gesundheitsvorsorge im Sinne der Hygiene haben.

Nicht unter die Abfallgesetzgebung fallen Tierkörper, Pflanzenschutzmittel, Sprengstoffe und radioaktive Stoffe; diese unterliegen dem Tierkörperbeseitigungs- und Tierseuchengesetz, dem Pflanzenschutzgesetz, dem Sprengstoffgesetz und der Atomgesetzgebung.

Auch Bergwerksabfälle, gasförmige Abgänge und Stoffe, die in Gewässer oder in Kläranlagen eingeleitet werden, sind nicht im Abfallgesetz erfaßt; nach § 1 Abs. 3 Nr. 5 AbfG gilt für letztere nicht die Abfall-, sondern die für Abwasser zuständige Gesetzgebung (z.B. Wasserhaushaltsgesetz); Klärschlämme dagegen unterliegen als feste Abfälle dem Abfallrecht.

4 Hygiene in der Abfallwirtschaft

4.1 Bedeutung und Aufgaben der Hygiene

Der Begriff der Hygiene wird abgeleitet von der griechischen Göttin Hygieia, die als Göttin der Gesundheit zusammen mit ihrem Vater Asklepios, dem Gott der Heilkunst, in der Antike einer besonderen Verehrung unterzogen wurde.
Sie war nicht nur das Schönheitsideal der antiken Welt, sondern verkörperte den Inbegriff der Gesundheit. Mit dem Schutz der Gesundheit vertrat sie die präventive Medizin, während Asklepios für die kurative Medizin zuständig war.

Als Fachgebiet der Medizin ist Hygiene die Lehre von der Gesundheit, einschließlich der Gesundheitspflege und der Gesundheitsfürsorge sowie die dafür getroffenen Maßnahmen, welche sich mit den Wechselbeziehungen zwischen Mensch und seiner belebten und unbelebten Umwelt befassen.

Als Wissenschaft zur Förderung der Gesundheit wurde die Hygiene durch Johann Peter Frank gegen Ende des 18. Jahrhunderts begründet, während sie zum Ausgang des 19. Jahrhunderts neuen Aufgaben erschlossen wurde, bedingt durch die Entdeckung von Mikroorganismen und der Kenntnis ihrer Erregernatur für Krankheiten und Seuchen. Als Gesundheitsvorsorge widmete sich die Hygiene nunmehr als präventive Medizin der Verhütung und Bekämpfung von Infektionskrankheiten.

In diese Zeit fällt auch die Gründung des kaiserlichen Instituts für Wasser-, Boden- und Lufthygiene in Berlin, der weltweit ersten Einrichtung dieser Art, welche schon damals aus der Erkenntnis der Zusammenhänge zwischen Umwelt und Gesundheit des Menschen zukunftsträchtige Forderungen aufstellte.

Die Voraussetzungen zur Realisierung umwelthygienischer Anforderungen waren aber offenbar noch nicht gegeben, so daß erst mit einem Mitte diesen Jahrhunderts beginnenden internationalen Umweltdenken auch die Umwelthygiene ihre Renaissance erfuhr.

Die Verkündung der Magna Charta der Weltgesundheitsorganisation (WHO) zum Schutze der menschlichen Gesundheit, die Forderungen des Club of Rome hinsichtlich der Sicherung nicht regenerierbarer Ressourcen der Erde und schließlich die erste Welt-Umwelt-Konferenz mit ihrem Motto „ Nur diese eine Erde !" sind mit Recht als Beginn eines neuen Erdzeitalters zu betrachten, in dem auch die alten Ziele der Umwelthygiene verwirklicht werden können.

Neben der präventiven Verhinderung von Infektionskrankheiten, von Umwelterkrankungen und von Zivilisationskrankheiten, sind die Bekämpfung der bereits vorliegenden Krankheiten und die Sanierung von Umweltschäden zu einem umfassenden Arbeitsgebiet der Hygiene geworden.

Analog zu den Programmen der WHO zur weltweiten Ausrottung von Infektionskrankheiten und Seuchen wurden Richtlinien und Forderungen zum Schutze der Umwelt aufgestellt, und weitere müssen folgen, um der Zielvorstellung der WHO näherzukommen: Gesundheit ist nicht nur das Freisein von Krankheiten und Gebrechen, sondern ein Zustand völligen körperlichen, geistigen und sozialen Wohlbefindens (§ 1 der Magna Charta als Definition des Begriffes „Gesundheit").

4.2 Gesundheitsvorsorge in der Abfallwirtschaft

Hygieneprobleme bei der Entsorgung von Siedlungsabfällen treten bei Anfall und Sammlung, beim Transport, bei Vorbehandlungs- und Aufbereitungsmaßnahmen von Abfällen fester und flüssiger Art auf und können in mannigfaltiger Weise vorhanden sein bzw. sich auswirken.

Zunächst sind bereits bei der Einsammlung von Abfällen Gesichtspunkte der Hygiene zu beachten, damit die hiermit beschäftigten Personen gesundheitlich nicht geschädigt werden. Dies trifft vor allem in jenen Bereichen zu, in denen infektiöse Abfälle anfallen und gesammelt werden müssen, z.B. in Infektionsstationen von Krankenhäusern. In solchen Fällen spielt die persönliche Hygiene eine vordringliche Rolle derart, daß der betroffene Personenkreis über mögliche Infektionsgefahren durch Abfallstoffe aufgeklärt wird und dann die erforderlichen Präventivmaßnahmen durchführen kann.

Bei der örtlichen Einsammlung fester Abfallstoffe spielen auch die Art des Sammelsystems, die Größe und der jeweilige Standort der Abfallbehälter, die Stand- und Lagerzeiten der Behälter und ihre hygienische Beschaffenheit eine Rolle.

Die bei der Einsammlung von Abfällen örtlich in hygienischer Hinsicht betroffenen Personenkreise sind in erster Linie die Abfallproduzenten, so daß hier die Personal-Hygiene vorrangige Bedeutung gewinnt.

Probleme der Arbeits- und Gewerbehygiene treten bei allen Arbeitsvorgängen zur Abfuhr, zum Transport, wie auch zur Vorbehandlung und Aufbereitung von Abfällen auf. Betroffen ist hier bevorzugt der Personenkreis der Entsorger, der Müllwerker, der Klärwärter u.ä., die über mögliche gesundheitliche Beeinträchtigungen informiert sein sollten, damit gegebenenfalls die erforderlichen Schutzmaßnahmen getroffen werden können.

Die Umwelthygiene kann schon bei der Einsammlung von Abfällen tangiert werden, wird aber in besonderer Weise betroffen bei allen Verfahren zur Aufbereitung von Siedlungsabfällen bzw. durch die hierbei enstehenden Produkte. Es können in Mitleidenschaft gezogen werden Wasser, Boden und Luft und damit die gesamte Umwelt des Menschen. Daraus erhellt, daß gerade hier die Aufgaben der Hygiene liegen, mögliche Gefahren durch Siedlungsabfälle für die Umwelt bereits präventiv zu eliminieren.

Da keine endgültige Beseitigung von Siedlungsabfällen möglich ist, muß deren Aufbereitung die Anforderungen der Hygiene erfüllen.

4.3 Vermeidung gesundheitlicher Beeinträchtigungen

Um die Anforderungen der Hygiene zur Gesundheitsvorsorge im Rahmen der Entsorgung von Siedlungsabfällen erfüllen zu können, müssen gesundheitliche Beeinträchtigungen bekannt sein, die von diesen Abfällen auftreten können.
So kann deren mögliche Kontamination mit Mikroorganismen Ursache von gesundheitlichen Folgen für Mensch und Tier sein; sofern es sich hierbei um Krankheitserreger handelt, können sogar Infektionskrankheiten resultieren. Oder die durch Mikroorganismen produzierten Stoffwechselprodukte sind mögliche Ursachen für gesundheitliche Folgen. Auch Pflanzen können durch phytopathogene Mikroorganismen befallen und geschädigt werden und so im Ernährungskreislauf sekundär für Mensch oder Tier von Bedeutung sein.

Neben unmittelbaren gesundheitlichen Beeinträchtigungen durch Aufnahme von Erregern aus Siedlungsabfällen sind indirekte gesundheitliche Folgen in der Regel weit häufiger, wobei biogene und abiogene Vektoren infrage kommen.

Biogen können Mikroorganismen durch tierische Träger und Überträger von den Siedlungsabfällen auf andere Gegenstände transportiert werden und auf diesen Wegen zu deren Kontamination oder auch zu einer Infektion führen. Hierbei kann es auch zu einer Erkrankung des Tieres kommen, was aber nicht immer der Fall ist, so daß das Tier lediglich krankmachende Organismen überträgt.

Es ist daher von Seiten der Hygiene zu fordern, daß alle Verfahren der Sammlung, des Transportes und der Aufbereitung von Siedlungsabfällen so durchgeführt werden, daß biogene Übertragungen von Erregern oder Stoffen, welche die Gesundheit gefährden können, weitgehend ausgeschaltet werden.

Als gesundheitliches Gefährdungspotential fungieren aber auch abiogene Vektoren, die als mittelbare Überträger eine Rolle spielen. Neben Futter-, Lebens- und Genußmitteln, die bei der Abfallentsorgung - gegebenenfalls über biogene Vektoren - mikrobiell kontaminiert wurden, können weitere abiogene Infektionsketten über die Vektoren Boden, Wasser und Luft auftreten. Dadurch kann der Pflanzen- und Wasserkreislauf betroffen sein, oder es kommt zur Luftbelastung.

Durch Maßnahmen der Hygiene sind deshalb alle derartigen gesundheitlichen Beeinträchtigungen soweit als möglich auszuschließen bzw. durch geeignete Verfahren im Rahmen der Entsorgung von Siedlungsabfällen zu vermeiden.

4.4 Verhütung von Umweltbelastungen

Nachdem in diesem Jahrhundert erkannt wurde, daß die Ressourcen dieser Erde begrenzt sind und sie nicht endlos zur Ausbeutung zur Verfügung stehen, daß es keine endgültige Beseitigung von Siedlungsabfällen gibt und daß deshalb die Stoffkreisläufe unter Beachtung des Umweltschutzes erfolgen müssen, um auch künftigen Generationen ein Leben auf der Erde unter den Zielvorstellungen der Magna Charta der Weltgesundheitsorganisation zu ermöglichen, bekommen die Anforderungen der Umwelthygiene bei der Abfallentsorgung vorrangige Bedeutung.

Die Verhütung von Umweltschäden durch die Entsorgung von Siedlungsabfällen steht als wesentliche Aufgabe im Vordergrund, vor allem, nachdem man erkennen mußte, daß es durch „wilde Abfallablagerungen" zu irreversiblen Umweltschäden kommen kann.

Tab. 1: Folgen „wilder Abfallbeseitigung" auf die Grundwasserbeschaffenheit

Abfallarten	Art der Beeinflussung des Grundwassers	Folgen der Beeinflussung des Grundwassers
Feste Abfallstoffe	Vorwiegend Chemische Beeinflussung	Verhärtung, Aggressivität, Vergiftung, Anreicherung organischer Substanz
Flüssige Abfälle (Abwasser), Schlämme, Klärschlämme	Bakterielle (Biologische) und Chemische Beeinflussung	Krankheitserreger, Gifte, Geruchs- und Geschmacksschäden, Ungenießbarkeit
Verbrennungsrückstände, Schlacken, Rauch- und Gasförmige Emissionen	Physikalisch-chemische Beeinflussung	Aggressivität Verhärtung

Daß die Meere und Ozeane unserer Erde nicht weiter als „Müllgrube der Zivilisation" dienen können, machen die Veränderungen in den Sedimentationsschichten auf dem Meeresgrund deutlich, die sich gegenüber den Ablagerungen seit Millionen von Jahren deutlich in negativer Hinsicht demonstrieren und Hinweise auf

Abwassereinleitungen, Müllverklappungen, Tankerunfälle u.ä. geben, die zu Schädigungen der Meeres-Flora und -Fauna führen.

Aber auch die Umweltschäden, welche durch wilde Müllkippen entstanden sind und zu Boden- und Grundwasserverunreinigungen Veranlassung gaben, lassen erkennen, daß ungeordnete Abfallablagerungen oder Aufbereitungsverfahren, die zu einer Belastung der Umwelt führen, nach den heutigen wissenschaftlichen Erkenntnissen keine Berechtigung mehr haben.

Insbesondere ist die Verhütung von Umweltbelastungen, die zu irreversiblen Schäden führen können, eine gezielte Hygieneaufgabe, indem durch vorbeugende Maßnahmen derartige Belastungen vermieden werden. Andererseits stellt aber auch die Sanierung bereits eingetretener Schäden eine wichtige Voraussetzung zur Verhinderung künftiger Gesundheitsschädigungen dar. Ein Beispiel für das Ausmaß und die Probleme derartiger Sanierungen sind die Maßnahmen, Wohngebiete und die Trink- und Brauchwasserversorgung von ca. 1,2 Millionen Einwohnergleichwerten im Einzugsgebiet von Abfallhalden der größten Munitionsfabrik Europas zu sanieren und auf Dauer zu sichern.

5 Mikrobiologie

Zu den wesentlichen Grundlagen der Hygiene gehört die Mikrobiologie, die Lehre von den Mikroorganismen. In der Lehre von den Mikroorganismen werden alle Le-bewesen zusammengefaßt, die nicht mit dem bloßen Auge, sondern nur mit optischen Hilfsmitteln, wie z.B. dem Mikroskop, zu erkennen sind. Dabei umfaßt die Bakteriologie alle Bakterien, die Mykologie die Pilze und Hefen, die Virologie die Viren. Andere mikroskopisch kleine Organismen, wie Parasiten, Protozoen und ähnliche Einzeller, werden auf Grund ihres anderen Zellaufbaues nicht unter die Bezeichnung Mikroorganismen subsumiert.

Der im 19. Jahrhundert für alle Bakterienarten geprägte Begriff „Mikroben" kann heute für alle mikroskopisch kleinen Lebewesen Verwendung finden.

5.1 Morphologie

5.1.1 Bakterien-Morphologie

Die frühere Bezeichnung für Bakterien als „Spaltpilze" (Schizomyzeten) kennzeichnet zwar ihre Vermehrungsart, indem sich die Bakterienzelle durch Spaltung ungeschlechtlich vermehrt, klassifiziert sie damit aber in die Gruppe der pflanzenähnlichen Pilze, was aber wegen des fehlenden Bakterienzellkerns nicht gerechtfertigt ist.

Für die Einteilung von Bakterien werden ihre Gestalt und ihr Bau (Morphologie) herangezogen. Danach können von der Form Kugeln, Stäbchen und Schrauben unterschieden werden.

Neben kugelförmigen Bakterienzellen (Kokken) kommen stäbchenförmige Zellen (Bakterien) und schraubenähnliche Formen (Vibrionen, Spirillen) vor. Ebenfalls sind Bakteriophagen („Bakterienfresser") zu nennen, welche artspezifisch nur Bakterienzellen einer ganz bestimmten Art befallen, verändern oder auflösen können.

Bei den eigentlichen stäbchenförmigen Bakterien sind verschiedene Arten bekannt, die neben der sich durch Teilung vermehrenden Vegetativform auch noch Dauerformen besitzen in Form von resistenten und persistenten Sporen; alle diese Arten nennt man auch sporenbildende Bakterien oder „Bazillen", die ihrerseits - je nach ihren Ansprüchen an das Vorkommen von Luftsauerstoff bzw. Fehlen desselben - unterteilt werden in aerobe Bazillen (= Gattung Bacillus) einerseits und anaerobe Bazillen (= Gattung Clostridium) andererseits.

Die meisten aller Bakterienzellen sind unter 1µm dick, mit bis zu 2µm Dicke erreicht der Milzbrand-Bacillus die größte Dicke; die kleinsten Bakterien sind um 0,2µm dick und somit gerade noch mit dem Mikroskop sichtbar zu machen.

Die Größe der Bakterien ist aber variabel und ist nährstoff- und milieuabhängig. Dies ist vor allem im Längenwachstum der stäbchenförmigen Bakterien zu erkennen, die eine Länge von 0,5µm bis über 10µm haben können.

5.1.2 Morphologie von Pilzen und Hefen

Die in der Mykologie zusammengefaßten Pilze und Hefen sind Zellen unterschiedlicher Größe, die sich morphologisch von Bakterienzellen unterscheiden lassen. So sind sie in der Regel wesentlich größer als Bakterien und enthalten in den Zellen meist mehrere Zellkerne.

Die Zellen von Pilzen sind langgestreckt und fadenförmig, man nennt sie Hyphen, die über 10µm dick sind, sich auch verästeln und verzweigen können und so zu einem fädigen Gebilde von mehreren Millimetern Größe werden, das man Pilz-Myzel nennt; in dieser Form ist es optisch - auch ohne Hilfsmittel - gut wahrnehmbar. Die meisten Pilze können Sporen bilden, die als Vermehrungs- oder Dauerformen dienen. Sie entstehen durch Zerfall von Hyphen in einzelne Stücke oder im Inneren schlauchartiger Hyphen. Als Konidiosporen bezeichnet man solche, die sich auf besonderen Fruchtträgern abschnüren können und dann durch Luftzug leicht verbreitet werden; so entstehen z.B. die oft farbigen Schimmelüberzüge von Lebensmitteln.

Aus diesem Grunde ist auch für diese Gruppe von Pilzen die Bezeichnung „Schimmelpilze" entstanden.

Hefen sind Sproßpilze, bei denen sich aus den Hyphen rundliche Aussprossungen meist zu kettenartigen Gebilden entwickeln; die Zellen enthalten bis zu 2µm dicke Kerne, können sich durch Querteilung oder auch über Sporen als Dauerformen vermehren. Auch nach intensivem Wachstum vieler Hefearten kann es zu optisch sichtbaren, weißen oder farblichen Belägen kommen.

5.1.3 Viren-Morphologie

Zur Gruppe der Viren können auch die Bakteriophagen gerechnet werden; ihre Größe schwankt zwischen 0,01µm und 0,2µm. Das bedeutet, daß deren kleinste Arten nur noch elektronenoptisch sichtbar zu machen sind, ähnlich wie die Viren, die mit ihren kleinsten Formen noch unterhalb dieser Größenordnung liegen.

Die in der Virologie zu integrierenden Viren sind sehr kleine, im normalen Lichtmikroskop nicht differenzierbare Zellen unter einer Dicke von 0,2µm, die im Gegensatz zu Bakterien, Pilzen und Hefen auch nicht auf Nährböden zu züchten sind; sie benötigen für ihre Stoffwechselvorgänge und ihre Vermehrung lebendes Gewebe oder Zellkulturen. Die kleinsten Viren liegen etwa im Größenbereich großer Eiweißmoleküle. Somit ist ihre Darstellung nur über ein Elektronenmikroskop möglich. Ihre Morphologie ist sehr unterschiedlich, so daß die verschiedensten Erscheinungsformen existieren.

Auch ihr Vorkommen und Auftreten ist sehr variabel, wie ihr Resistenzverhalten; neben empfindlichen Virus-Arten gibt es solche, die sehr resistent sind und auch unwirtliche Verhältnisse lange Zeit überdauern können, ohne daß sie inaktiviert werden.

Hierfür wird u.a. auch der Virusaufbau verantwortlich gemacht, indem man neben behüllten Viren auch unbehüllte Arten unterscheidet, wobei letztere meist eine erhöhte Stabilität aufweisen, vor allem wenn sie an Zellen oder Gewebe gebunden sind oder in trockener Form vorliegen.

Viren neigen auch zu einer häufigen Veränderung der genetischen Struktur, so daß oft völlig anders geartete Virus-Arten auftreten können; man bezeichnet dies als Virus-Drift. Aus allen diesen Gründen erfolgt eine Arteneinteilung bei Viren sehr unterschiedlich, wobei meist die Beziehung zu ihrem pflanzlichen oder tierischen Wirtsorganismus oder das von einem Virus befallene Organ Grundlage für die Namengebung bzw. die Virusbezeichnung sind.

5.1.4 Sonstige Organismen

Neben diesen Mikroorganismen sind im Rahmen der Abfallwirtschaft aber auch weitere tierische und pflanzliche Organismen im Hinblick auf ihre Wirkungen auf die belebte und unbelebte Umwelt zu beachten.

In der Regel befinden sie sich bereits in Abfällen, können aber auch erst während der Entsorgung, der Vorbehandlung oder der Aufbereitung aktiviert oder an Abfälle kontaminiert werden.

Als tierische Einzeller sind die Protozoen mit den Gruppen Flagellaten, Rhizopoden, Sporozoen und Ciliaten vertreten. Alle diese einzelligen „Urtierchen" besitzen einen Chromosomen-Zellkern und sind somit in der Lage, sich geschlechtlich, durch Mitose fortpflanzen zu können. Infolge besonderer Zellstrukturen sind sie auch zur eigenen Fortbewegung befähigt.

Dies sind für die Geißeltierchen (Flagellaten) fädige Geißeln, die durch Kontraktion hin- und herbewegt werden und damit eine wedelnde Fortbewegung ermöglichen.

Bei den Wurzelfüßern (Rhizopoden) werden durch Ausstülpungen des Zellprotoplasmas Scheinfüßchen erzeugt, welche der Zelle eine gleitende Fortbewegung ermöglichen; diese nennt man auch amöboide Bewegung, da sie bei den zu dieser Gruppe gehörenden Amöben besonders ausgeprägt ist.

Die Sporen-Urtierchen (Sporozoen) besitzen mehrere Entwicklungsstufen, für die sie gegebenenfalls auch verschiedene Wirtsorganismen benötigen, wobei nicht für alle Formen eine Eigenbewegung möglich ist. Besonders ausgeprägt ist dies bei den zu dieser Gruppe gehörenden Malaria-Plasmodien, welche durch Anopheles-Fliegen übertragen als Erreger des Malariafiebers bekannt sind.

Als Wimper-Urtierchen (Ciliaten) bezeichnet man einzellige Organismen, die sich mittels eines an der Zellwand befindlichen Wimpernkranzes fortbewegen; sie vermehren sich geschlechtlich und ungeschlechtlich und gehören zu den hochentwickelten Protozoen.

Einige Vertreter dieser Protozoen haben zusammen mit pflanzlichen Einzellern Bedeutung für das Ökosystem von Gewässern, indem sie im Rahmen der Saprobienstufen als Indikatororganismen für die organismische Verschmutzung des Wassers bei dessen biologischer Untersuchung dienen und auch somit zur Erstellung von Gewässergüteklassen Bedeutung haben.
Als pflanzliche Organismen besitzen sie einen Chromatophoren, mit dessen Hilfe photosynthetische Assimilations- bzw. Dissimilationsvorgänge möglich werden. Zu dieser Gruppe gehören vorwiegend Algen, die als Grünalgen (Chlorophyceen), Blaualgen (Cyanophyceen) oder Rotalgen (Rhodophyceen) weite Verbreitung haben. Innerhalb des Saprobiensystems kommt auch den Kieselalgen (Diatomeen) besondere Indikatorbedeutung zu.

Diese Einzeller können als Kommensalen oder Symbionten auftreten und sind als solche für die übrigen Lebewesen tätig und notwendig.
So lebt ein Kommensale zusammen mit seinem Wirt, mit seinen Nahrungsstoffen und von seinen Stoffwechselprodukten, und kann somit auch nützlich für den Wirt sein.
Ein Symbiont lebt als nützlicher Organismus in Zellen seines Wirtes, der von seinem Vorkommen profitiert, so daß man diese Symbionten auch als essentiell bezeichnen kann.
Andere Funktionen kommen allerdings den Parasiten zu, die als schmarotzende Organismen ihrem Wirt für dessen Stoffwechsel wichtige Stoffe entziehen können oder ihn durch Befall oder Zersetzung besonderer Organe sogar gesundheitlich schädigen.

Zu den Endo-Parasiten, welche im Wirtsorganismus leben, rechnet man neben den genannten Protozoen insbesondere die Familie der Würmer, die mit mehreren Gruppen als schmarotzende Parasiten bei Wirtsorganismen auftreten können. In der Helminthologie (Lehre von den Würmern) unterscheidet man Saugwürmer (Trematoden), Bandwürmer (Cestoden), Faden- oder Rundwürmer (Nematoden), die alle von der Nahrung ihres Wirtes leben, zu einem Wirtswechsel, aber auch innerhalb desselben Wirtes zu einem Organwechsel befähigt sind. Sie pflanzen sich durch Eier fort, welche durch ihre chitinhaltige Hülle eine gute Überlebensfähigkeit und Resistenz besitzen, aus denen über Larvenstadien die geschlechtsreifen Würmer werden.

Als Ekto-Parasiten kommen hauptsächlich Arthropoden (Gliederfüßer) infrage. In der Familie der Insekten haben wir die Hauptgruppe von Vektoren, die als Träger und Überträger von Organismen und Mikroorganismen auf Wirte fungieren. Einige von ihnen können aber auch - gelegentlich als besonderes Entwicklungsstadium - in den Wirtsorganismus eindringen und ihn schädigen.

Die Vektorenrolle von Insekten wird begünstigt durch die Morphologie des Insektenkörpers und dessen große Oberfläche, wodurch er befähigt ist, z.B. mehrere hunderttausend bis Millionen Mikroorganismen zu transportieren. Bereits durch Kontakt von Insekten kann es so zu einer Übertragung dieser anhaftenden Mikroorganismen kommen; Lebensmittel, Futtermittel und ähnliche Waren werden so kontaminiert und können dann infolge dieser mikrobiellen Kontamination verändert, zersetzt und geschädigt werden.

Arthropoden können aber auch durch Biß oder Stich schädliche Organismen auf oder in tierische oder pflanzliche Wirte übertragen, welche sich in dessem eigenen Stoffwechselkreislauf befinden, ohne daß die Arthropoden davon geschädigt werden; oftmals ist für den zu übertragenden Organismus ein derartiger passagärer Vektorenaufenthalt erforderlich, um ihn als Krankheitskeim für den nächsten Wirt vorzubereiten.

Zu dem Stamm der Arthropoden gehören Spinnentiere, wie Skorpione, die eigentlichen Spinnen und Milbentiere, wie Milben und Zecken; ferner die Gruppe der Trachea-Tiere, zu denen man die Insekten rechnet, die als einzige Arthropoden-Familie Flügel besitzt und somit als Vektoren besonders gut geeignet sind; als Zweiflügler unterscheidet man sie in Mücken und Fliegen.

Die Entwicklungsstufen vom Ei über die Larve und Puppe zur Imago (Volltier) verlaufen in der Regel zwischen 6-8 Tagen, wobei je Eiablage von einer Fliege mit über 100 Eiern gerechnet werden kann. Dieser Entwicklungszyklus ist auch für die Abfallwirtschaft von Bedeutung.

Milben und Zecken spielen ebenfalls bei Siedlungsabfällen als Vektoren von Mikroorganismen eine Rolle. Zu den Milbentieren gehören auch Ungeziefer, wie Flöhe, Läuse und Wanzen, die als Überträger mikrobieller Erkrankungen infrage kommen.

Eine ganze Reihe von Käferarten finden in Abfällen gute Lebens- und Vermehrungsbedingungen und können Mikroorganismen übertragen.

Von Kakerlaken (Schaben) findet man verschiedene Arten auf oder in Abfallablagerungen, insbesondere Küchenschaben (Blatta germanica) oder auch Blatta orientalis, die von ungeordneten Müllplätzen in großen Scharen angezogen werden und von dort eine beachtliche Umfeldbelästigung darstellen können. Neben ästhetischen Gesichtspunkten sind hierdurch auch hygienische Probleme zu erwarten.

Ein weiterer Problembereich im Zusammenhang mit Abfällen wird durch deren Attraktivität für Nagetiere ausgelöst. Der „Wohlstandsmüll" einer zivilisierten Gesellschaft enthält ausreichend Futter und Nahrung für Mäuse und Ratten, die nicht nur wegen ihrer Vektorenrolle für Krankheitserreger bei der Entsorgung von

Siedlungsabfällen Beachtung finden sollten, sondern auch als Lästlinge und Schadtiere innerhalb von Siedlungsbereichen.

Ebenfalls kommt im Rahmen der Abfallwirtschaft der Tiergruppe Vögel hygienische Bedeutung zu. Sie finden in Abfallablagerungen geeignete Nahrungsstoffe, so daß derartige Abfallplätze scharenweise von z.B. Krähen, Möwen, Rabenvögeln u.a. Vogelarten befallen sein können. Indem sie mit der Nahrung aufgenommene Schadstoffe wieder ausscheiden, werden sie auch zu Keimträgern von Krankheitserregern, die von ihnen kontinental übertragbar sind.
Bekannt sind Seemöwen und Seeschwalben als Keimträger von Mikroorganismen, die bei warmblütigen Tierarten und beim Menschen zu infektiösen Darmerkrankungen führen. Da sich solche Vogelarten ebenfalls an ihren Überwinterungsplätzen mit Krankheitserregern infizieren, können sie auch als deren Keimträger fungieren und ihrerseits damit Abfälle kontaminieren.

Ähnlich kann dies für eine ganze Reihe von Wildtieren zutreffen, sofern sie Zugang zu Abfallablagerungen haben. Besonders bekannt sind Füchse als Reservoire von Tollwuterregern und als Überträger des Fuchsbandwurmes.

Auf diese Weise können auch Haustiere durch Ansteckungen gefährdet sein, sofern sie Kontakt mit Wildtieren bzw. deren Ausscheidungen erhalten. Aus diesen Gründen müssen alle Möglichkeiten zur Entstehung derartiger Infektketten unterbunden werden. Von Seiten der Hygiene bedeutet dies für die Abfallwirtschaft, daß bei Sammlung, Entsorgung, Abfallbehandlung und -aufbereitung die Attraktivitätswirkung von Abfällen für mögliche Vektoren gesundheitsschädlicher Mikroorganismen beachtet werden muß. Soweit möglich, sind bei allen Methoden und Verfahren derartige Überträger von den Abfällen fernzuhalten bzw. Verhütungs- oder Bekämpfungsaktionen durchzuführen, um Infektketten zu vermeiden.

5.2   Physiologie von Mikroorganismen

In der Physiologie von Mikroorganismen werden ihre Lebensvorgänge untersucht, auf denen ihre mikrobiell-funktionellen Leistungen beruhen, und die auch neben den morphologischen Unterscheidungsmerkmalen eine arten- und typenmäßige Differenzierung von Mikroorganismen gestatten.

Da Viren und andere nur auf lebenden Organismen oder Organen lebensfähige „Wesen" sind, die zu ihrer Anzüchtung auch Zellkulturen benötigen, und demzufolge kein eigenständiges Leben haben, sind sie hinsichtlich ihrer Stoffwechsel- und Vermehrungsvorgänge auf den Trägerorganismus bzw. die jeweilige Trägerzelle angewiesen. Dennoch entwickeln sie physiologische Leistungen und können auf Grund derer und ihrer Zellstruktur differenziert werden. Hierdurch unterscheiden sie sich auch hinsichtlich ihrer Persistenz und ihrer Resistenz gegenüber äußeren Einflüssen.

Diese Fähigkeiten sind besonders bei der Entsorgung und bei den Aufbereitungsverfahren von Abfällen, wie auch bei Bekämpfungsmaßnahmen zur Inaktivierung von Viren, zu beachten. Darin unterscheiden sich vor allem die behüllten Viren von der Gruppe der unbehüllten Viren.

Bei Viren kann deshalb im Gegensatz zu anderen Mikroorganismen auch nicht von besonderen eigenen Ansprüchen an ein Nahrungsmittel oder an das Substrat gesprochen werden; ebenso liegen keine eigenen chemischen oder physikalischen Anforderungen an ein spezifisches Milieu vor, da allein die Wirtszelle das für Viren verantwortliche „Organ" darstellt.

Dies war auch Veranlassung z.B. in der medizinischen Virologie, die Viren systematisch nach den vorwiegend von ihnen befallenen Organen einzuteilen. So wurden Hautviren (dermatotrope Viren), Nervenviren (neurotrope Viren), Lungenviren (pneumotrope Viren), Drüsenviren (adenotrope Viren), Leberviren (hepatotrope Viren) den pantropen Viren gegenübergestellt, die verschiedene Organe befallen können, wie auch die onkogenen Viren, die Geschwulsterkrankungen verursachen. Bezeichnungen wie Entero-Viren oder lipophile Viren deuten ebenfalls auf die Organspezifität dieser Viren hin.

Durch elektronenoptische und molekularbiologisch-biochemische Differenzierungsmethoden bedingt, konnte die Feinstruktur von Viren besser aufgeklärt werden, womit auch ihre Klassifikationsmerkmale und ihre Arteneingruppierung verbessert wurden.

So sind heute andere Bezeichnungen üblich, wobei bei Viren, die zu Erkrankungen bei Pflanzen, Tieren oder Menschen führen können, auch die Art der Erkrankung zur Namengebung des Virus dient.

Für die Abfallwirtschaft sind Viren, welche derartige virale Krankheiten verursachen können, im Hinblick auf ihre Inaktivierung bei Behandlungs- und Aufbereitungsverfahren von Abfällen zu beachten, die mit solchen Viren kontaminiert sein können. Für die Virusinaktivierung können chemische, biochemische oder physikalische Verfahren eingesetzt werden, die sich aber nach der Empfindlichkeit der Viren ausrichten müssen. So können z.B. nur solche chemischen Präparate eingesetzt werden, deren inaktivierende Wirkung auf die jeweilige Virusart überprüft wurde.

Auch wenn in der Regel behüllte Viren gegen thermische und Umwelteinflüsse empfindlicher reagieren als unbehüllte Viren, so gibt es doch Ausnahmen z.B. bei den behüllten Hepatitisviren, die eine hohe bis sehr hohe Resistenz aufweisen. In ihrem Resistenzverhalten gleichen sie somit thermoresistenten Dauerformen (Sporen) von Mikroorganismen.

Die Kenntnis solcher Verhaltensweisen hat natürlich auch für die Aufbereitung von Siedlungabfällen Bedeutung, welche z.B. mit Hepatitisviren kontaminiert sein können. Nach neueren Erkenntnissen (s. LAGA-Richtlinie) fallen aber mit Hepatitis B-Viren kontaminierte Abfälle (z.B. aus einem Krankenhaus) nicht mehr unter die Gruppe der infektiösen Abfälle, die einer separaten Entsorgung unterliegen und einer thermischen Aufbereitung (Verbrennung) zugeführt werden müssen.
In der Stufenleiter des Resistenzverhaltens gegen thermische und Umwelteinflüsse finden wir deshalb Viren sowohl im Bereich von Bakterien-Vegetativformen als auch in den oberen Resistenzstufen bei bakteriellen Sporen.

Temperatur
°C
> 140   Bakterien-Sporen
> 120   Unbehüllte Viren
> 100   Clostridien
< 100   Bazillen
< 100   Behüllte Viren
55-65   Bakterien
45-55   Wurmeier
< 45   Parasiten
Resistenz →

Abb. 1: Resistenzverhalten von Mikroorganismen gegen thermische und Umwelt-
        Einflüsse

Die Persistenzrate vieler Viren, das ist die Zeitdauer, in der sie ihre Infektiosität behalten, wird deutlich durch ihre Bindung an Zellen und Gewebe erhöht.

Dieses physiologische Verhalten von Viren ist nicht nur bei den Arten bekannt, die bei Tieren und Menschen viral bedingte Erkrankungen auslösen können, sondern kann auch in der Landwirtschaft Probleme auslösen, wenn resistente oder persistente Pflanzenviren in Pflanzenpopulationen auftreten. Hier kann die Abfallwirtschaft wesentlich dazu beitragen, den circulus vitiosus zwischen organischen, pflanzlichen Abfällen und dem Auftreten von Pflanzenkrankheiten zu unterbrechen, indem bei der Abfallaufbereitung Verfahren eingesetzt werden, bei denen es zu einer Inaktivierung von Viren kommt, die für die Entstehung von Pflanzenkrankheiten verantwortlich gemacht werden.

Die wirtschaftlichen Schäden, die durch Viren bei Erkrankungen von Pflanzen, Tieren und Menschen entstanden sind und weiter entstehen, haben dazu geführt, daß diese krankmachenden Virusarten am besten erforscht wurden und bekannt sind, obwohl auf der Erde und in unserer Umwelt noch viele weitere Arten existieren.

Bei den übrigen Mikroorganismen gibt es mehrere Forschungsschwerpunkte, nachdem ihre Beteiligung an vielen Abbau- und Aufbauprozessen in der Natur, ihre Mitwirkung an produktionsspezifischen Prozessen in Gewerbe und Industrie sowie ihr essentielles Vorkommen als Voraussetzung für Leben auf der Erde neben ihren krankmachenden Eigenschaften erkannt werden konnte.

So entwickelten sich nach der Entdeckung von Mikroorganismen neben der Human- und veterinärmedizinischen Mikrobiologie die landwirtschaftliche und Lebensmittelmikrobiologie sowie die technische Mikrobiologie in vielen Bereichen von Gewerbe und Industrie. Es gibt heute kaum einen gewerblichen oder industriellen Betrieb, in dem Mikroorganismen keine Rolle spielen, sondern im Gegenteil notwendige Voraussetzungen für die Produktionsprozesse des jeweiligen Betriebs darstellen.

Vorkommen und Einsatzmöglichkeiten von Bakterien, Pilzen und Hefen beruhen weitgehend auf ihren physiologischen Ansprüchen. Sie benötigen ein geeignetes Nährsubstrat, sowie besondere physikalische Bedingungen, an die sie oft spezifisch angepaßt sind. Ohne Feuchtigkeit z.B. ist kein Vorkommen und keine Vermehrung von Mikroorganismen möglich. Mit abnehmender Feuchte gehen die Lebensvoraussetzungen verloren, um bei Werten unter 10% (relativer) Feuchte (auch z.B. in der Luft) völlig zum Erliegen zu kommen.

Während für die Stoffwechsel- und Vermehrungsvorgänge dieser Mikroorganismen ausreichende Feuchteverhältnisse im Substrat obligatorisch sind, ist ihr Anspruch an Luftsauerstoff unterschiedlich. Neben streng aeroben (oxidativen) Arten gibt es streng anaerobe (anoxidative) Spezies mit allen Übergängen hinsichtlich ihres Bedarfes an Luftsauerstoff. Die meisten Bakterien sind fakultative Aerobier, d.h., sie können auch anaerobe Verhältnisse vertragen; für strenge Anaerobier ist jedoch Sauerstoff ein Gift, so daß sie bei Luftsauerstoffeinwirkung schon in wenigen Minuten absterben können.

Auch die Anpassung an Temperaturen spielt für ihre Lebensbedingungen eine wesentliche Rolle; so unterscheidet man thermophile, mesothermophile und kryo- oder psychrophile Mikroorganismen, ebenfalls mit Zwischenstufen, wie psychrotolerant als Hinweis dafür, daß sie auch derartige Temperaturbereiche tolerieren können.

Kältebakterien z.B. können sich noch unter +5°C gut vermehren, langsame Vermehrung ist sogar bei 0°C und noch darunter möglich; über +5°C wachsen sie aber besser.
Durch Kälte werden Bakterien nicht abgetötet, sie überstehen alle Kältebereiche bis hin zu -271°C zeitlich praktisch unbegrenzt, so daß diese Bakterieneigenschaft

sogar zu ihrer Konservierung verwendet wird (z.B. in Form der Kältetrocknung, Lyophilisierung).

Mesothermophile Mikroorganismen haben ihr Temperaturoptimum für beste Wachstums- und Vermehrungsbedingungen etwa zwischen +5°C und +35°C; hierzu kann man auch diejenigen Bakterien rechnen, die bei Menschen und Tieren vorkommen, wo sie sich bei Körpertemperaturen zwischen 35°C und 42°C gut vermehren und auch zu Krankheiten führen können. Ihre Vermehrung kann, wenn auch verlangsamt, noch bei niedrigeren Temperaturen bis zu +5°C erfolgen; Kälte halten sie ebenfalls bis zum absoluten Nullpunkt aus.

Unter den thermophilen Mikroorganismen gibt es Arten, die sich noch bei Temperaturen von +75°C vermehren und dabei auch einen aktiven Stoffwechsel aufweisen. Bei Hitzebakterien, die z.B. in Humusboden, Misthaufen und heißen Quellen vorkommen können, sind viele Arten zur Bildung von noch stärker hitzebeständigen Dauerformen befähigt; derartige Sporen können sogar Temperaturen über 140°C längere Stunden aushalten, ohne daß ihre Auskeimungsfähigkeit zu Vegetativformen darunter leidet.
Auch thermophile Mikroorganismen können große Kältebereiche ertragen, ohne abgetötet zu werden.

Dieses Temperaturverhalten ist besonders bei physikalischen Bekämpfungsmaßnahmen gegen Mikroorganismen zu beachten, z.B. bei thermischen Verfahren.

Durch Licht, insbesondere durch dessen UV-Strahlenanteil, kommt es bei Bakterien bei Anwesenheit von Luftsauerstoff zur Schädigung; Röntgenstrahlen dagegen schädigen Mikroorganismen in der Regel nicht.

Bakterien sind auch unempfindlich gegen Druck und halten als Vegetativformen in Flüssigkeit bis zu 4 000 bar aus; Bakterien-Sporen können sogar die 10fache Druckbelastung davon ohne Schädigung aushalten.

Ebenfalls muß die Anpassung der Mikroorganismen an die pH-Werte des Milieus als Voraussetzung für ihre Lebensbedingungen berücksichtigt werden.

Grundsätzlich kann man davon ausgehen, daß ein Großteil der Bakterienarten pH-Werte am Neutralpunkt pH = 7,0 bzw. im schwach alkalischen Bereich bevorzugt und nur wenige auch im sauren Milieu geeignete Lebensbedingungen vorfinden.

Pilze und Hefen dagegen haben ihre optimalen Voraussetzungen unterhalb des Neutralwertes im schwach sauren Bereich. Einige Arten sind derart an ihr geeignetes pH-Milieu adaptiert, daß man sie auch entsprechend bezeichnet; z.B. acidophile Mikroorganismen, die speziell im sauren Bereich vorkommen. Ebenfalls kann für alle Mikroorganismen-Arten davon ausgegangen werden, daß extreme pH-Werte im alkalischen Bereich, etwa über pH = 12,0, im allgemeinen keine Lebensbedingungen zur Aufrechterhaltung ihres Stoffwechsels und ihrer Vermehrung darstellen. Dagegen sind einige Mikroorganismen in der Lage, sogar extrem saure Milieuverhältnisse ohne Schädigung ihrer Stoffwechselvorgänge zu tolerieren.

Auf Grund dieser unterschiedlichen Milieuanpassung von Mikroorganismen resultiert auch die Spezifität der einzelnen Arten derart, daß einige Spezies streng adaptiert auf ein ganz bestimmtes Vorkommen sind; dies können bestimmte Pflanzen- oder Tierarten, deren ausgewählte Organe oder sogar nur einzelne Zellen sein, wo sie die besten Lebensvoraussetzungen vorfinden.

Die Ernährung und die Stoffwechselvorgänge von Bakterien erfolgen durch Osmose, indem gelöste Nährstoffe mittels Diffusion in das Innere der Bakterienzelle gelangen; durch die sehr große nahrungsaufnehmende Oberfläche einer Bakterienzelle und durch den hohen Wassergehalt des Zellplasmas (etwa 85%) wird dieser Vorgang erleichtert.
Hinsichtlich der Bakterienernährung lassen sich zwei Gruppen unterscheiden, die aber nicht scharf voneinander abtrennbar sind, da immer wieder Übergänge beobachtet werden.

Die autotrophen Bakterien ernähren sich durch einfache mineralische Verbindungen, bei den heterotrophen Bakterien werden zur Verwertung und zum Zellaufbau Moleküle anderer Lebewesen benötigt.
Bei den Aufbauvorgängen autotropher Bakterien von einfachen mineralischen Stoffen zu großen organischen Molekülen und schließlich zum Zelleiweiß wird Energie notwendig, die meist über Oxidationsvorgänge, in Form der Chemosynthese, gewonnen wird. Zur Photosynthese sind einige höhere Bakterienarten befähigt, indem sie Strahlungsenergie zu ihrem Zellaufbau verwenden.

Unter den autotrophen Bakterien, die ihren Zellaufbau mittels Chemosynthese bewerkstelligen, haben autochthone Bakterien, wie z.B. Eisenbakterien und Schwefelbakterien, eine besondere Stellung.
Eisenbakterien der Gattungen Crenothrix, Leptothrix und Gallionella sind befähigt, durch Oxidation aus zweiwertigem Eisenvorkommen - z.B. in Trinkwasserversorgungen - Ferriverbindungen zu bilden, die als Stoffwechselprodukte dieser Eisenbakterien in Form von Scheiden oder zopfartigen Gebilden (Gallionella ferruginea) ausgeschieden werden. Bei stärkerem Vorkommen solcher Eisenbakterien im Trinkwasser kann es zu „biologischen Inkrustierungen" in Versorgungsleitungen kommen. Am bekanntesten wurde die „Dresdener Eisenkalamität", ausgelöst durch Crenothrix- und Gallionellen-Arten, die zu einer völligen Verstopfung von Wasserleitungen bis Nennweite 200 mm führten und die Wasserversorgung zum Erliegen brachten.

Schwefelbakterien oxidieren Schwefelwasserstoff und Sulfide; bei der Art Beggiatoa alba können körnige oder kugelige Gebilde elementaren Schwefels („Schwefelkörnchen") innerhalb der Bakterienzelle gebildet werden.

Knallgasbakterien oxidieren sogar freien Wasserstoff unter Energiegewinnung, mit deren Hilfe sie Kohlendioxid assimilieren können.

Zu den Kohlenoxidbakterien gehören u.a. auch Arten, die Kohlenoxid zu Methan oxidieren können.

Bekannt sind auch die chemosynthetisch ablaufenden Stickstoff-Autotrophie-Vorgänge. Stickstoffbakterien verarbeiten freien Stickstoff oder solchen aus anorganischen Verbindungen zum Aufbau ihres Bakterieneiweißes und für ihre Stoffwechselvorgänge. Neben frei lebenden Arten im Boden sind in der Landwirtschaft besonders die „Knöllchenbakterien" bekannt, die in Symbiose mit Hülsenfrüchten leben und den aus Luft und Boden gesammelten Stickstoff zum Eiweißaufbau benutzen; dieser zur biologischen Stickstoffanreicherung des Bodens bekannte Vorgang wird schon seit langer Zeit zur Bodendüngung herangezogen.

Bei der Verarbeitung anorganischer Stickstoffverbindungen sind auch die in Humusböden vorhandenen Nitritbakterien tätig, die Ammonium zu Nitrit oxidieren, während Nitratbakterien Nitrit zu Nitrat oxidieren. Dagegen kommen auch Bakterien vor, welche Nitrat zu Nitrit reduzieren. Man faßt derartige Bakterien auch unter den Bezeichnungen nitrifizierende und denitrifizierende Bakterien zusammen.

Heterotrophe Bakterien jedoch benötigen als Ernährung Stoffe, die sie durch Abbau oder Zersetzung anderer toter oder lebender Organismen gewinnen. Organische Stickstoff- oder Kohlenstoffverbindungen von befallenen Pflanzen oder Tieren dienen zum Aufbau ihrer eigenen Zelle und als Aktivator ihres eigenen Stoffwechsels.
Für diese Heterotrophie können vier Stufen vorkommen. Als Symbiose bezeichnet man das Zusammenleben symbiontischer Mikroorganismen mit ihrem Wirtsorganismus, für den sie nützlich oder sogar notwendig (essentiell) sind.

Kommensalen sind Mikroorganismen, die als „Mitesser" von ihrem Wirtsorganismus leben, ohne ihn nachweislich zu schädigen.
Als Parasiten bezeichnet man für den Wirtsorganismus schädigende Mikroorganismen, wie Krankheitserreger für Pflanze, Tier und Mensch.
Die Saprobakterien zersetzen organische Stoffe durch enzymatische Vorgänge, wobei verschiedene mikrobiell-fermentative Vorgänge zum Eiweiß-, Fett- und Kohlenhydratabbau führen. Hierbei wird auch unterschiedliche Energie freigesetzt, die sowohl für den mikrobiellen Zellstoffwechsel verwendet oder an das Substrat abgeführt wird. Bei energiereichen Substanzen, wie beispielsweise den Kohlenhydraten, können bei der enzymatischen Zersetzung hohe Temperaturen entstehen, so daß derartige Vorgänge auch als „mikrobielle, exotherme Leistungen" bezeichnet werden. Am bekanntesten hierfür sind Heubrände infolge Selbstentzündung, ausgelöst durch oxidativ-mikrobielle, exotherme Abbauvorgänge in nicht sachgemäß eingelagerten Heubeständen (GLATHE, H., 1960).

Wichtig ist auch die Erkenntnis, daß derartige fermentative Fähigkeiten von Bakterien und Hefen erst nach Anpassung an ein bestimmtes Substrat entwickelt werden, so daß man damit rechnen muß, daß solche Abbauvorgänge erst nach einer adaptiven Phase der Mikroorganismen anlaufen können.
In der Natur laufen eine Reihe derartiger mikrobieller, fermentativer Leistungen ab, die teilweise auch für produktionsspezifische Vorgänge kopiert wurden oder ganz gezielt zur mikrobiellen Umwandlung vieler Stoffe zum Einsatz kommen.

Der mikrobielle Vorgang der Gärung, bei der anoxidativ Kohlenhydrate meist bei saurer Reaktion enzymatisch abgebaut werden, wurde am bekanntesten durch die alkoholische Gärung, welche durch Hefen verschiedener Saccharomyces-Spezies erfolgt. Saure Gärung, ausgelöst durch z.B. Milchsäure-, Essigsäure- oder Buttersäurebakterien, erzeugt aus Kohlenhydraten die entsprechenden Säureprodukte mit teils niedrigen pH-Werten.

Als Vergärung bezeichnet man wiederum die Zerlegung dieser Säuren, z.B. die Milchsäurevergärung zu verschiedenen Milchprodukten.

Die mikrobielle Fäulnis erfolgt ebenfalls anaerob, jedoch im alkalischen Milieu, indem Einweißstoffe fermentativ unter Geruchs- (Ammoniak, Schwefelwasserstoff u.a.) und Gasbildung (Wasserstoff, Kohlendioxid, Methan) abgebaut werden.

Oxidative, enzymatische Abbauvorgänge durch Mikroorganismen sind Verwitterung, Verwesung, Humifizierung, Verrottung und Mineralisierung organischer Substanz oder deren Abbaustufen, welche durch andere mikrobielle Vorgänge bereits erzielt wurden. In der Regel laufen derartige Prozesse im neutralen oder schwach alkalischen Bereich ab. Sie sind milieu-, temperatur- und feuchtigkeitsabhängig. Zunächst werden leicht abbaubare Substanzen, wie die energiereichen Kohlenhydrate, abgebaut; durch mikrobiell-exotherme Zersetzung wird Wärme freigesetzt, welche z.B. bei dem Vorgang der Verrottung zu Temperaturerhöhungen bis über 70°C führen kann. Eiweiße und ihre Aminosäurenanteile folgen im mikrobiellen Abbau, während lipoidhaltige Substanzen, wie auch die meisten Kunststoffe, zeitlich am Ende des Abbaues stehen.

5.3 Mikroorganismen als Infektionserreger

Von den parasitären Mikroorganismen, die lebende Körper schädigen und zersetzen, haben die Krankheitserreger für Mensch, Tier und Pflanze besondere Bedeutung; man nennt sie Infektionskeime, die mikrobielle Infektionen hervorrufen und die auf verschiedenen Infektionswegen unmittelbar (direkt) oder mittelbar (indirekt, d.h. über Vektoren) übertragen werden können.
Für die Hygiene stellen diese Krankheitserreger hinsichtlich ihrer Bekämpfung und damit der Verhütung von Infektionskrankheiten eine besondere Aufgabe dar.

Mit dem Gesetz zur Verhütung und Bekämpfung übertragbarer Krankheiten beim Menschen (Bundesseuchengesetz) wurden alle damit zusammenhängenden Aufgabengebiete erfaßt. Um die Verbreitung von Krankheitserregern rechtzeitig einzudämmen, sieht dieses Gesetz die Meldepflicht bestimmter Infektionskrankheiten an die zuständigen amtlichen Stellen des Öffentlichen Gesundheitsdienstes vor, wie z.B. das Gesundheitsamt, die ihrerseits die erforderlichen Hygienemaßnahmen ergreifen müssen.

Im § 3 wird die Meldepflicht aufgeteilt im Absatz 1 in die Kategorien Krankheitsverdacht, die Erkrankung und den Tod an:

1. Botulismus (Erreger: Clostridium botulinum)
2. Cholera (Vibrio cholerae)
3. Enteritis infectiosa
a) Salmonellose (Verschiedene Salmonellen-Arten)
b) übrige Formen einschließlich mikrobiell bedingter Lebensmittelvergiftung
4. Fleckfieber (Rickettsia prowazekii)
5. Lepra (Mycobacterium leprae)
6. Milzbrand (Bacillus anthracis)
7. Ornithose (Chlamydia psittaci)
8. Paratyphus A, B und C (Salmonella paratyphi A, B und C)
9. Pest (Yersinia pestis)
10. Pocken (Variola-Viren)
11. Poliomyelitis (Poliomyelitis-Viren)
12. Rückfallfieber (Borrelia recurrentis)
13. Shigellenruhr (Shigella dysenteriae u.a. Shigellen-Arten)
14. Tollwut (Rabies-Virus)
15. Tularämie (Francisella tularense)
16. Typhus abdominalis (Salmonella typhi)
17. virusbedingtem haemorrhagischem Fieber, wie Ebola-, Lassa- und Marburg-
    Fieber (Arenavirus, Filoviren, Hantaviren)

In diesem Absatz sind auch die Krankheitserreger enthalten, die in früheren Jahrhunderten, besonders im Mittelalter, Anlaß zu verheerenden Großseuchen waren. Daß bereits der Verdacht auf eine solche Erkrankung meldepflichtig ist, deutet auf die besondere Gefahr der Erregerübertragung hin. Für einen Teil dieser Infektionskrankheiten besteht internationale Quarantänepflicht für noch nicht erkrankte Kontaktpersonen.

Nach Absatz 2 sind zu melden die Erkrankung und der Tod an:
1. angeborener
a) Cytomegalie (Zytomegalie-Virus)
b) Listeriose (Listeria monocytogenes)
c) Lues (Treponema pallidum)
d) Toxoplasmose (Toxoplasma gondii)

e) Rötelnembryopathie (Röteln-Virus)
2. Brucellose (Brucella abortus u.a. Brucella-Arten)
3. Diphtherie (Corynebacterium diphtheriae)
4. Gelbfieber (Gelbfieber-Viren)
5. Leptospirose
a) Weilsche Krankheit (Leptospira icterohaemorrhagiae)
b) Übrige Formen (Leptospira spec.)
6 Malaria (Plasmodium spec.)
7. Meningitis/Encephalitis
a) Meningitis epidemica (Neisseria meningitidis)
b) andere bakterielle Meningitiden (verschiedene bakterielle Erreger)
c) Virus-Meningoencephalitis (verschiedene Viren)
d) übrige Formen

8. Q-Fieber (Coxiella burnetii)
9. Rotz (Pseudomonas mallei)
10. Trachom (Chlamydia trachomatis)
11. Trichinose (Trichinella spiralis)
12. Tuberkulose (aktive Form)
a) der Atmungsorgane (Mycobacterium tuberculosis)
b) der übrigen Organe
13. Virushepatitis
a) Hepatitis A (Hepatitis-Virus A)
b) Hepatitis B (Hepatitis-Virus B)
c) Hepatitis C und übrige Formen (Hepatitis-Virus C und andere)
14. Anaerobe Wundinfektion
a) Gasbrand/Gasödem (Clostridium perfringens)
b) Tetanus (Clostridium tetani)

Absatz 3: Zu melden ist der Tod an:
1. Influenza (Virus-Grippe)
2. Keuchhusten (Bordetella pertussis)
3. Masern (Masern-Virus)
4. Puerperalsepsis (Streptokoken der Gruppe A)
5. Scharlach (Streptokokken der Gruppe A)
Absatz 4: Zu melden ist jeder Ausscheider von:
1. Choleravibrionen
2. Salmonellen
a) Salmonella typhi
b) Salmonella paratyphi A, B und C
c) übrige Salmonellen
3. Shigellen

Ferner regelt das Bundesseuchengesetz in § 8 die Meldepflicht übertragbarer Infektionskrankheiten, die in Gemeinschaftseinrichtungen nicht nur vereinzelt auftreten (Ausbruch). Wenn Patienten erst im Krankenhaus durch Mikroorganismen erkranken, spricht man von infektiösem Hospitalismus.

Solche nosokomialen Infektionen erfolgen in der Regel nicht mit den Erregern der in § 3 meldepflichtigen Erkrankungen, sondern es handelt sich um Mikroorganismen im Umfeld des Patienten; praktisch kann jeder Keim zum Nosokomialerreger werden. Im Hinblick auf die Abfallentsorgung sind mit derartigen Keimen behaftete Abfälle nicht als infektiöse Abfälle - im Gegensatz zu denen, die aus § 3 resultieren - einzustufen und brauchen nur innerhalb des jeweiligen Krankenhauses unter Sicherheitskautelen gesammelt und transportiert werden, da sie ja nur im Krankenhaus selbst eine nosokomiale Infektion verursachen können.

Für die kliniksinterne Entsorgung infektiöser Krankenhausabfälle, deren Transport und endgültiger Aufbereitung gelten besondere Hygienerichtlinien: In der LAGA-Richtlinie (siehe dort) für infektiöse Krankenhausabfälle sind alle Infektionskrankheiten aufgeführt, bei denen die Abfälle unter besonderen Sicherheitskautelen zu entsorgen sind. Bei diesen handelt es sich im wesentlichen um einige der in § 3 aufgeführten meldepflichtigen Krankheiten.

Über die Persistenz und Infektiosität einiger dieser Krankheitserreger in Abfällen, sowie über ihre Abtötungstemperaturen in Abhängigkeit von deren Einwirkungsdauer finden sich Angaben in Tabelle 2.

Im Rahmen der Abfallwirtschaft sind aber noch weitere mikrobielle Erkrankungen bei Mensch, Tier und Pflanze von Interesse sowie die dafür verantwortlichen Mikroorganismen. Insoweit sollen sie erwähnt, ihr Vorkommen und die physiologischen Leistungen interpretiert werden.

Aids-Erkrankung durch HIV-Viren: In der Regel Übertragung nur durch Sexualverkehr, kontaminiertes Blut oder andere Körperflüssigkeiten; damit behaftete Abfälle werden nicht als infektiös zu entsorgen sein.

Aktinomykose entsteht durch Infektion bei Verletzung der (Mund)schleimhaut mit dem Keim Actinomyces israelii. Erregerhaltiges Material kann sich in Speichel, Eiter, Fäkalien und Urin befinden; damit kontaminierte Abfälle gelten nicht als infektiös.

Infektiöse Atemwegserkrankungen können virus- oder bakteriell-bedingt durch eine Vielzahl von Mikroorganismenarten auftreten; ebenfalls können Pilze, aber auch Würmer und Protozoen die Ursache sein. Die entstehenden Abfälle sind nicht infektiös.

Die *Amöbenruhr* (*Amöbiasis*) wird durch Entamoeba histolytica ausgelöst, wobei die Erreger über Fäkalien ausgeschieden werden, die als infektiös zu behandeln sind, ebenfalls mit dem Erreger behaftete Abfälle.

Arthropodenbedingte *Encephalitis* mit Toga-Viren oder Bunya-Viren durch Zeckenbiß ausgelöst. Da diese Zeckenencephalitis nicht nur in verseuchten Waldgebieten, sondern auch bei der Aufbereitung von Siedlungsabfällen durch infizierte Zecken übertragen werden kann und zu den meldepflichtigen Infektionskrankheiten nach BSeuchG § 3, Abs 2 zählt, wird sie nochmals gesondert aufgeführt. Abfälle gelten als infektiös und müssen gesondert entsorgt werden.

Ascariasis (Spulwurmbefall mit Ascaris lumbricoides), bei der Wurmeier mit den Fäkalien ausgeschieden werden, die ihrerseits nach einer temperaturabhängigen Reifezeit von mehreren Tagen invasionsfähig und infektiös sind. Dennoch müssen Abfälle und Fäkalien nicht als infektiös entsorgt werden, da die Verwurmungsrate in der Bevölkerung bereits so hoch ist, daß praktisch in allen kommunalen Abwässern mit Wurmeiern zu rechnen ist. Seitens der Umwelthygiene muß deshalb die Forderung erhoben werden, die mögliche Infektkette im Rahmen der Abfallaufbereitung zu unterbrechen, was durch gezielte Behandlung der Abwasser-Klärschlämme erreicht werden kann.

Aspergillose, insbesondere durch Aspergillus fumigatus, Aspergillus flavus, Aspergillus nidulans u.a. Pilze der Gattung ausgelöste Erkrankung der Atemwege und der Lunge, indem in der Regel die Pilzsporen eingeatmet werden; gefährdet sind vor allem Menschen mit defektem Immunsystem, bei denen keine Abwehrfunktionen vorliegen. Bei diesen Personen können auch Allergien ausgelöst werden. Diese Pilzgattung ist auch bekannt zur Produktion von toxischen Stoffwechselprodukten, die als Mykotoxine („Aflatoxin") über Lebens- und Futtermittel Vergiftungen hervorrufen können. Mit Aspergillen kontaminierte Abfälle gelten nicht als infektiös.

Bandwurmbefall durch Taenia saginata (Rinderbandwurm) oder Taenia solium (Schweinebandwurm) als Lebensmittelinfektion durch Aufnahme der Finnen; weitere Übertragungsmöglichkeiten über Eier und Larven, die mit Fäkalien ausgeschieden werden. Auch wenn kontaminierte Abfälle nicht als infektiös gelten, sind Maßnahmen zur Unterbrechung der Infektkette durchzuführen, indem Abwasser-Klärschlämme gezielt aufbereitet werden. Grundsätzlich ist bei Wurmerkrankungen auch an die mögliche Übertragung auf Haustiere und Wildtiere zu denken, die dann wieder als Vektoren in der Lebensmittelkette fungieren.

Candidiasis, Haut-, Schleimhaut- und Lungenerkrankungen ausgelöst durch die Hefe Candida albicans und andere Candida-Arten. Infektionsgefahr besteht für abwehrgeschwächte Personen durch Sekrete von Infektionsherden, Fäkalien und Urin; dennoch gelten Abfälle nicht als infektiös.

Dermatomykosen, meist als pilzbedingte Microsporie durch Erreger der Gattung Microsporum, Trichophyton u.a. Pilze ausgelöst, die über Haare und Hautschuppen übertragen werden. Kontaminierte Abfälle bedürfen keiner besonderen Entsorgungsart.

Echinokokkose, eine Wurmerkrankung, die nur über befallene Lebensmittel (meist Fleisch) übertragen werden und in menschlichen Organen Zysten bildet. Da Dau-

erformen dieser Wurmart durch Ausscheidungen in Abfälle gelangen, gelten diese
als infektiös und sind gezielt aufzubereiten.

Hinsichtlich der *Enteritis infectiosa*, die bereits bei den nach BSeuchG § 3, Abs, 1
meldepflichtigen Krankheiten erwähnt wurde, muß ergänzt werden, daß zu den
übrigen Erregerformen eine ganze Reihe von Viren, Bakterien und anderen Organismen gerechnet werden, unter anderem auch bestimmte Stämme von Escheri-
chia coli, die in allen Erdteilen seit einiger Zeit seuchenhaft auftreten.

Es handelt sich dabei um mutierte, genetisch veränderte Coli-Bakterien. Die insbesondere über kontaminierte Lebensmittel (insbesondere Fleisch, Milch u.a.)
verbreiteten Erreger werden als Ehec-Bakterien (Entero-haemorrhagische Escheri-
chia coli) bezeichnet. Auf Grund der hohen Virulenz dieser Keime, ihres weltweit
epidemieartigen Auftretens und der hohen Letalitätsrate wurde in Deutschland
kürzlich die Meldepflicht derartiger Erkrankungen angeordnet.

Dennoch werden mit Ehec-Erregern kontaminierte Abfälle (noch) nicht als infektiös bezeichnet; inwieweit sie einer gesonderten Entsorgung bedürfen, ist noch
nicht entschieden und bedarf weiterer Untersuchungen zur Persistenz dieser Erreger.

Als Erreger von Enteritis infectiosa können auch Viren, Vibrionen und Protozoen
infrage kommen. Da auch derartige Erkrankungen meldepflichtig sind, gelten mit
den Erregern behaftete Abfälle als infektiös.

Enterobiasis oder *Oxyuriasis* stellt Befall mit Madenwürmern dar, z.B. dem
Enterobius vermicularis, der über Fäkalien übertragen werden kann. Damit
kontaminierte Abfälle werden nicht als infektiös eingestuft.
Erysipeloid (Rotlauf) ist eine über Tiere auf Menschen übertragbare Erkrankung
(meist über eine Hautverletzung) durch Erysipelothrix-Keime. Abfälle bedürfen
keiner besonderen Entsorgung.
Lebensmittelintoxikationen werden durch Gifte von Bakterien über Lebensmittel
ausgelöst und können neben Clostridium botulinum (s.dort) auch durch Bacillus
cereus, Clostridium perfringens und Stapylococcus aureus (Staphylotoxin) hervorgerufen werden; diese Keime sind weit verbreitet, damit behaftete Abfälle bedürfen keiner separaten Aufbereitung.
Legionellose ist eine durch thermophile Naßkeime der Gattung Legionella über
die Luft übertragbare Erkrankung der Lunge (Pneumonie); somit ist auch eine
Übertragung durch Aerosole möglich, doch fallen kontaminierte Abfälle nicht
unter die Kategorie infektiös.
Maul- und Klauenseuche, eine durch den gleichnamigen Virus vor allem als Tier-
erkrankung auftretende Infektion (Zoonose), die aber auch auf den Menschen
übertragbar ist; mit den Erregern kontaminierte Abfälle sind als infektiös zu entsorgen.

Mucor-Mykose wird durch pilzliche Erreger der Gattung Mucor, die in Erde, Fäkalien u.a. weit verbreitet sind, meist über die Luft übertragen in Form der Dauerformen (Sporen), die inhaliert werden. Da meist nur abwehrgeschwächte Menschen befallen werden können und in Anbetracht der weiten (ubiquitären) Verbreitung dieser Pilze, bedürfen auch kontaminierte Abfälle keiner besonderen Aufbereitung.

Nokardiose. Der Erreger Nocardia asteroides wird in der Regel durch Staub verbreitet und wirkt krankheitserregend besonders bei anfälligen Personen ohne Abwehrkräfte. Obwohl Nocardia-Arten auch in Abfällen vorkommen, gelten diese nicht als infektiös.

Pediculosis (Läusebefall) durch Pediculus humanus (Kleiderlaus), Pediculus capitis (Kopflaus) oder Phthirus pubis (Filzlaus), die als Träger von Infektionskeimen diese auf Menschen und Tiere übertragen und somit zu Erkrankungen führen können. Sie stellen Ungeziefer dar, das im Hinblick auf seine Überträgerfunktion mit Insektiziden zu bekämpfen ist.

Die meisten dieser Infektionserkrankungen können nur bei Menschen auftreten, einige der Erreger können auch auf Tiere übertragen werden; daneben gibt es Infektionskrankheiten, die nur bei Tieren vorkommen. Sie werden im Zusammenhang mit der Abfallentsorgung nur deshalb erwähnt, weil die Erreger auch in Abfällen vorkommen können, nicht weil damit kontaminierte Abfälle stets infektiös und gefährlich sind.

Die unter verschiedenen morphologischen, physiologischen und funktionellen Formen vorkommenden Mikroorganismen haben unterschiedliche Aufgabenbereiche.

Als Symbionten sind sie essentielle Voraussetzungen für enzymatische Prozesse und Stoffwechselvorgänge bei Pflanzen, Tieren und Menschen. Sie können als wesentliche Bausteine in verschiedenen Produktionsprozessen eingesetzt werden und stellen in der Lebensmittelindustrie unverzichtbare Fertigungsspezialisten dar. Alle biochemischen Zersetzungsvorgänge, Umbau- und Abbaufunktionen in der Natur wären ohne Mikroorganismen nicht denkbar.

Verrottung, Verwesung, Humifizierung, Mineralisation, Redoxreaktionen, Überführen von Luftstickstoff in organische Verbindungen, Fäulnis, Säuerung u.a. sind mikrobiologische Vorgänge unter jeweils anderen erforderlichen physikalischen Voraussetzungen, mit jeweils anderen Endprodukten.

Im Rahmen der Molekularbiologie werden Mikroorganismen für genetische Manipulationen eingesetzt und „neue" Medikamente und Lebensmittel produziert.

Neben den symbiontischen und kommensalen Eigenschaften von Mikroorganismen haben jene krankmachender Art besondere Bedeutung.

5.4 Erkrankungen durch Krankheitserreger

Die Infektiosität eines Keimes. d.h. das Eindringen eines infektiösen Mikroorganismus in einen Makroorganismus (Wirt) , z.B. Pflanze, Tier, Mensch, wird durch seine Kontagiosität bedingt.

Von Kontamination spricht man, wenn lebende oder unbelebte Objekte mit Mikroorganismen behaftet sind, z.B. können Oberflächen mit Mikroorganismen kontaminiert sein. Ein kontagiöser Mikroorganismus wird durch seine Übertragbarkeit und Haftfähigkeit am Objekt klassifiziert; er ist damit noch kein Infektions- oder Krankheitskeim.

Als infektiöser Keim besitzt ein Mikroorganismus ein Eindringungsvermögen, ohne daß er zwangsläufig auch Krankheiten auslösen kann.

Erst die Pathogenität eines Infektionskeimes, die krankmachenden Eigenschaften eines Mikroorganismus und seine Fähigkeit, den befallenen Organismus (Wirt) zu schädigen, machen ihn zum Krankheitserreger. Je nach Vermehrungsvermögen derartiger pathogener Keime beim Wirt ergibt sich die Virulenz des Erregers; sie kann auch Ausdruck der Schwere einer Erkrankung sein.

Auf Grund der Fähigkeit von Krankheitserregern, bei Pflanzen, Tieren oder Menschen eine Erkrankung auszulösen, werden diese als phytopathogene, veterinärpathogene oder humanpathogene Keime bezeichnet.
Auch wenn eine mikrobielle Erkrankung in der Regel gattungs-, art- und sogar organspezifisch abläuft, finden auch übergreifende Infektionen zwischen den Organismen statt. So stellen Zoonosen mikrobiell bedingte Erkrankungen dar, welche bei Tier und Mensch auftreten können und vom Tier auf den Menschen (Zoo-Anthroponose) oder vom Mensch auf das Tier (Anthropo-Zoonose) übertragbar sind. Bei sogenannten Warmblüterorganismen können sogar vergleichbare Krankheitsbilder auftreten.
Für die Aufnahme von Krankheitserregern treffen für Pflanzen, Tiere und Menschen unterschiedliche, jedoch vergleichbare Infektionswege zu. Sie kann über die belebte oder die unbelebte Umwelt erfolgen.
Da die Kenntnis von Infektionswegen auch für die präventive Ausschaltung von Krankheitserregern bzw. deren Bekämpfung hygienische Bedeutung besitzt, ist sie eine wesentliche Voraussetzung aller Hygienemaßnahmen.
Letztlich entscheidet der Infektionsweg über die Art der Bekämpfung.
Beispielhaft sollen einige Infektionswege bei menschlichen Infektionskrankheiten aufgezeichnet werden.
Von einer Kontaktinfektion (auch: Schmierinfektion) spricht man bei Kontakt mit einem mikrobiell kontaminierten Gegenstand (z.B. Telefonhörer, benutztes Toilettenpapier u.a.), aber auch durch körperliche Kontakte (Hände, Haut, Schleimhaut).

Bei oralem Infektionsweg - meist über Lebensmittel - gelangen die Mikroorganismen in den Magen-Darm-Trakt.

Aerogene Infektionswege sind solche, bei denen Erreger über die Luft übertragen werden, quasi als „Tröpfcheninfektion" (Niesen, Klimaanlage u.a.) und über die menschlichen Luftwege bis in die Lunge und in die Lungenkapillaren gelangen können.

Haematogen ist eine Infektion, bei der Krankheitskeime direkt in die Blutbahn eindringen (Verletzungen, Spritzen-Infektion, Insektenstich u.ä.).

Die über derartige kontagiösen Infektionswege ausgelösten Erkrankungen bezeichnet man auch als übertragbare Infektionskrankheiten. Sie können als Einzelerkrankung auftreten, über mehrere Erkrankungsfälle bis hin zu Massenerkrankungen und zu den als Seuchen bezeichneten schweren Infektionskrankheiten, die besonders in den vergangenen Jahrhunderten auftraten.

Die Pestseuchen im Mittelalter gehören zu den Pandemien, räumlich unbegrenzten und zeitlich begrenzten, aber gehäuften Erkrankungen, die durch Pestbakterien ausgelöst wurden. Als pandemische Erkrankung tritt heute noch die Influenza-Virusgrippe auf.

Bei räumlich begrenztem, regelmäßigem Vorkommen gehäufter infektiöser Erkrankungen, die auch zeitlich unbegrenzt sind, spricht man von Endemien. In der Welt gibt es z.B. endemische Gelbfiebergebiete in Äquatorialnähe, für die auch die WHO entsprechende Impfempfehlungen gibt.

Eine Epidemie ist ein räumlich und zeitlich begrenztes Krankheitsgeschehen mit häufigem Vorkommen von Infektionserkrankungen mit einem bestimmten Krankheitserreger; sie kann explosionsartig auftreten, aber auch prolongiert, was für epidemiologische Aufklärungsmaßnahmen von Bedeutung sein kann.

Die Übertragung derartiger Infektionskrankheiten kann direkt (unmittelbar) erfolgen, über die aufgezeigten Infektionswege (z.B. von Mensch zu Mensch), oder aber mittelbar (indirekt) über Vektoren von Krankheitserregern.

Bekannt sind menschliche Keimträger, die im Rahmen einer Epidemie Infektionskeime aufgenommen haben, vielleicht ohne als krank oder krankheitsverdächtig bezeichnet zu werden, welche diese Keime lebenslang als Keimausscheider ausscheiden können. So ist bekannt, daß z.B. nach einer Typhus-Epidemie durch Salmonella typhi als Erreger, bis zu 10% der Befallenen als Keimträger resultieren; sie stellen natürlich eine potentielle Infektionsquelle dar und müssen deshalb auch aus hygienischer Sicht entsprechend überwacht werden.

Als weitere biogene Faktoren von Krankheitserregern kommen Insekten, Vögel, Nagetiere, Wild- und Haustiere in Betracht. Besonders bekannt sind in Deutschland Füchse als Keimträger für Tollwut-Viren.

Sie können auch lediglich als Träger und Überträger von Krankheitskeimen fungieren, ohne selbst krank zu sein.

In lebensmittelhygienischer Hinsicht kommen für die Übertragung von Infektionskeimen, die zu Lebensmittelvergiftungen führen, zunehmend Fische u.a.
„Früchte des Meeres" in Betracht, neben den durch Geflügel, Fleisch, Eier und
andere Rohlebensmittel möglichen Infektionen.

Für die Verbreitung von Krankheitserregern und deren Übertragung sind auch
abiogene Vektoren zu berücksichtigen. Als solche sind Wasser, Boden, Luft, Le-
bens- und Genußmittel, Futtermittel, feste und flüssige Abfallstoffe möglich.
Biogene und abiogene Vektoren ergänzen sich oft und begünstigen damit regelrechte Infektionsketten, die sich in einem circulus vitiosus auswirken und deren
Unterbrechung zu schwierigen Hygieneproblemen führt.

Neben Infektionen, welche durch mikrobielle Erreger ausgelöst werden, treten
aber auch Intoxikationen und Toxi-Infektionen auf. Hierbei handelt es sich um
Erkrankungen, die nicht durch die Krankheitserreger selbst ausgelöst werden,
sondern durch deren Gifte.
Bei einer Toxi-Infektion werden - meist eine große Anzahl - Erreger aufgenommen, die im Organismus ein Gift freisetzen, das seinerseits zu den Krankheitser-
scheinungen einer Vergiftung führt.
Intoxikationen werden durch mikrobielle Toxine ausgelöst, die bereits außerhalb
des befallenen Organismus gebildet werden (z.B. bei Lebensmittelvergiftungen
das Botulinustoxin in Konserven, produziert von dem anaeroben Sporenbildner
Clostridium botulinum); dabei ist es also nicht erforderlich, daß die betreffenden
Mikroorganismen in den Makroorganismus gelangen.

Außer bakteriellen Toxinen sind auch solche pilzlicher Art (Aflatoxine, Mykotoxine) bekannt; ebenfalls Muschelgifte (Mytilotoxine) aus Meeresfrüchten.

Als krankmachende mikrobielle Stoffwechselprodukte sind auch fiebererzeugende
Substanzen (Pyrogene), mutagene und kanzerogene (krebserregende) Stoffe zu
nennen.

Während solche toxischen Erkrankungen meist in Form von Lebensmittelinfek-
tionen verlaufen, spielen bei sonstigen Infektionskrankheiten in neuerer Zeit nosokomiale Erkrankungen eine besondere Rolle. Diese auch als „infektiöser Hospitalismus" bezeichnete Erkrankung wird erst durch den Aufenthalt in einem
Krankenhaus erworben und stellt ursächlich in den meisten Fällen eine Folge
mangelnder Hygiene dar.
Derartige Nosokomialinfektionen wirken sich deshalb so tragisch aus, weil ein
Großteil der Krankenhauspatienten immungeschwächt ist und damit bei ihnen
keine ausreichenden Abwehrkräfte vorhanden sind.
Dies trifft u.a. ebenfalls in Alten- und Pflegeheimen zu, so daß es hier - meist le-
bensmittelbedingt - zu epidemieartigen Massenerkrankungen mit fatalen Folgen
kommt.

Mikrobiell ausgelöste Erkrankungen sind aber nicht nur bedingt durch die Pathogenität des Erregers, sondern besitzen noch andere kausale Faktoren. Im wesentlichen ist dies die Empfänglichkeit (Disposition) des Makroorganismus bzw. dessen Abwehrsituation, neben der jeweiligen Erregereigenschaft und seiner Infektionsdosis.

Die Empfänglichkeit eines Menschen wird bestimmt durch eine Vielzahl angeborener unspezifischer Abwehreinrichtungen (unspezifische Resistenz).
Als Immunität bezeichnet man das Gefeitsein gegen eine - durch einen bestimmten Krankheitserreger hervorgerufene - Erkrankung (spezifische Immunität).
Immunität kann natürlich sein, indem sie als ererbt von der Geburt an vorhanden ist, oder sie wird erworben durch eine Infektionskrankheit oder durch Impfung.

Das menschliche Immunsystem ist in der Lage, bei antigenen Reizen Abwehrstoffe (Antikörper) auszubilden. Sind diese Antigene Mikroorganismen oder andere „körperfremde" Substanzen, dann werden gegen diese Schutz- oder Immunkörper gebildet, welche spezifisch auf das auslösende Antigen ausgerichtet sind.
Diese Antikörper können zwar das Eindringen eines Krankheitserregers in den Organismus, d.h. die Infektion, nicht verhindern, aber doch Einfluß auf den Ausgang einer Erkrankung nehmen. Können durch die vorhandenen Antikörper alle eingedrungenen Antigene abgebunden werden, ohne oder bevor sie ihr „Zielorgan" erreichen, kommt es zu keiner Infektionskrankheit.
Zumindest wird durch spezifische Antikörper die Schwere eines Krankheitsbildes gemildert.

In der Regel bringt das Überstehen einer Infektionskrankheit einen länger andauernden spezifischen Schutz gegen den gleichen Infektionserreger (oft lebenslang) als eine durch Impfung erworbene Immunität.

Eine Impfung kann als aktive Impfung vorgenommen werden, indem antigene Substanzen geimpft werden, die im geimpften Organismus spezifische Antikörper ausbilden.
Bei der passiven Impfung werden bereits vorgebildete Antikörper appliziert, um einen möglichst schnellen Sofortschutz zu bekommen (z.B. bei einer schon eingetretenen Infektion).
Diese Antikörper einer passiven Immunisierung sind aber nur zeitlich begrenzt verfügbar und persistieren nicht so lange, wie die durch aktive Impfung gebildeten Antikörper.

Aus diesem Grunde kann auch eine Simultan-Impfung als kombinierte aktive und passive Immunisierung vorgenommen werden (z.B. bei Tetanus-Immunisierung), wobei neben dem Sofortschutz eine Immunität gegen Wundstarrkrampf durch Bildung körpereigener, spezifischer Antikörper ausgelöst wird. Durch entsprechende Auffrischimpfungen können zeitlich begrenzte Immunitäten wieder eingestellt oder verbessert werden (Booster-Impfung).

5.5   Parasitäre Erkrankungen

Neben den durch Mikroorganismen ausgelösten Infektionskrankheiten spielen auch parasitäre Erkrankungen eine Rolle.
Im Gegensatz zur mikrobiellen Infektion liegt bei parasitären Erkrankungen eine Infestation vor.

Außer den üblichen im Inland bekannten Parasitosen gewinnen die vor allem durch den internationalen Tourismus möglichen parasitären Erkrankungen mit „Exoten" zunehmende Bedeutung.

Unter Ekto-Parasiten versteht man Organismen, die in der Regel nicht invasiv in einen Wirt eindringen, sondern als Überträger von Mikroorganismen oder Krankheitserregern fungieren bzw. als Lästlinge und Ungeziefer auftreten. Hierzu gehören Arthropoden (z.B. Zecken als Überträger der Frühsommer-Meningo-Encephalitis FSME, wie auch von Borrelien, welche eine Borreliose-Erkrankung verursachen), Flöhe (als Vektoren von Pestbakterien), Läuse (Fleckfieberüberträger), Milben (Hausstaubmilben als Allergenproduzenten), aber auch Schaben, Wanzen, Spinnen u.a. Insekten.

Während Ekto-Parasiten meist als Überträger mikrobieller, wie auch parasitärer Erkrankungen fungieren, lösen Endo-Parasiten Erkrankungen im Organismus aus. Im Gegensatz zur mikrobiellen Infektion spricht man von parasitärer Invasion. Invasionsfähige Parasiten lösen im Organismus in der Regel eine Parasitose aus, da weder eine Resistenz noch eine Immunität gegeben ist und auch eine erworbene Immunität - z.B. durch Impfung - (noch) nicht möglich ist.

Als Endo-Parasiten kommen infrage: Amöben, Protozoen, Toxoplasmen, Leishmanien, Flagellaten, Würmer u.a., welche die Eingeweide oder die Blutbahn befallen und von hier in verschiedene Körperorgane transportiert werden können.

Derartige Endoparasiten können mittels Vektoren auf ihren jeweiligen Wirt übertragen werden. Auch bei diesen Parasiten kennt man den Wirtswechsel vom Tier auf den Menschen, wobei einige sogar erst eine solche „Tierpassage" durchmachen müssen, um beim Menschen eine Erkrankung auszulösen; bei einzelnen Parasiten sind hierfür sogar mehrere Tierpassagen - über verschiedene Tierarten - erforderlich. Oft werden auch Dauerformen von Parasiten übertragen, wie Eier, Larven, Finnen und Zysten, die sich erst im Wirt zu den eigentlichen Formen entwickeln, welche für die jeweilige Erkrankung verantwortlich sind.

Parasitäre Krankheiten können durch den Parasiten selbst, aber auch durch seine Stoffwechselprodukte oder durch Gifte u.ä., die er lediglich als Vektor überträgt, ausgelöst werden.

Die zunehmende Bedeutung der Hausstaubmilbe als Zivilisationsschädling besteht nicht darin, daß sie über direkten Kontakt mit dem Menschen schädigend wirkt, sondern auf Grund ihrer Ausscheidungen. Die in Teppichen und anderen Faserstrukturen vorkommenden Milben hinterlassen Kot, der austrocknet und dann über Staub (z.B. auch beim Staubsaugen) verbreitet wird, als Allergen wirkt, das bei allergischen Menschen schwere Allergien auslösen kann.

5.6 Sonstige Erkrankungen

Allergien nehmen in unserer Zivilisation in erschreckendem Maße zu. Die früher nur als Berufsallergien bekannten Erkrankungen (Bäcker: Mehlstaub; Friseure: Haare u.ä.) oder die verschiedenen Formen von Pollen- und Gräser-Allergien verbreiten sich immer stärker, neue Allergie-Typen mit völlig neuen kausalen Zusammenhängen bilden sich aus.

Auch für diese Erkrankungsformen spielen Umwelteinflüsse eine Rolle. Weiterhin sind Schädigungen des menschlichen Immunsystems ebenfalls verantwortlich zu machen.

Die als Allergene bezeichneten allergieauslösenden Substanzen sind - ähnlich wie die Antigene - als körperfremde Substanzen in der Lage, das Immunsystem zu „reizen". Man bezeichnet sie auch als Haptene, da sie keine vollantigenen Eigenschaften besitzen und nicht wie diese in der Lage sind, im befallenen Organismus Immun-Antikörper zu bilden. Aus diesem Grunde bietet nicht nur die ursächliche Differenzierung des die Allergie auslösenden Allergens Schwierigkeiten, sondern die Schaffung gezielter, spezifischer Abwehrmechanismen, wie dies durch eine Impfung gegen mikrobielle Infektionserreger möglich ist, befindet sich allenfalls in der Erforschungsphase.

So werden Umwelterkrankungen zu einem Symptom unserer Zivilisation und erfordern von der Hygiene eine verstärkte Beachtung der Zusammenhänge zwischen den Menschen und ihrer belebten und unbelebten Umwelt.

Neben den erwähnten biogenen Umwelteinflüssen konnte bereits eine Vielzahl abiogener Einflußfaktoren ermittelt werden. Physikalische und chemische Noxen können sich direkt auf die menschliche Gesundheit auswirken (Strahlen, Pestizide u.ä.) oder bewirken durch ihren Einfluß auf die Umwelt des Menschen indirekte Gefahren (Kohlendioxid-, Ozon-Anreicherung in Erdnähe und Ozon-Schädigung in der Atmosphäre, Überwärmung der Erdatmosphäre („Treibhauseffekt"), Beeinflussung von Wetter und Klima usw.), welche sich dann sekundär auf die menschliche Gesundheit bzw. das Wohlbefinden des Menschen auswirken.

Es sollte aber Aufgabe aller Abfallaufbereitungsverfahren sein, mögliche mikrobiell bedingte Krankheiten im Zusammenhang mit der Entsorgung von Siedlungsabfällen, wie auch sonstige damit zusammenhängende Erkrankungen zu verhindern, wobei Krankheitserreger soweit zu bekämpfen sind, daß keine Infektketten über Mensch, Tier und Pflanze auftreten können.

Um derartige Maßnahmen effektiv durchzuführen, ist die Sensibilität der jeweiligen Erreger bzw. ihre Widerstandsfähigkeit gegen äußere Einflüsse zu berücksichtigen.

Grundsätzlich verhalten sich Vegetativformen empfindlicher als Dauerformen (Sporen), doch gibt es auch innerhalb vegetativ vorkommender Bakterien z. B. hinsichtlich ihrer Temperaturempfindlichkeit große Unterschiede derart, daß sogar Temperaturen ertragen werden, bei denen eigentlich keine Eiweißfunktionen vermutet werden.

Tab. 2: Infektiosität und Temperatur-Widerstandsfähigkeit von Krankheitserregern des Menschen

Keimart	Krankheit	Infektiosität		Erreger werden abgetötet	
		bleibt in	erhalten bis Tage	bei °C	in Minuten
Poliomyelitis-Viren	Kinderlähmung	Abwasser	180	50-60	10-30
MKS-Viren	Maul- und Klauenseuche	Dünger	1-3	70-75	15-30
Salmonella typhi	Abdominaltyphus	Müll, Küchenabfall	4-115	55-60	5-30
Salm. paratyphi B	Paratyphus	Abwasser, Müll	7-500 24-136	60-65	15-20
Salm. enteritidis	Enteritis	Abwasser, trockenem Kot	23 über 7 Jahre	75-80	10
Brucella abortus	Seuchenhafter Abort	Abwasser	mehrere Monate	70-75	10
Clostridium tetani	Wundstarrkrampf	Boden, faulende Substanzen	Monate-Jahre	160	15-30
Bacillus anthracis	Milzbrand	trockener Boden	über 65 Jahre	140	5
Spirochaeta icterohaemorrhagiae	Weilsche Krankheit	Abwasser	60	50-55	60
Ascarideneier	Spulwurmerkrankung	Abwasser, Müll	30 120	50	60

Hinsichtlich ihres Umweltverhaltens spielen natürlich auch die Milieuverhältnisse eine Rolle, insoweit diese für das Überleben von Mikroorganismen oder sogar für deren Vermehrung optimale Voraussetzungen besitzen oder sogar noch einen zusätzlichen Schutz bieten.

Diese können auch für die Überlebensfähigkeit von Krankheitserregern von Bedeutung sein. Im Rahmen von Abwasser- und Klärschlammuntersuchungen wurde vor allem aus der Gruppe der pathogenen Darmbakterien für Mensch und Tier die Tenazität (Überlebensfähigkeit) von Salmonellen untersucht.

Zur Tenazität verschiedener Salmonellen-Arten in der Umwelt sind entsprechende Literaturangaben in Tabelle 3 zusammengestellt.

Tab. 3: Tenazität von Salmonellen in Freilandversuchen und bei der Untersuchung natürlichen Materials *

Autor(en)	Lebensfähigkeit von Salmonellen im Boden, auf Pflanzen, im Abwasser und im Klärschlamm
Mair, Ross, Gubkin	Im Erdboden S. typhi-murium: 251 Tage; im Boden an Oberfläche im Sommer S. enteritidis: 72 Tage; in 20 cm Tiefe: 104 Tage
Ruchhoft	In faulendem Schlamm (Faultemperatur + 10°C bis + 22°C) Salmonellen: 83 Tage
Mom, Schaeffer	In Ablaßschlamm S. typhi: positiv, nach dessen Trocknung auf Sickerbeeten negativ
Schaeffer	In Faulschlamm S. typhi: 30 Tage; in Trockenbeetschlamm S. typhi: negativ
Dedié	In Frischschlamm Salmonellen: 180 Tage; in Faulschlamm Salmonellen: 45 Tage
Stokes, Jones, Mohun, Miles	In Trockenschlamm und Sickerbeeten S. paratyphi B: 27 Tage; nach 41 Tagen negativ. In Trockenschlamm auf Sickerbeeten S. typhi murium: 180 Tage; in unbeheizt faulendem Schlamm S. typhi murium: 45 Tage
Delage	Im Erdboden S. abortus ovis: Über 365 Tage

Slavkov	Im Erdboden Salmonellen: 150 Tage
Beard	In Salzwasser S. typhi: 32 Tage
Stewart	In drei Bodenproben S. typhi murium: 159 Tage; in einer Bodenprobe: 150 Tage
Mallmann, Litsky	In Sand S. typhi: 50 Tage; in Ton S. typhi: 12 Tage; in Mist S. typhi: 19 Tage
Rochaix	In häuslichem Abwasser S. typhi und S. paratyphi B: 11 Tage; in sterilem Abwasser: 600 Tage
Brunner	In Schlamm im unbeheizten Faulraum (Durchschnittstemperatur + 12°C) S. enteritidis: 143 Tage; S. typhi murium: 126 Tage. In Schlamm im beheizten Faulraum (Faulraumtemperatur + 25°C) S. enteritidis: 43 Tage
Glathe, Knoll, Makawi	In Lößlehm S. cairo: 60 Tage; S. enteritidis: 25 Tage; S. typhi: 20 Tage; in Podsolerde S. cairo: 40 Tage; S. enteritidis: 20 Tage; S. typhi: 15 Tage. In Tonschiefer S. cairo: 60 Tage; S. enteritidis: 15 Tage; S. typhi: 10 Tage. In Schwarzerde S. cairo: 60 Tage; S. enteritidis: 40 Tage; S. typhi: 5 Tage
Popp	Auf Bohnenblättern bei Dunkelheit S. typhi: 13 Tage (in Sonne 7 Tage); S. paratyphi B: 15 Tage (in Sonne 13 Tage); S. bareilly: 36 Tage (in Sonne 18 Tage). In Schlamm von Kremeranlage S. anatum: 30 Tage; in Trockenbeetschlamm S. anatum: 90 Tage. In Schlamm von beheiztem Faulturm S. paratyphi B und S. anatum: 30 Tage. In beheiztem Faulraum S. heidelberg: 42 Tage. Im Trockenbeetschlamm S. heidelberg: 180 Tage. In unbeheiztem Faulraum S. paratyphi B. und S. anatum: 120 Tage
Pfuhl	In feuchter Erde S. typhi: 88 Tage; in trockenem Sand S. typhi: 28 Tage; in Wasser S. typhi (Temperatur + 7°C bis + 10°C): 26 Tage
Lerche	In getrocknetem Kot S. typhi murium: 930 Tage. In feuchter Erde bei Zimmertemperatur S. typhi murium: 365 Tage. In trockener Erde S. typhi murium: 485 Tage. In Wasser (Sommer) S. typhi murium: 30 Tage; in Wasser (Winter) S. typhi murium: 36 Tage. Im Harn S. typhi murium: 52 Tage. Im Abwasser S. typhi murium: 36 Tage

Seiser	Im Boden Salmonellen: mehrere Monate. Im Abwasser Salmonellen: 21-28 Tage.
Piening	An Heu S. dublin: 330 Tage.
Müller, G.	An Kartoffelknollen bei Abwasserverregnung Salmonellen: 40 Tage. An Mohrrüben Salmonellen: 10 Tage. An Stachelbeeren und Grünkohl Salmonellen: 5 Tage
Müller, G.	Auf Gras bei Abwasserverregnung Salmonellen (S. typhi, S. paratyphi B, S. bareilly, S. newport, S. oranienburg): 42 Tage (noch 5% der Proben positiv)
Pohl	In Faulschlamm S. paratyphi B, S. typhi murium, S. newport, S. kottbus, S. senftenberg: 56 Tage.
Steininger	In Gartenerde S. typhi: 150 Tage. In stark humushaltiger Erde S. typhi: 14 Tage.
Galvagno, Calderini	In feuchtem Boden S. typhi: 10 Tage, in trockenem Boden S. typhi: weniger als 5 Tage. In Sand S. typhi: 20 Tage, in Lehm S. typhi: 15 Tage, in Kies S. typhi: 20 Tage. In Abortgruben S. typhi: 30 Tage.
Scheffer, Schütz, Brüne, Woratz	In Faulschlamm bei + 28°C im Labor S. typhi: 10 Tage. In Faulschlamm bei + 28°C im Labor S. paratyphi B: 36 Tage.
Hahn, G.	In Schwemmist S. enteritidis bei Durchschnittstemperatur von 8°C: 325 Tage; bei Durchschnittstemperatur von + 17°C: 180 Tage. In Schwemmist S. cairo bei Durchschnittstemperatur + 8°C: 345 Tage; bei + 17°C: 150 Tage. In Schwemmist S. paratyphi B bei Durchschnittstemperatur von + 8°C: 170 Tage; bei + 17°C: 115 Tage.

* Die Literaturangaben sind der Publikation W. MÜLLER (1967) entnommen.

Für die Tenazität anderer, auch in Siedlungsabfällen vorkommender Krankheitserreger für Mensch, Tier und Pflanze wurden in den folgenden Tabellen einige Beispiele mit entsprechenden Angaben aufgeführt.

In Tabelle 4 finden sich einige ausgewählte Krankheitserreger für den Menschen, mit Angaben über die von ihnen ausgelöste Infektionskrankheit, sowie über ihre Thermoresistenz (Abtötung durch Temperaturen während einer bestimmten Einwirkungszeit), und über deren Überlebenszeit in verschiedenen Materialien, bzw. in der Umwelt.

Tab. 4: Krankheitserreger für den Menschen (Thermoresistenz und Überlebensdauer)

Mikroorganismen	Art der Erkrankung	Thermische Abtötung Temperatur °C	Erhitzungsdauer in Minuten	Überlebenszeit in Tagen	Material
VIREN					
Poliomyelitis	Kinderlähmung	50 - 60	10 - 30	80 - 160	Abwasser
		60	30	Monate	Flußwasser
Hepatitisviren	Epidemische Gelbsucht	60	> 240	> 180	Abwasser
KOKKEN					
Micrococcus pyogenes var. aureus	Eiterungen, Sepsis	50	10		
Streptococcus pyogenes	Eiterungen, Sepsis	54	10		
BAKTERIEN					
Corynebacterium diphtheriae	Diphtherie	55	45		
		70	wenige Min.		
Mycobacterium tuberculosis	Tuberkulose			180-203	Abwasser
				90 Tage	Faulschlamm
var. hominis	Humantuberkulose	55	60	150-180	Boden
		65	5		
Escherichia coli	Darmbakterien	60 - 68	15 - 20	> 1 Jahr	Wasser, Abwasser
				180	Abwasser-
				(45)	schlamm (ausgefault)
				215	Boden

In der nachfolgenden Tabelle 5 sind veterinärpathogene Erreger aufgeführt, die
bei Tieren Infektionskrankheiten hervorrufen.

Einige dieser Erregerarten können auch Erkrankungen beim Menschen auslösen;
es handelt sich dabei um sogenannte Zoonosen, die als Zooanthroponose vom Tier
auf den Menschen übertragbar sind und hier identische Krankheitsbilder wie beim
Tier auslösen, oder auch in anderer Form auftreten können. Derartige Erreger sind
aber auch als Anthropozoonose vom Menschen auf das Tier übertragbar.

Tab. 5: Krankheitserreger für das Tier (Thermoresistenz und Überlebensdauer)

Mikroorganismen	Art der Erkrankung	Thermische Abtötung		Überlebenszeit in	
		Temperatur °C	Erhitzung in Minuten	Tagen	Material
1. Nicht sporenbildende Bakterien					
Actinobacillus lignieresii	Aktinomykose der Haut und Weichteile (Strahlenpilzerkrankung)	63-54-62	90-60-10 .	5	Heu, Stroh
Actinobacillus mallei	Rotz der Einhufer, Mensch	55-80	10-5	30-24	feuchte Stoffe faulende Substanzen
				40Std	Harn
				30	Magensaft
Brucella abortus, melitensis, suis	Ansteckendes Verwerfen der Rinder, Schafe, Schweine, Ziegen	55-63	40-10	7-75 4-6 Monate	Boden, Kuhkot in Abwasser, Weide, in Gewebe eingeschlossen
Cillopasteurella pseudotuberculosis	Pseudotuberkulose insbesondere der Nager	60-80	40-10	Monate	Boden
Corynebacterium pseudotuberculosis	Pseudotuberkulose der Schafe	70	3-5	Monate	Boden, Staub. Kot, Eiter
Corynebacterium israelii	Knochenaktinomykose des Rindes, Euteraktinomykose des Schweines	58 feucht 95-100 trocken	3-5 3-5	42	Staub
Erysipelothrix rhusiopathiae	Rotlauf der Schweine	55-70	15-3	8-4-1	Boden, vergrabene Kadaver, an Arbeitsgerät angetrocknet, faulendes Fleisch
Francisella tularensis	Tularämie (Hasenpest)	55-60	10	133-40 90	Kadaver, Häute Oberflächenwasser
Listeria monocytogenes	Listeriose der Schafe u. a. Haustiere	56 100 90	60-120 ¼-5 als ¼	6-26 Reinkultur	Futter, Heu, Stroh, Holzspäne, Staub Milch

Name	Krankheit	Temp. (°C)	Zeit (min)	Überlebensdauer	Vorkommen/Material
Mycobacterium avium	Geflügeltuberkulose u. a. Haustiere, Mensch	ähnlich M.tuber-culosis		Mona-te	Hühnerkot, Boden
Mycobacterium tubercu-losis var. bovis	Rindertuberkulose u. a.Haustiere, Mensch	58-65	60-25	45-150	Rinderkot, Ab-wasser
		100	5-15	über 2 Jahre	getrockneter Klärschlamm
Mycobacterium paratuber-culosis	Paratuberkulose des Rindes	ähnlich M.tuber-culosis		Mona-te	Kot, Wasser,
Pasteurella multocida	Geflügelcholera, Wild- und Rinder-seuche, haemorrha-gische Septikämie	über 60	3-5	3-10-14	Staub, Kot, Blut, kaltes Wasser
Salmonella-Gruppe	Paratyphus der Haustiere	60	10-20	21-71	Pferdekadaver, Wasser
				11-12-16	Rinderkot, Bo-den feucht,
				Mona-te	trocken
				7 - 24 Mona-te	trockener Kot
Streptococcus agalactiae	Gelber Galt der Kühe	70-75	60	Wo-chen	Blut, Eiter, Milch
Streptococcus equi	Druse der Pferde	70-75	60		

2. Sporenbildende Bakterien

Name	Krankheit	Temp. (°C)	Zeit (min)	Überlebensdauer	Vorkommen/Material
Bacillus anthracis	Milzbrand				Blut eingetrok-knet, faules Ma-
	a) vegetative Form	55-80	40-1	40-2 Jahr-zehnte	terial, vergrabe-bene Kadaver
	b) Sporen	140 Heißluft	180	über 70Jah-re	an Seidenfäden angetrocknet
		95-100 Wasser-dampf	10-3		
Clostridium feseri	Rauschbrand Sporen	110 Heißluft	360	jahre-lang	eingetrocknetes Fleisch, Boden
		100 Wasser-dampf	120	6 Mo-na-te	faulendes Fleisch
Clostridium tetani	Wundstarrkrampf Sporen	100 Wasser-dampf	10-15	jahre-lang	Boden
			5-10		

3. Leptospiren

Leptospira canicola u.a. Arten	Stuttgarter Hundeseuche, Leptospirose anderer Tiere	50-55	60	Wochen	Wasser, Abwasser

4. Viruskrankheiten

Ferkelgrippe				Wochen	Schweineställe, Abwasser ?
Geflügelpest		55-60-65	30-sofort	1 Jahr und länger	Eierschalen, Tierkörper
				Wochen	Abwasser im Winter ?
Maul- und Klauenseuche (Virus in Epitehl eingeschlossen)		70-80-100	30-3	3-39-103	Dünger, Jauche angetrocknet an
				30	Rinderhaare
				105	Heu
				140	Kleie
Pocken der Haustiere		60	180	180	Schaf-,Geflügelstall,
				Wochen	kaltes Abwasser ?
Psittakose (Papageienkrankheit)		56-37	5-48 Stunden	Wochen	Käfig und Gefiederstaub, Boden
Rinderpest		58-60	sofort	6 Tage	Fleisch,
				36-26	Weide, Harn, Kot
				20	Rinderstallungen
				24-48	Häute, gesalzen und getrocknet
Schweinepest				7 Tage	Kot, Dünger, Jauche
				7 Wochen	in Gewebe, in Abwasser und Jauche
Hundestaupe				wenige Tage	Kot, Harn
				sehr lange	in eingetrocknetem Zustand, Staub ?
Tollwut		52-58	30	14-24 Tage	faulende Kadaver
		80	2	2-3 Mon.	oberflächliche Erdschichten

In Tabelle 6 folgt eine Übersicht pflanzenpathogener Organismen, und zwar von Viren, die über Pflanzenabfälle auch in Siedlungsabfällen vorkommen können und deren Inaktivierung bei der Abfallaufbereitung sichergestellt werden muß, um eine weitere Verbreitung dieser Pflanzenkrankheitserreger in der Umwelt zu verhindern (nach GROSSMANN, F. und G. MENKE, 1964).

Tab. 6: Übersicht über pflanzenpathogene Organismen und deren Wirtspflanzen

Nicht aufgeführt werden: a) mechanisch nicht übertragbare bzw. sehr labile Viren,
           b) Viren, die bisher in Deutschland nicht nachgewiesen wurden.

Pathogen	Wirtspflanzen	Pflanzenkrankheit	Thermale Inaktivierung bei °C	Lebensdauer in vitro
Y-Virus	Kartoffel, Tabak, Tomate	Strichelkrankheit	52-60	1-2 Tage bei Zimmertemperatur (ZT)
X-Virus	Kartoffel, Tabak, Tomate, Paprika, Eierfrucht	Mosaik	68-69 bzw. 72-74	mehrere Wochen bis 1 Jahr
Aucuba-Virus	Kartoffel, Tabak, Tomate	Aucuba-Mosaik	63-65	3-4 Tage
Tabakring-flecken-Virus	Kartoffel, Tabak, Buschbohne Gurke	Bukettkrankheit, Tabakringflecken Ringfleckenkrankheit der Gurke	60-65	3-4 Tage bei ZT
Rattle-Virus	Kartoffel Tabak	Stengelbuntkrankheit Mauke-Krankheit	75-80	1 Monat bei ZT
Tabakmosaik-Virus	Tabak Tomate Paprika	Tabakmosaik Tomatenmosaik	90-92 150	mehrere Monate; mehrere Jahrzehnte in trockenen Blättern
Tabaknekrose-Virus	Tabak, Gartenbohne	Tabaknekrose	86-95	20 Tage
Tabakrippen-bräune-Virus	Tabak, Kartoffel (latent)	Tabakrippenbräune	60-62	50 Tage bei ZT
Ackerbohnen-mosaik-Virus	Ackerbohne Erbse	Echtes Ackerbohnenmosaik	66-70 bzw. 75	6-7 Tage
Erbsenmosaik-Virus	Erbse Ackerbohne	Gewöhnliches Erbsenmosaik	60-64 bzw. 55	2 Tage
Bohnenmo-saik-Virus	Gartenbohne Limabohne	Gewöhnliches Mosaik der Gartenbohne	56-58 bzw. 50-55	24-36 Stunden

Gelbes Boh- nenmosaik- Virus	Gartenbohne, Erbse	Gewöhnliches Mosaik der Gar- tenbohne	56-58 bzw. 50-55	24-36 Stunden
Blumenkohl- mosaik-Virus	Verschiedene Kohlarten	Blumenkohlmo- saik	75-80	5-6 bzw. 7-14 Tage
Gurkenmosaik Virus	Gurke, Melone, Kürbis Spinat, Erbse, Sa- lat,Bohne, Tomate Sellerie	Gurkenmosaik Gelbfleckigkeit Selleriemosaik	60-70	60-70
Aucuba- Mosaik-Virus	Gurke, Melone	Grünscheckungs- mosaik der Gurke	80-90	1 Jahr
Kohlring- flecken-Virus	Blumenkohl, Weißkohl Meerrettich Spi- nat, Rhabarber, Zierpflanzen, Tabak	Schwarzringflek- kigkeit des Kohls Meerrettichmosaik	59-60 bzw. 56-65	2-3 Tage
Salatmosaik- Virus	Salat, Endivie	Salatmosaik	55-60 bzw. 54	48 Stunden bei ZT
Rübenmosaik- Virus	Spinat, Rote Rübe, Mangold, Erbse	Spinatmosaik	55-60	3-4 Tage bei ZT
Zwiebelmo- saik-Virus	Zwiebel, Poree	Gelbstreifigkeit der Zwiebel	75-80	100 Stunden im Blatt bei 29°C

Diese Daten stellen wichtige Erkenntnisse für die Aufbereitung von Siedlungsabfällen dar, um geeignete Maßnahmen zur Inaktivierung, Abtötung oder Eliminierung von möglicherweise vorkommenden Infektionskeimen durchführen zu können.

In diesem Zusammenhang muß noch erwähnt werden, daß zur Bekämpfung von
Mikroorganismen und Parasiten physikalische, chemische oder chemisch-
physikalische Maßnahmen durchgeführt werden können. Die hierbei anwendbaren
Verfahren sind Konservierung, Desinfektion, Pasteurisierung, Tyndallisierung,
Sterilisation und Entkeimung.

Bei der Konservierung werden z.B. Mikroorganismen nicht abgetötet, sondern
lediglich ihre Vermehrungsmöglichkeiten verhindert.

Desinfektionsmaßnahmen führen zur Inaktivierung, Abtötung oder Eliminierung von Infektionskeimen, wobei ihre möglichen Dauerformen (Sporen) nicht abgetötet werden.

Die Pasteurisierung erfaßt - durch schonende Verfahren - nicht nur die Vegetativformen infektiöser Keime, sondern die aller Mikroorganismen.

Bei der Sterilisation kommt es ebenfalls zur Inaktivierung und Abtötung aller Mikroorganismen einschließlich ihrer Dauerformen. Sterilisation stellt demnach keine Entkeimung dar, da nicht mehr aktive Keimreste noch vorhanden sind

Tyndallisierung ist fraktionierte Sterilisation mit schonenden Verfahren zur Inaktivierung und Abtötung aller Mikroorganismen einschließlich ihrer Dauerformen.

Da bei den bisher erwähnten Bekämpfungsverfahren die inaktivierten oder abgetöteten Mikroorganismen nicht eliminiert werden und deshalb noch als Partikel vorliegen, führen diese Verfahren nicht zu einer Entkeimung; ebenfalls können noch Zell- oder Stoffwechselprodukte vorliegen, welche sich schädigend auswirken können. Mit der Entkeimung - in der Regel durch Filtrationsmaßnahmen - können auch Zellreste entfernt werden.

Toxinneutralisation und Entpyrogenisierung stellt die Inaktivierung mikrobieller Stoffwechselprodukte dar; sie kommen als Verfahren vorwiegend im medizinischen und pharmazeutischen Bereich zur Anwendung.

                                                        Entpyrogenisierung
                                              Toxin-Neutralisation
                                        Entkeimung
                                  Tyndallisierung
                            Sterilisation
                      Pasteurisierung
                Desinfektion
          Konservierung

Abb. 2: Stufenleiter von Bekämpfungsmaßnahmen gegen Mikroorganismen

6 Abfallarten

6.1 Siedlungsabfälle

Abfälle können nach ihrer Herkunft oder nach ihrer möglichen Schadwirkung unterschieden werden. Für die Hygiene steht die Schädlichkeit eines Abfalls für Mensch, Tier, Pflanze und Umwelt allgemein im Vordergrund.

Der Begriff „Siedlungsabfall" kann als die Summe aller in einer Siedlung, in einer Gemeinde oder in einer Stadt, aber auch der in einer als Entsorgungseinheit geltenden Region anfallenden festen Abfälle bezeichnet werden.

Ähnlich wie beim Abwasser die Bezeichnung „Kommunalabwasser" alle häuslichen, gewerblichen und industriellen Abwässer eines Kommunalwesens oder eines Verbandes umfaßt, trifft dies auch für „Siedlungsabfall" zu, wobei dieser jedoch auf Grund seiner Herkunft ebenfalls aus verschiedenen Abfallarten zusammengesetzt ist.

Geht man von der vom Gesetzgeber im Abfallgesetz in § 1 Abs. 1 gewählten Definition des Begriffes „Abfall" aus, dann sind „Abfälle bewegliche Sachen, deren sich der Besitzer entledigen will oder deren geordnete Entsorgung zur Wahrung des Wohls der Allgemeinheit, insbesondere des Schutzes der Umwelt, geboten ist".

In hygienischer Hinsicht wird unter den Kriterien der Schädlichkeit differenziert in: Infektiöse Abfälle, Problemabfälle, Sonderabfälle, Hausmüll und hausmüllähnliche Gewerbeabfälle.

Nach der Herkunft kann unterschieden werden in: Hausmüll und hausmüllähnliche Gewerbeabfälle, zu denen auch Sperrmüll, Gartenabfälle, Straßenkehricht und Abfälle aus Wochenmärkten u.ä. gehören, ferner
Gewerbe- und produktionsspezifische Abfälle,
Krankenhausabfälle,
Bauschutt und Bauabfälle,
Klärschlämme.

Die TA Siedlungsabfall vom 14.5.1993 geht in ihren Begriffsbestimmungen wesentlich differenzierter ins Detail und unterscheidet nach der Herkunft folgende Abfallarten:
Altmedikamente
Bauabfälle
Bauschutt
Baustellenabfälle
Bodenaushub
Bioabfall
Fäkalien

Fäkalschlamm
Garten- und Parkabfälle
Geschäftsmüll
Hausmüll
Hausmüllähnliche Gewerbeabfälle
Klärschlamm
Marktabfälle
Produktionsspezifische Abfälle
Restabfall
Rückstände aus Abwasseranlagen
Siedlungsabfälle
Sperrmüll
Straßenaufbruch
Straßenkehricht
Wasserreinigungsschlämme
Wertstoffe

Aus hygienischer Sicht haben nicht alle Abfallarten gesundheitliche Bedeutung.
Aus diesem Grunde sollen nur die Kategorien ausführlicher behandelt werden, für
die bei Entsorgung und Aufbereitung hygiene- oder umweltrelevante Bedenken
bestehen.
Es sind dies alle Abfallarten, in denen biogene oder abiogene Schadstoffe enthalten sind, welche die Gesundheit von Mensch, Tier oder Pflanze direkt oder indirekt beeinträchtigen.
Dies können Krankheitserreger sein, aber auch chemische oder physikalische Inhaltsstoffe, die bereits im Abfall vorliegen oder die erst bei der Entsorgung oder
einem der Aufbereitungsverfahren entstehen.

Mit der Terminologie „Siedlungsabfälle" bezeichnet die TA Siedlungsabfall die
Gesamtheit aller in einer menschlichen Ansiedlung anfallenden Abfälle.
Die in dieser Kategorie zusammengefaßten Abfallarten haben unterschiedliche
Bewertung in hygienischer Hinsicht und sind deshalb auch gesondert zu berück-
sichtigen.

Als Altmedikamente bezeichnet die TA Siedlungsabfall nicht verbrauchte Medikamente, die in haushaltsüblichen Mengen anfallen. Es sind also keine Medikamente, die in Krankenhäusern und sonstigen Gesundheitseinrichtungen oder in
Apotheken und im Pharmahandel entsorgt werden müssen, wenn sie verfallen
sind; für letztere sind bereits verschiedene Wege der Rückführung oder des Recyclings vorhanden.

Die Abfallbeauftragten in derartigen Einrichtungen haben regelmäßige Kontroll-
und Rückführaktionen für verfallene Medikamente durchzuführen.

Derartige Kontrollen sollten auch in der Hausapotheke durchgeführt werden, damit sich keine großen Medikamentenmengen ansammeln; diese sollten dann zweckmäßigerweise über eine Apotheke entsorgt werden, der die geeigneten Verfahren der Entsorgung bekannt sind.

Die Hygienebedeutung von Medikamenten liegt darin, daß deren chemische Wirkstoffe in den Futtermittel- oder Nahrungsmittelkreislauf gehen können und damit über die Lebensmittelkette den Menschen gesundheitlich beeinträchtigen können. Beispiele hierfür sind die durch z.B. im Fleisch oder in der Milch enthaltene Antibiotika beim Menschen ausgelösten Sensibilisierungen, verändertes Resistenzverhalten von Mikroorganismen u.ä.

Oder auch die in Asien bekannt gewordene Itai-Itai-Krankheit, eine cadmiumbedingte Nahrungsmittelintoxikation über die „Früchte des Meeres", die Minamata-Krankheit, hervorgerufen durch erhöhten Quecksilbergehalt in Lebensmitteln.

In neuerer Zeit werden Zusammenhänge zwischen der durch Prionen ausgelösten BSE-Erkrankung bei Rindern (Rinderwahnsinn) und der Creutzfeld-Jakob-Erkrankung beim Menschen diskutiert.

Besondere Beachtung finden Zytostatika (zur Krebsbekämpfung eingesetzte Präparate) hinsichtlich ihrer Entsorgung, für die besondere Vorschriften erlassen wurden (siehe Krankenhausabfälle !).

Als Bioabfall werden im Siedlungsabfall enthaltene, biologisch abbaubare, nativ und derivativ-organische Abfallanteile (z.B. organische Küchenabfälle, Gartenabfälle) bezeichnet. Es handelt sich dabei um Abfallstoffe, die nach dem Dualen System Deutschland (DSD) der getrennten Einsammlung und Entsorgung unterliegen; sie werden in der Regel in der „Grünen Tonne" gesammelt.

Hygieneprobleme bestehen bei dieser Abfallart weniger in den nativen Abfallanteilen, bei denen es sich z.B. um Krankheitserreger handeln kann, die mit Rohlebensmitteln in die Haushaltsküche gekommen sind (Clostridien mit Feldfrüchten; Salmonellen mit Fleisch, Geflügel, Eiern; Pilze und Hefen mit Getreideprodukten), sondern um Organismen und Stoffe, die erst in der grünen Tonne entstehen können. So hat das Bundesgesundheitsamt in einer Empfehlung Allergiker auf die richtige Bedienung der grünen Tonne hingewiesen und vor dem Auftreten von Aspergillus gewarnt. Die hierdurch entstandene Verunsicherung der Bevölkerung wäre zu vermeiden gewesen, wenn die Zusammenhänge richtig interpretiert worden wären. In diesem Zusammenhang ist bei Einführung des Dualen Systems bzw. der Grünen Tonne auf die Forderung der Umwelt-Hygiene hinzuweisen, daß Entsorgungs- und Aufbereitungsverfahren für Siedlungsabfälle „zu Ende gedacht werden müssen", ob und inwieweit sie realisierbar sind.

Daß die entstehende Problematik auch ihre Ursache darin hat, daß die seitens der Hygiene an die Realisierung dieses Verfahrens in der Praxis gestellten Anforderungen nicht erfüllt wurden, ist nicht bekannt oder wird ignoriert. Im Kapitel Sammlungssysteme wird detailliert auf diese Problematik eingegangen.

Wenn die TA Siedlungsabfall Fäkalien und Fäkalschlamm als Abfallarten trennt, hat dies auch in hygienischer Hinsicht seine Berechtigung. Bei beiden Abfallarten handelt es sich um Abgänge menschlichen Ursprungs.

Fäkalien und Abfälle aus der Tierhaltung, die dem Tierseuchen- bzw. Tierkörperbeseitigungsgesetz unterliegen, sind damit nicht gemeint und deshalb auch in der Aufstellung nicht enthalten. Während diese Abfallstoffe in der Landwirtschaft im internen Stoffkreislauf Verwendung finden und somit einer Verwertung zugeführt werden, trifft dies für Abfälle aus Massentierhaltungen in der Regel nicht zu. In Anbetracht der damit verbundenen Hygieneprobleme wird es deshalb erforderlich, auch diesen Abfallarten besondere Beachtung zu schenken.

Fäkalien sind in abflußlosen Sammelgruben und Behältern anfallende Exkremente menschlichen Ursprungs, soweit sie nicht in Abwasseranlagen eingebracht werden.

Fäkalschlamm ist der bei der Behandlung von Abwasser in Kleinkläranlagen (Hauskläranlagen) anfallende Schlamm.

Beide Abfallarten stammen also aus Einzelanlagen, die hinsichlich ihrer biogenen Kontamination mit Krankheitserregern nicht so gefährdet sind, wie dies bei kommunalen Kläranlagen der Fall ist. Die chemisch-physikalische Beschaffenheit der aus Einzelanlagen stammenden Fäkalien unterscheidet sich aber wesentlich von der aus Sammelanlagen, indem infolge längerer Aufenthaltsdauer der Fäkalien in Einzelgruben eine saure Gärung erfolgt, wodurch neben geruchlichen Beeinträchtigungen auch Schwierigkeiten bei einer weiteren Aufbereitung dieser Fäkalien entstehen können. Dies ist übrigens auch der Grund dafür, daß die Wassergesetzgebung verbietet, Überläufe aus Absetzgruben an die öffentliche Kanalisation anzuschließen.

6.2 Klärschlämme

Klärschlamm ist der bei der Behandlung von Abwasser in kommunalen und entsprechenden industriellen Abwasserbehandlungsanlagen anfallende Schlamm, auch soweit er entwässert oder getrocknet oder in sonstiger Form behandelt wurde.

Die Terminologie der TA Siedlungsabfall differenziert zwar in kommunale und industrielle Klärschlämme, berücksichtigt dabei aber nicht die unterschiedlichen gesundheitlichen Gefährdungspotentiale verschiedener Schlammarten und Abwasserrückstände.

Mit der Begriffsbestimmung „Rückstände aus Abwasseranlagen" werden Rechengut, Sandfang- und Fettfangrückstände aus Kläranlagen sowie Rückstände aus Siel-, Kanalisations- und Gullyreinigung bezeichnet. Diese stellen hygienerelevante Abwasserprodukte dar und bedürfen daher auch der entsprechenden Beachtung.

Hinsichtlich der mikrobiellen Belastung der verschiedenen Klärschlammarten mit Krankheitserregern muß zunächst davon ausgegangen werden, daß bei gut arbeitenden vollbiologischen Kläranlagen bis 98% der im Rohabwasser enthaltenen Parasiten und Krankheitserreger in die Schlämme eliminiert werden.

Da bereits das Abwasser mit Krankheitserregern kontaminiert ist, muß auch schon das Rechengut als potentiell infektiös bezeichnet werden. Dies trifft auch für die in Sandfängen abgeschiedenen mineralischen Stoffe zu.

Der aus Absetzbecken entnommene mechanische Schlamm enthält den Hauptanteil der im Rohabwasser enthaltenen Parasiten und Wurmeier. Die restlichen Krankheitserreger werden bei der Nachklärung in den dort abgesetzten Klärschlamm eliminiert.

Die meisten im Bereich der Kläranlage vorgenommenen Klärschlammbehandlungsverfahren, die vornehmlich der Schlammentwässerung dienen, bewerkstelligen keine Entseuchung der Klärschlämme; daher müssen alle Schlammarten als potentiell infektiös bezeichnet werden.

Tab. 7: Wirkung von Abwasserreinigungsverfahren in hygienischer Hinsicht

Verfahren	Prozentuale Abnahme bezogen auf Ausgamgsmaterial von		
	Bakterien (gesamt) %	Salmonellen %	Tuberkelbakterien %
Grobrechen	0	0	0
Feine Siebe	0-5	0	0
Mechanische Klärung	10-20	10-90	10-90
Absetzbecken	25-75	6-10	9
Fällungsbecken (chemisch)	40-80	20-80	10-70
Rohabwasser-Chlorung	85-90	50-70	10-20
Tropfkörper, hochbelastet (Spültropfkörper)	70-90	39-67	68
Tropfkörper, schwach belastet	90-95	50-70	0-10
Belebungsverfahren	90-98	55-98	45
Chlorung von biologisch gereinigtem Abwasser	98-99	80-95	75-95
Klärschlamm von unbeheiztem Faulturm (mesophil)	-	50-70	45
von beheiztem Faulturm	-	85-95	100
Faulschlamm, getrocknet 14 Tage	-	60-80	21
30 Tage	-	60-90	51

Auch die Schlammpasteurisierung stellt kein Verfahren zur quantitativen Abtötung aller Krankheitserreger dar, so daß pasteurisierter Klärschlamm aus veterinärhygienischer Sicht noch beanstandet werden muß.

Ein guter Indikator für die Infektiosität von Klärschlämmen stellt der Gehalt an Wurmeiern dar, die hinsichtlich ihrer Persistenz und ihres Resistenzverhaltens gegen thermische und Umwelt-Einflüße neben den Parasiten an unterster Stufe der Inaktivierung stehen (vgl. Abb. 1). Neben eigenen Untersuchungen zum Resistenzverhalten von Wurmeiern wurde von BORNKESSEL, J., (1960) die Lebensfähigkeit von Wurmeiern der Haustiere bei Abwasser- und Klärschlammaufbereitung in einer Kläranlage überprüft; danach enthalten alle mechanischen und biologischen Klärschlämme invasionsfähige Parasiten und Wurmeier und müssen deshalb als infektiös bezeichnet werden.

Aus diesen Erkenntnissen wird deutlich, daß kommunalen Klärschlämmen auf Grund der in ihnen enthaltenen Parasiten und Krankheitserregern seitens der Hygiene bei allen weiteren Aufbereitungsverfahren das größte gesundheitliche Gefährdungspotential zukommt.

Bei Klärschlämmen aus gewerblichen oder industriellen Abwasserbehandlungsanlagen überwiegen organische oder anorganisch-chemische Inhaltsstoffe, die je nach Betriebsart unterschiedlich sind und auf die im Hinblick auf die weitere notwendige Aufbereitung oder Entsorgung derartiger Schlämme untersucht werden muß. Hier spielen auch die in Produktionsbetrieben bereits eingeführten internen Abwasserkreisläufe eine Rolle, inwieweit hierbei Schadstoffe eliminiert wurden, die als nicht regenerierbare Ressourcen der Wiederverwertung zugeführt werden.

Bei allen Klärschlämmen ist für die Entsorgung bzw. die weitere Aufbereitung auch der hohe Wasseranteil zu berücksichtigen, der bei den meisten Klärschlämmen - ohne Vorbehandlung zum Entzug von Schlammwasser - über 90% liegt.

6.3 Hygiene-Relevanz von Siedlungsabfällen

Hausmüll stellt Abfall hauptsächlich aus privaten Haushaltungen dar, der von Entsorgungspflichtigen selbst oder von beauftragten Dritten in genormten, im Entsorgungsgebiet vorgeschriebenen Behältern regelmäßig gesammelt, transportiert und der weiteren Entsorgung zugeführt werden muß.
Insoweit differenziert die TA Siedlungsabfall nicht nach der im Rahmen des Dualen Systems bzw. nach dem Grünen Punkt vorzunehmenden Selektierung gemäß der unterschiedlichen Zusammensetzung bzw. der im Hausmüll enthaltenen verschiedenen Abfallstoffe, was Veranlassung gibt, bereits in den Haushalten den Müll zu trennen in organischen Abfall, Papier, Kunststoff- und Plastikabfälle, Glas, Metalle, die separat vom übrigen Müllanteil gesammelt werden müssen.

Sperrmüll, Sonderabfälle und nicht in Haushaltungen anfallende hausmüllähnliche Abfälle werden in anderen Kategorien von Abfallarten erfaßt.

Es bleibt jedoch festzuhalten, daß es sich bei Hausmüll um Abfälle handelt, die regelmäßig gesammelt, transportiert und der weiteren Verwertung zugeführt werden müssen. Dies gilt sinngemäß auch für die aus Hausmüll selektierten Teilabfälle, was aus hygienischer Sicht für alle Abfallarten von Bedeutung ist, von denen sekundäre Schadwirkungen ausgehen können, z.B. infolge Zersetzung, bei längeren Standzeiten u.ä.

Bei vergleichenden, neueren Untersuchungen zur hygienischen Bewertung von Krankenhausmüll und Hausmüll konnte festgestellt werden, daß Hausmüll qualitativ und quantitativ stärker mit Krankheitserregern kontaminiert ist. (MÖSE, J.R. und F. REINTALER, 1985; JAGER, E. 1989 und 1990). Unter konsequent angewandter Krankenhaushygiene ist dies auch verständlich. In Kliniken sind in der Regel Patienten mit Infektionskrankheiten, bei denen auch infektiöse Abfälle anfallen können, bekannt; diese infektiösen Abfälle unterliegen einer separaten, vom Hausmüll getrennten, Entsorgung.

Trotz dieser Feststellungen stellt Hausmüll üblicherweise kein Gefährdungspotential durch Krankheitserreger dar. Dennoch muß hinsichtlich der weiteren Entsorgung und der Aufbereitungsverfahren von Hausmüll seine mögliche Kontamination mit pathogenen Mikroorganismen beachtet werden.

Hausmüllähnliche Gewerbeabfälle sind nach der TA Siedlungsabfall die in Gewerbebetrieben, auch Geschäften, Dienstleistungsbetrieben, öffentlichen Einrichtungen und Industrie anfallenden Abfälle, soweit sie nach Art und Menge gemeinsam mit oder wie Hausmüll entsorgt werden können.

Sinngemäß fallen unter diese Kategorie auch Krankenhausabfälle, zumal diese in keiner gesonderten Abfallart in der TA aufgeführt sind.

Da aber Krankenhausabfälle keine einheitliche Abfallart darstellen, sondern von Seiten der Hygiene besonderer Beachtung bedürfen, erscheint es notwendig, auf diese Abfallart differenziert einzugehen. Dies wird auch deshalb erforderlich, weil die Beurteilung von Krankenhausmüll hinsichtlich seiner Entsorgung den Abfallbeauftragten in Krankenhäusern nach wie vor Schwierigkeiten bereitet.

Krankenhausabfälle schienen zunächst auch von der Miasmentheorie beeinflußt zu sein, indem alle aus einer Klinik kommenden Abfälle als infektiös und gefährlich eingestuft wurden und dadurch ihre Entsorgung bzw. Beseitigung problematisch war. Dies veranlaßte auch die Zentralstelle für Abfallbeseitigung, sich dieser Problematik zu widmen.

Bereits im ZfA-Merkblatt Nr. 8 wurden erste Einteilungskriterien für Krankenhausmüll geschaffen, wobei speziell die bei meldepflichtigen Infektionskrankheiten gemäß BSeuchG anfallenden Abfälle als infektiöse Abfallstoffe bezeichnet wurden, die einer gesonderten Entsorgung zugeführt werden müssen.

In den Richtlinien für Krankenhaushygiene und Infektionsprävention des Robert-Koch-Institutes (RKI) in Berlin (erstmals von dem früheren Bundesgesundheitsamt als BGA-Richtlinie herausgegeben) waren in Merkblatt M 1 „Die Beseitigung von Abfällen aus Krankenhäusern, Arztpraxen und sonstigen Einrichtungen des medizinischen Bereichs" Ansätze für eine differenziertere Bewertung von Krankenhausabfällen vorhanden, welche in Anlage zu Ziff. 6.8 der RKI-Richtlinie für Krankenhaushygiene und Infektionsprävention ergänzt wurden durch ihre Einteilung nach verschiedenen Kategorien.

Kategorie A sind Abfälle, an die bei ihrer Entsorgung aus infektionspräventiver und aus umwelthygienischer Sicht keine zusätzlichen Anforderungen zu stellen sind und die wie Hausmüll aus Haushaltungen entsorgt werden können. Diese Gruppe stellt also Hausmüll und hausmüllähnliche Krankenhausabfälle dar, die nicht bei der unmittelbaren gesundheitsdienstlichen Tätigkeit anfallen, wie Papier, Zeitschriften, aber auch Kunststoff- und Glasabfälle (entsprechend LAGA-Abfallschlüssel 91101).
Auch desinfizierte Abfälle (Abfallschlüssel 917103), hausmüllähnliche Gewerbeabfälle, wie Verpackungsmaterial und Kartonagen (Abfallschlüssel 91201) und Küchen- und Kantinenabfälle (Abfallschlüssel 91202)fallen unter die Kategorie A.

Zu der Abfallgruppe B gehören Abfälle, an deren Entsorgung aus infektionspräventiver Sicht nur innerhalb der Einrichtung des Gesundheitsdienstes zusätzliche Anforderungen zu stellen sind. Dies sind Abfälle, welche mit Nosokomialerregern behaftet sein können, die nur innerhalb einer Gesundheitseinrichtung (nosokomial) zu Infektionskrankheiten („infektiöser Hospitalismus") führen, und die nach § 8 BSeuchG bei gehäuftem Auftreten in solchen Einrichtungen meldepflichtig sind. Entsprechend dem LAGA-Abfallschlüssel 97103 gehören dazu mit Blut, Sekreten und Exkreten behaftete Abfälle, wie Wundverbände, Gipsverbände, Einwegwäsche, Stuhlwindeln und Einwegartikel, einschließlich Spritzen, Kanülen und Skalpelle. Da derartige Abfälle mit Erregern nosokomialer Infektionen (infektiöser Hospitalismus) kontaminiert sein können, stellt deren Transport nur innerhalb der Gesundheitseinrichtung eine hygienische Gefahr dar; somit muß die kliniksinterne Entsorgung unter entsprechenden Sicherheitskautelen erfolgen, während sie außerhalb eines Krankenhauses wie A-Müll bzw. mit diesem zusammen durch die zuständigen Unternehmen entsorgt werden können.

Abfälle der Kategorie C sind medizinische Abfälle, an deren Entsorgung innerhalb und außerhalb der Einrichtung besondere Anforderungen zu stellen sind, wie infektiöse, ansteckungsgefährliche oder stark ansteckungsgefährliche sowie gefährliche Stoffe.
Nach wie vor gibt es bei der Klassifizierung derartiger Abfälle im Krankenhaus Probleme, welcher Krankenhausmüll unter diese Kategorie fällt, so daß der Anteil und die Menge derartiger C-Abfälle von Klinik zu Klinik unterschiedlich sind.

Grundsätzlich ist zu berücksichtigen, daß krankenhausspezifische Abfälle nicht nur auf Grund ihrer Herkunft wie C-Müll zu behandeln sind. Es muß unterschieden werden nach Art und Anzahl der Erreger, ihrer Infektiosität und Persistenz sowie ihrer Infektionswege (Übertragungsmöglichkeiten). So ist es nicht erforderlich, daß alle mit Erregern nach § 3 BSeuchG meldepflichtiger Infektionskrankheiten kontaminierten Abfälle als C-Müll klassifiziert werden, wie dies sinngemäß nach ZfA-Merkblatt Nr. 8 bzw. nach Anlage zu Ziff. 6.8 der BGA-Richtlinie erfolgte.

Mit dem LAGA-Merkblatt „Über die Vermeidung und die Beseitigung von Abfällen aus öffentlichen und privaten Einrichtungen des Gesundheitswesens" von 1991 und in der neuesten Fassung der Anlage zu Ziff. 6.8 wurden die krankenhausspezifischen Abfälle der Gruppe C weiter differenziert in C-, D- und E-Müll, ebenso wurde eine Liste von Infektionskrankheiten veröffentlicht, bei denen infektiöse Abfälle anfallen, die nach Kategorie C entsorgt werden müssen. Die Einengung der unter die Kategorie C-Müll fallenden infektiösen Krankenhausabfälle wurde letztlich durch Forschungsarbeiten zur Infektiosität derartiger Abfälle außerhalb einer Gesundheitseinrichtung ermöglicht. Damit wurde eine wesentliche Reduzierung dieser, in Einsammlung, Transport und Aufbereitung sehr personal- und kostenintensiven Abfallkategorie erreicht; so fallen danach z.B. mit Hepatitis B-Viren kontaminierte Abfälle nicht unter den Begriff C-Müll, da ihre Überlebensfähigkeit in Abfällen begrenzt ist und Infektionen mit Hepatitis B-Viren über feste Abfälle bisher nicht bekannt sind.

In der Gruppe C-Müll sind nach den gemäß Abfallbestimmungsverordnung erstellten Abfallkatalogen unter Abfallschlüssel 97101 enthalten: Mit erregerhaltigem Blut, Ausscheidungen oder Sputum kontaminierte Materialien, soweit eine Verbreitung der in der LAGA-Richtlinie enthaltenen infektiösen Erkrankungen zu befürchten ist. Ebenso fallen Versuchstiere darunter, soweit durch sie eine Verbreitung von diesen Infektionskrankheiten zu befürchten ist.

In Abfallschlüssel 13705 werden dann auch Streu und Exkrete aus Versuchstieranlagen erfaßt.

Abfälle der Gruppe D sind solche, an die aus umwelthygienischer Sicht für die Abfallentsorgung innerhalb und außerhalb einer Gesundheitseinrichtung zusätzliche Anforderungen zu stellen sind. Dies können sein Medikamenten- und Chemikalienreste, Laborabfälle, Röntgenabfälle, Mineralöle und Zytostatikaabfälle, aber auch Glas- und Keramikabfälle mit schädlichen Verunreinigungen (Abfallschlüssel 31433) oder verbrauchte Filter und Aufsaugmassen mit schädlichen Verunreinigungen (Abfallschlüssel 31435). Während Reste oder Altbestände von Schädlingsbekämpfungsmitteln unter Abfallschlüssel 53103 fallen, gehören Abfälle aus der Produktion und Zubereitung von pharmazeutischen Erzeugnissen (einschließlich Zytostatika) zum Abfallschlüssel 53502; daraus muß geschlossen werden, daß Zytostatikareste so wie D-Müll zu entsorgen sind, wodurch die Unsicherheiten in

Kliniken, ob auch kontaminierte Kanülen, Spritzen o.ä. darunter fallen, dahingehend beantwortet wurde, daß nur zytostatisches Material einer derartigen Entsorgungsart unterliegt. Dies dürfte auch deshalb gerechtfertigt sein, weil die zytosta-
tikahaltigen Ausscheidungen behandelter Krebspatienten ohne irgendwelche Aufbereitungsmaßnahmen über Abwässer entsorgt werden.
Es muß jedoch darauf hingewiesen werden, daß Zytostatikaabfälle nicht zusammen oder wie infektiöse Abfälle der Kategorie C entsorgt und aufbereitet werden
dürfen, sondern einer gesonderten und sicheren Entsorgung zugeführt werden
müssen.

Unter die Gruppe E werden krankenhausspezifische Abfälle eingeordnet, die aus
ethischer Sicht zusätzliche Anforderungen an die Abfallbeseitigung stellen, wie
z.B. Körperteile und Organabfälle aus operativen Einrichtungen, aus der Gynä-
kologie (Plazenten); diese werden unter Abfallschlüssel 97104 zusammengefaßt.
Auch derartige Abfallarten unterliegen bereits bei der Entstehung, beim kliniksinternen Transport, wie auch bei der weiteren Entsorgung und Aufbereitung besonderen Vorschriften.

Mit dieser aus umwelthygienischer Hinsicht erforderlichen, weitergehenden Differenzierung von Krankenhausabfällen erfährt die TA Siedlungsabfall und darin der
Begriff „Hausmüllähnliche Gewerbeabfälle" eine notwendige Ergänzung.

Sperrmüll sind feste Abfälle, die wegen ihrer Sperrigkeit nicht in die in einem
Entsorgungsgebiet vorgeschriebenen Behälter passen und getrennt vom Hausmüll
gesammelt und transportiert werden; ihnen kommt in der Regel keine Hygienerelevanz zu.

Wertstoffe sind Abfallbestandteile oder Abfallfraktionen, die zur Wiederverwertung oder für die Herstellung verwertbarer Zwischen- oder Endprodukte geeignet
sind. Unabhängig von der möglichen Kontamination derartiger Wertstoffe mit
Krankheitserregern oder gesundheitsschädlichen Stoffen werden Selektierungs-
und Recyclingsverfahren angestrebt, so daß diese einer besonderen Hygienebewertung bedürfen.

Unter Restabfall versteht die TA Siedlungsabfall die nach Vermeidung und Verwertung noch verbleibenden und zu entsorgenden Abfälle, wobei auch hier keine
Hygieneanforderungen genannt werden.

Im Hinblick auf den Leitgedanken „Hygiene in der Abfallwirtschaft" wird bei
dieser differenzierten Darstellung von Abfallarten deutlich, daß hinsichtlich ihrer
Einsammlung, ihres Transportes und ihrer weiteren Entsorgung auch unterschiedliche Hygienekriterien zu beachten sind, so daß hierfür die nach Schädlichkeit
aufgestellten Einteilungsparameter, wie infektiöse Abfälle, Problemabfälle und
Sonderabfälle der weiteren Betrachtung zugrunde liegen müssen.

Sonderabfälle stellen nach der Definition schädliche Abfälle aus gewerblichen Unternehmen dar, die in der Anlage zur Abfallbestimmungsverordnung aufgeführt sind und an die besondere Anforderungen bei der Entsorgung gestellt werden; diese Definition muß dahingehend ergänzt werden, daß auch in Haushaltungen Sonderabfälle anfallen, welche den gleichen Anforderungen unterliegen.

Ebenfalls verdienen aus hygienischer Sicht „Altlasten" besonderer Beachtung, von denen gesundheitliche Beeinträchtigungen von Menschen, Tieren und Pflanzen, oder Gefährdungen für die Umwelt ausgehen oder erwartet werden können. Bei diesen handelt es sich um Altablagerungen kommunaler und gewerblicher Abfälle in Form von aufgefüllten Halden oder Verfüllungen von aufgelassenen Sand- oder Kiesgruben („Müllkippen") oder um ungeordnete Ablagerungen im Gelände, sogenannte „wilde Müllkippen".

Derartige städtische Müllhalden erhielten in der Umgangssprache der Bevölkerung oft treffende Bezeichnungen, wie z.B. der seit Beginn des 20. Jahrhunderts im Stadtwald von Frankfurt am Main errichtete „Monte Scherbelino".

Altablagerungen von Industrieabfällen können sich für die Umwelt katastrophal auswirken, wie z.B. die im Volksmund als „Trihalde" bezeichneten Ablagerungen von Europas ehemals im zweiten Weltkrieg größter Munitionsfabrik in der Nähe von Marburg (TNT- u.a. Abfälle der Sprengstoffproduktion).

Solche Altlasten haben für die Umwelthygiene als „tickende Zeitbomben" besondere Bedeutung, so daß Altlastensanierung zu einer vordringlichen Aufgabe wurde.

7 Abfallsammlung

Unter Abfallsammlung wird nach dem Abfallgesetz das Einsammeln, Befördern und Lagern von Abfällen bzw. von Abfallarten verstanden, die bereits am Anfallsort selektiert wurden.

Damit werden alle in Haushaltungen, Gewerbe- und Industriebetrieben anfallenden und gesammelten Abfälle erfaßt und deren Transport zu Abfallbehandlungs- und Aufbereitungsanlagen geregelt; ebenso beinhaltet die Gesetzgebung die getrennte Erfassung und Abfuhr bestimmter Abfallarten zum Zwecke ihrer Wiederverwertung bzw. zur Rückführung von Wertstoffen in einen Wirtschaftskreislauf.

Diese als hoheitliche Aufgaben der zuständigen Körperschaften durchzuführenden Verfahren werden in der Regel nur nach kommerziellen Gesichtspunkten beurteilt und betrieben, obwohl ihnen gerade von der Hygiene eine besondere Bedeutung zukommt. Denn es werden nicht nur persönliche Gesundheitsbelange oder die Städtehygiene tangiert, sondern auch umwelthygienische Probleme ausgelöst.

Aus diesen Gründen ist es wichtig, innerhalb des gesamten Sektors der Abfallsammlung Problembereiche zu erkennen, um im Sinne präventivmedizinischer Vorsorge Lösungen für eine verbesserte Hygiene realisieren zu können.

7.1 Sammlungssysteme

Das Einsammeln von Abfällen ist ein Vorgang, der am Anfallort der Abfälle beginnt, die Füllung von Abfallbehältern und die Beschickung von Sammelfahrzeugen umschließt.

Das Sammelsystem wird hierbei durch die jeweiligen örtlichen Regelungen bestimmt in der Weise, daß unterschiedliche Sammlungsverfahren existieren, nach denen Abfälle vor Ort gesammelt werden.

Bei der bisher üblichen normalen Sammlung wurden alle in einem Haushalt produzierten Abfälle in einer Mülltonne gesammelt; getrennte Sammlung von Abfällen jedoch setzt verschiedene Behälterarten voraus, wenn z.B. nach dem Dualen System Deutschland bereits in den Haushaltungen die getrennte Einsammlung von organischen Abfällen, von Kunststoffen, Papier, Glas usw. vorgenommen wird.

Vor Einführung oder Umstellung eines Sammelverfahrens muß jedoch geklärt sein, ob die weiteren Arbeitsgänge der Entsorgung oder der vorgesehenen Aufbereitung überhaupt realisierbar und auch seitens der Hygiene zu tolerieren sind.

Wenn der Bürger als Abfallproduzent zu einer getrennten Einsammlung seiner Abfallarten bereits in seinem Haushalt angehalten wird, unter Hinweis auf sein Umweltbewußtsein, dann dürfte dies sehr gestört werden, wenn er erfährt, daß letztlich doch alle von ihm getrennt erfaßten Abfallarten gemeinsam auf einer Deponie landen.

Bei solchen Trennverfahren muß davon ausgegangen werden, daß hohe Anforderungen an die Bereitwilligkeit und an das Verständnis der Abfallproduzenten gestellt werden, in den Siedlungsabfällen enthaltene Wertstoffe richtlinienkonform zu sammeln und sie so bereitzustellen, daß auch eine geordnete Abfuhr ermöglicht wird. Schließlich müssen alle Verfahren auch unter Hygienekautelen ablaufen können, wozu in den einschlägigen Ortssatzungen die Voraussetzungen zu schaffen sind.
Für die je nach Sammelverfahren erforderlichen, unterschiedlichen Behälterarten müssen geeignete Transportfahrzeuge vorhanden sein, für die ebenfalls Hygienerichtlinien Gültigkeit besitzen.

Besonderer Beachtung bedarf der Abholrhythmus der gesammelten Abfallarten, wie auch die Sicherung des Transportweges in städtehygienischer und umwelthygienischer Hinsicht.

Insbesondere gilt dies für Abfallumschlagplätze und Zwischenlager, wo Siedlungsabfälle vor ihrem weiteren Transport zu einer Abfallbehandlungs- oder Verwertungsanlage zwischengelagert werden, wobei natürlich auch gewerbe- und arbeitshygienische Kriterien für Müllwerker und sonstiges Personal beachtet werden müssen.

7.2 Sammlungsgebinde

Neben der systemlosen Sammlung z.B. von Sperrmüll oder Sonderabfällen können je nachdem, ob das Einwegverfahren, das Umleer- oder Wechselverfahren angewendet wird, unterschiedliche Behältnisse eingesetzt werden. Als Spezialverfahren sind Müllsaugsysteme oder andere nach pneumatischen Prinzipien arbeitende Sammelsysteme möglich, für die Spezialbehälter infragekommen; diese Verfahren sind aber, ebenso wie die Möglichkeit, Abfälle mittels Abschwemmung zu entsorgen, nur unter speziellen Voraussetzungen im Einsatz.

Aus hygienischer Sicht sind nicht nur die Beschaffenheit des Abfallbehälters, sondern sein Standplatz und die jeweilige Standzeit bis zur Abfuhr wesentliche Kriterien für einschlägige Anforderungen. Diese können in manchen Entsorgungseinheiten problematisch sein, wenn z.B. nicht geeignete Standorte mit ausreichender Fläche (Hochhausregionen in Städten) vorhanden sind. Je differenzierter das Trennsystem mit Selektierung verschiedener Abfallarten wird und damit eine Vielzahl von Sammelbehältnissen erfordert, um so schwieriger werden die Möglichkeiten zur Realisierung von Sammlung und Abfuhr unter Hygienekautelen. In Gesundheitseinrichtungen oder Lebensmittelbetrieben lassen sich oftmals derartige Anforderungen nur unter größten Schwierigkeiten realisieren, wobei meist Hygienemängel in Kauf genommen werden.

Der Standort von Abfallsammelbehältern für alle Abfallarten unabhängig davon, ob es sich um Sammelbehälter für Siedlungsabfälle, Hausmüll oder getrennt einzusammelnde Abfallarten handelt, muß so gewählt werden, daß keine gesundheitlichen Beeinträchtigungen für den Menschen entstehen können.

Dabei ist auch zu berücksichtigen, daß Abfälle, insbesondere solche organischer Art, zu mikrobiellen Zersetzungen neigen. Finden diese unter anaeroben (unter Luftsauerstoffabschluß) Bedingungen statt, dann kommt es zur sauren Gärung der Abfälle sowie zur Bildung organischer Säuren, die sehr geruchsintensiv sind.

Durch besondere Beschaffenheit von Biotonnen für organische Haushaltsabfälle, wie Belüftungsschlitze, Bodensiebe u.ä., versucht man, die aeroben Verhältnisse im Behältermaterial zu verbessern; hierdurch wird jedoch wieder ein besserer Zutritt für Ungeziefer ermöglicht. Mit zunehmender Tonnenfüllung werden aber zwangsläufig Verdichtungen des Abfallmaterials eintreten, welche die Bildung anaerober Zonen begünstigen. Für die Verhinderung anaerober Verhältnisse in einer Biotonne sind im wesentlichen kurze Standzeiten entscheidend, innerhalb derer es weder zur Massenentwicklung von Mikroorganismen mit gesundheitsbedenklichem Potential (z.B. Aspergillus fumigatus u.a.) noch zu Fäulnis- oder Gärungsvorgängen kommen kann.

Durch derartige, anaerob gebildete Zersetzungsprodukte erhalten Abfallstoffe besondere Attraktivitätswirkung für Schadtiere und Lästlinge. Neben den bereits im Abfall enthaltenen Entwicklungsstadien von Insekten (Eier, Larven, Puppen) werden Insekten von Abfallsammelstellen direkt angelockt. Auf Grund entomologischer Untersuchungen wurden kilometerweite Anflugstrecken von Fliegen zu derartigen Attraktivitätsstellen registriert.

Gelangt nur eine Fliege mit dem Abfall in einen Müllbehälter, kann sie dort hunderte Eier ablegen, die bereits - je nach Fliegenart - innerhalb von 5-7 Tagen über die jeweiligen Entwicklungsformen zur ausgewachsenen Fliege werden; im Hinblick auf die Standzeiten von Müllbehältern muß demnach konstatiert werden, daß bereits innerhalb einer Woche über eine Fliege hunderte von Nachkommen im Müllbehälter produziert wurden.

Durch Beobachtungen an der als Müllindikatorfliege bekannt gewordenen Ophyra aenescens kann angenommen werden, daß mikrobielle Zersetzungsprodukte organischer Abfallstoffe den Pheromonen (Sexuallockstoffe) ähnlich sind, wodurch ihre Anziehungskraft für Insekten erklärbar wäre.

Hinsichtlich der Vektorenrolle von Insekten haben Untersuchungen gezeigt, daß die normale Hausfliege (Musca domestica) bzw. die ähnlichen Lucilia-Arten auf ihrer gesamten Körperoberfläche zigtausend Mikroorganismen aufnehmen können.

Neben Fliegen kann aber noch eine Reihe anderer Insektenarten, wie Käfer, Spinnentiere, Flöhe, Milben u.a. in Müllsammelplätzen nachgewiesen werden. Vor allem können sich Kakerlaken oder Schaben (Blatta orientalis, Blatta germanica) von dem für sie optimalen Milieu angezogen fühlen, so daß an manchen Müllplätzen regelrechte Wanderstraßen von Kakerlaken zu beobachten sind.

Sammelplätze für Abfälle sind auch für andere Tierarten attraktiv, die als Lästlinge, Schädlinge oder als Vektoren von Mikroorganismen infragekommen können. Dies sind insbesondere Nagetiere (Ratten, Mäuse), Vögel, aber auch Haustiere.

Auch unter Berücksichtigung dieser Gegebenheiten sind Standplätze für Müllbehälter innerhalb menschlicher Ansiedlungen auszuwählen, zumal neben den Anforderungen der Hygiene bei der Abfallentsorgung auch ästhetische Gesichtspunkte eine Rolle spielen.

Da alle möglichen Abwehr- oder Bekämpfungsmaßnahmen gegen tierische Schädlinge (Entwesungsverfahren) nicht nur aus umwelthygienischer Sicht keine Ideallösung darstellen und sogar zu sekundären, neuen Hygieneproblemen führen können, sollte auch in diesem Falle der präventive Gedanke der Vermeidung von Schädlings- oder Lästlingsbefall der Abfälle im Vordergrund stehen.

Das bedeutet aber, daß die Vermeidung möglichst schon am Anfallort vorgesehen und realisiert werden sollte.

Hierzu tragen auch Behältersysteme, ihre Standorte, Standzeiten und ihre Sammelverfahren bei. Ebenfalls sind die unterschiedlichen Jahreszeiten und die dabei herrschenden Klimawerte zu beachten.

Mikrobielle Zersetzungsvorgänge von Abfallstoffen laufen bei optimalen Feuchteverhältnissen und bei wärmeren Temperaturen schneller ab, als dies bei Trockenheit und kalten Temperaturen der Fall ist.

Dies bedeutet: Je günstiger die Voraussetzungen für mikrobielle Abbauvorgänge der Siedlungsabfälle sind, um so kürzere Standzeiten sollten aus Gründen der Hygiene für derartige Abfallarten bzw. die jeweiligen, dafür vorgesehenen Behälter eingehalten werden.

Dabei sind auch die unterschiedlichen Verschmutzungen der Behälterinnenräume durch die Abfallarten zu berücksichtigen, die u.U. wieder Ausgangsmöglichkeiten für mikrobielle Abbauvorgänge darstellen können. Dies führte auch zu unterschiedlichen Behältersystemen.

In Krankenhäusern und sonstigen Gesundheitseinrichtungen können ebenfalls unterschiedliche Behältersysteme, wie auch Selektierungsverfahren nach dem Trennsystem für die verschiedenen dort anfallenden Abfallarten zum Einsatz kommen.

Für die Einsammlung und den kliniksinternen Transport aller Abfallarten müssen allerdings die in der Hygienerichtlinie für Krankenhaushygiene und Infektionsprävention und in den Unfallverhütungsvorschriften (UVV) des Gesundheitsdienstes enthaltenen Anforderungen der Hygiene beachtet werden, um nosokomiale Infektionen über Abfälle in Krankenhäusern zu vermeiden. Der Forderung einer Umweltbehörde, daß auch die in einem Operationsraum eines Kreiskrankenhauses anfallenden Abfälle bereits dort nach dem Trennsystem gesammelt und dafür 5 verschiedene Abfallbehälter im OP-Saal aufgestellt werden sollten, konnte allerdings nicht zugestimmt werden.

Der Standort von Abfallsammelbehältern muß deshalb gerade in Kliniken unter Hygienekautelen ausgewählt werden, um diese hygienerelevanten Gesundheitseinrichtungen vor möglichen Keimübertragungen schützen zu können.
So wird z.B. für die Sammlung von Speisen- und Lebensmittelresten (Drank) ein separater, kühler Raum in der Klinikküche, außerhalb der Essenszubereitung, gefordert, sowie die tägliche Abfuhr von Drank. Durch die Ländergesetzgebung zur Verhütung der Schweinepest (Aujeszkysche Krankheit) wurden jedoch AK-Erlasse verabschiedet, welche die bisher übliche Verfütterung von Drank an Tiere in der Landwirtschaft untersagen bzw. eine vorherige thermische Sterilisation von Drank fordern; da diese Anlagen aber sehr kostenintensiv sind, kann diese Methode von den meisten Landwirten nicht eingesetzt werden, wobei auch Nährwert und Nutzen derart behandelter Essensabfälle für Tiere in Frage gestellt werden muß.
Da Drank auf Grund seiner unterschiedlichen Zusammensetzung jedoch weder als fester Abfall noch als flüssiger Abfall eingruppiert werden kann, wird seine Entsorgung schwierig; aus diesem Grunde wurden als Alternativlösungen die sehr kostenträchtigen Entsorgungsverfahren über Tierkörperbeseitigungsanlagen (TKBA) geschaffen, die bei täglicher Abholung von Drank aus Kliniken nicht zur Dämpfung der Kosten im Gesundheitswesen beitragen dürften.

7.3 Behältersysteme

In Anbetracht des steigenden Aufkommens von Siedlungsabfällen wurden die zur Sammlung eingeführten Behältnisse immer größer, was auch aus Gründen der Wirtschaftlichkeit der Fall war, um längere Standzeiten zu erzielen bzw. Abfuhr und Entsorgung in größeren Zeitabständen vornehmen zu können. Dies kann für verschiedene Abfallarten gerechtfertigt sein, kann aber nicht für Müllanteile zutreffen, die dem mikrobiellen Abbau unterliegen und dadurch gesundheitliche Beeinträchtigungen hervorrufen können. Die wöchentliche Abfuhr sollte bei Hausmüll und organischen Abfällen (Grüne Tonne) aus hygienischen Gründen die Regel sein, wobei dieser Abholzyklus in besonders warmen Sommermonaten zu den geschilderten negativen Einflüssen führen kann. Deshalb könnte dann ein geänderter Zeitraum für die Abfuhr erforderlich werden.

Dies kann auch für die nach dem DSD getrennt zu sammelnden Kunststoffabfälle der Fall sein. Bei Untersuchungen, inwieweit derart getrennt gesammelte Kunststoffabfälle mikrobiell angreifbar sind, konnte festgestellt werden, daß diese separat auf einer Rottedeponie abgelagerten Abfallarten zumindest Hinweise für mikrobielle Zersetzung im Sinne einer Verrottung geben. Es wird allerdings vermutet, daß die an diesen Abfällen noch anhaftenden organischen Anteile die Voraussetzung für den Verrottungsvorgang waren. Die bereits in Haushaltungen durchzuführende getrennte Sammlung von Kunststoffabfällen sieht zwar eine weitgehende Reinigung derartiger Abfälle von (organischen) Inhaltsstoffen vor, doch wird diese - nicht zuletzt aus umweltrelevanten Gründen - in der Regel nicht konsequent durchgeführt. Diese Reinigung erfordert neben zusätzlichem Einsatz von Wasser meist auch den von Reinigungsmitteln, so daß darin seitens vieler Haushaltungen lediglich eine Verlagerung der Entsorgungsproblematik von den festen Abfällen ins Abwasser gesehen wird; aus diesen Überlegungen unterbleiben oftmals derartige Selektierungsmaßnahmen.

In besonderer Weise muß aber die getrennte Sammlung von Bioabfällen über die Grüne Tonne unter dem Aspekt der relativ raschen mikrobiellen Zersetzung dieser organischen Abfälle und der damit verbundenen Folgeerscheinungen durchgeführt werden. Für solche Abfallbehälter muß die wöchentliche Entsorgung die Regel sein, wobei dieser Zeitraum in der warmen Jahreszeit sogar zu lang sein kann; die stets mit höherer Feuchtigkeit anfallenden organischen Abfälle stellen für Mikroorganismen willkommene Vermehrungsbedingungen dar, wobei der Trend der mikrobiellen Zersetzung in Richtung saure Gärung führt. Neben der dadurch bedingten verbesserten Attraktivitätswirkung für Ungeziefer, kann sich auch innerhalb von 5-7 Tagen der Vermehrungszyklus von Insekten - von der Eiablage bis zum ausgeschlüpften jungen Insekt - realisieren und das Sammelgefäß zu einer Brutstätte von Insekten werden lassen.

In Anbetracht der Tatsache, daß Pilze und Hefen ein saures Milieu für ihre Vermehrung bevorzugen, können sich auch derartige Mikroorganismen in Abfallsammelgefäßen entwickeln, wenn sie dort derartige Bedingungen vorfinden. Da dies bei organischen Abfällen bevorzugt möglich ist derart, daß z.B. Aspergillus-Arten auftreten können, welche durch Mykotoxinbildung toxisch, aber auch allergen wirken, hatte sich das Bundesgesundheitsamt veranlaßt gesehen, ein Merkblatt zur Nutzung von Biotonnen herauszugeben. Hierin wurden vor allem Allergiker gewarnt, derartige Tonnen entweder zu meiden oder bei der Beschickung darauf zu achten, daß keine Aufwirbelung entsteht. Durch Einatmen von Vegetativ- oder Dauerformen von Aspergillus flavus („Aflatoxin"), Aspergillus fumigatus u.a. Arten werden - insbesondere empfindliche - Personen gesundheitlich beeinträchtigt, indem es zu asthmaähnlichen Symptomen oder echten Intoxikationen kommen kann.

Aber auch diese Mikroorganismenvermehrung ist zeit- und milieuabhängig und kann durch rechtzeitige Entsorgung der Sammelgefäße zumindest eingedämmt werden. Von daher trifft die BGA-Warnung nicht die kausalen Zusammenhänge.

Die Entwicklungs- und Vermehrungsbedingungen derartiger Mikroorganismen müssen verhindert werden, um präventiv die Voraussetzungen für gesundheitliche Beeinträchtigungen zu eliminieren. Aus diesen Gründen ergibt sich die Hygieneforderung nach möglichst kurzfristiger Entsorgung von Abfällen, die eine derartige Tendenz aufweisen. Dies gilt grundsätzlich auch im Hinblick darauf, daß durch pilzliche Stoffwechselprodukte und Allergene nur vereinzelte Personen allergisch gereizt oder sensibilisiert werden, während der größte Anteil der Menschen über ein intaktes Immunsystem verfügt und deshalb überhaupt nicht auf derartige Stoffe reagiert.

Beim Behälterumleerverfahren können in den Behältnissen Müllreste verbleiben, die bereits von der Behälterleerung an wieder neue Voraussetzungen für Mikroorganismenvermehrung schaffen. Die hierbei insbesondere bei Behältern mit organischen Abfallstoffen, auch vorwiegend während der warmen Jahreszeit, entstehenden unangenehmen Gerüche sind bekannte Erscheinungen bei Biotonnen. Um dies auszuschalten, wurde das Wechseltonnensystem entwickelt, bei dem das gefüllte Müllgefäß gegen eine leere, saubere Tonne ausgewechselt wird, die zuvor einer entsprechenden Reinigung unterzogen wurde.

Der Einsatz von Desinfektionsmitteln bei der Tonnenreinigung ist nicht erforderlich, kann sogar kontraindiziert sein z.B. wenn der Inhalt einer solchen Tonne vor der Ablagerung einer mikrobiellen Behandlung unterzogen werden soll.

Die unter den Gesichtspunkten der Infektiosität von Siedlungsabfällen an Müllwagen eingesetzten Desinfektionssysteme, bei denen die Mülltonne während oder nach der Entleerung mit einem Desinfektionsmittel ausgesprüht wurde, benetzen nur oberflächlich und lassen Altmüllinkrustierungen in der Tonne unbeeinflußt, so daß die in ihnen enthaltenen Mikroorganismen sich weiter vermehren können.
Auch größere Reste von Desinfektionsmittellösung in der Tonne erhöhen die Feuchtigkeit des einzugebenden Mülls und wirken sich deshalb ungünstig aus. Dies trifft übrigens auch für alle Waschreinigungsverfahren zu, bei denen größere Flüssigkeitsreste in der Tonne verbleiben; deshalb gilt als Forderung der Hygiene, daß nach einer Naßreinigung eine weitgehende Entfeuchtung oder Trocknung des Abfallbehälters erfolgen sollte.

Im Wechselverfahren werden auch Müllgroßbehälter entsorgt, die als Container an Stellen mit höherem Abfallaufkommen aufgestellt werden. Je nach Abfallart sollten auch hier von Zeit zu Zeit Behälterreinigungen vorgenommen werden.

Pneumatische Müllsammelsysteme haben aus hygienischen Gründen mehrere negative Einflüsse. Die propagierte Anwendung in Hochhäusern ist mit einer starken Geräuschbelastung verbunden. Die Einhaltung eines geschlossenen Systems einschließlich dem Sammelbehälter stößt auf Schwierigkeiten, so daß mit starker Staub- und Schmutzbelastung an der Sammelstelle gerechnet werden muß.

Die Saugsysteme selbst werden durch Ablagerungen von Müllresten, die sich mikrobiell zersetzen, zu deutlichen Geruchsemittenten und können so auch zu Brutstätten von Ungeziefer werden. Eine einwandfreie Reinigung von pneumatischen Sammelsystemen erweist sich als schwierig.

Obwohl derartige Abfallsaugsysteme auch für Krankenhäuser und ähnliche Gemeinschaftseinrichtungen vorgesehen sind, finden sie dort nicht die Zustimmung der Hygiene, da negative Einflüsse überwiegen, und zumal nicht alle in einer Klinik anfallenden Abfallkategorien über eine derartige Anlage entsorgt werden können.

Für die nach dem Dualen System Deutschland bzw. nach Recyclingsystemen getrennte Einsammlung von speziellen Abfallarten werden in der Regel Spezialbehälter eingesetzt, die ihren Standplatz an zentralen Plätzen eines Siedlungsbereiches haben.

Im Hinblick auf die Wiederverwertung von Altglas haben getrennte Behälter für Weißglas, Braunglas und Grünglas gute Akzeptanz bei deutschen Haushaltungen gefunden. Die Auswahl des Standplatzes meist in der Nähe eines Lebensmittelmarktes kann aber aus lebensmittelhygienischen Gesichtspunkten Probleme bringen. Auch hier findet nicht immer eine ausreichende Glasreinigung vor der Entsorgung statt, so daß die Restinhalte insbesondere für Insekten attraktiv sind; selbst wenn die Einfüllöffnungen relativ eng sind, schwärmen bei der Einfüllung Scharen von Wespen, Bienen u.a. Insekten aus dem Behälter und stellen nicht nur eine Gefahr für den Entsorger, sondern gegebenenfalls auch für den benachbarten Lebensmittelmarkt dar. Auch wegen der starken Geräuschbelastung beim Einfüllen von Altglasbehältern sollten deren Standplätze gut ausgewählt werden. Ähnliches gilt auch für Spezialbehälter zur Einsammlung von Altmetallen, Blechdosen u.ä., die auf Grund von Restinhalten zu ähnlichen Problemen führen können.

Die Einsammlung von Altpapier zur Wiederverwertung erfolgt meist in Form von Abfallbehältern, die ihren Standort in der Regel bei den Müllbehältern haben; es gibt allerdings auch zentral aufgestellte Großbehälter für Altpapier. Standort und Abfuhrzyklus haben nicht die Hygienerelevanz von Hausmüll.

7.4 Standplätze und Standzeiten von Abfallbehältern

Aus Gründen der Hygiene sind Standplätze für Abfallbehälter so auszuwählen, daß keine direkten und indirekten gesundheitlichen Beeinträchtigungen des Menschen erfolgen können.

Ihre Lage zu den Entsorgungsstellen sollte zu allen Jahreszeiten eine gute Andienung ermöglichen, um die jeweils anfallenden Abfallstoffe zweckmäßig und kontinuierlich sammeln zu können.

So können Standplätze innerhalb und außerhalb von Gebäuden toleriert werden, sofern und insoweit geeignete Platzverhältnisse vorhanden sind.

Dabei ist auch die externe Abholung der Abfälle zu berücksichtigen, indem die Standplätze für die Abfuhrdienste gut erreichbar anzuordnen sind; im Falle einer durch die jeweiligen Haushalte für die Entsorgung bzw. Entleerung von Abfallbehältern durchzuführenden Bereitstellung der Behälter sind ebenfalls geeignete Transportwege vorzusehen.

Bei der Auswahl der Standplätze müssen mögliche Geräuschs- und Geruchsbelästigungen der Anlieger ausgeschlossen werden. Ebenfalls sollte weitgehend vermieden werden, daß die Abfallbehälter für Tiere jeder Art direkt zugänglich sind. Sie sind daher stets geschlossen zu halten; auch ihre Unterbringung in geeigneten Boxen kann ein zusätzlicher Schutz gegen tierischen Befall sein.

Die Standplätze selbst sind sauber zu halten und möglichst umgehend von Abfallresten zu säubern, um ihre Attraktivitätswirkung zu verringern.

Die Standzeiten der Abfallbehälter werden durch die jeweilige Abfallart bestimmt, wobei auch klimatische und meteorologische Gesichtspunkte zu berücksichtigen sind.

Je schneller eine mikrobielle Zersetzung von Abfallstoffen erfolgen kann, um so kürzer sollten die Standzeiten von Abfallbehältern sein bzw. um so schneller sind sie von den Sammelstellen abzutransportieren.

Je mehr organische Abfallanteile vorliegen, um so günstigere Bedingungen liegen für Mikroorganismen vor, diese Stoffe zu zersetzen. Mit zunehmender Materialfeuchte und Verdichtung der Abfälle im Behälter treten anoxidative Verhältnisse auf, wobei anaerobe Mikroorganismen eine Zersetzung der organischen Substanzen in Form einer sauren Gärung verursachen; infolge der in das saure Milieu veränderten pH-Bereiche finden deshalb Pilze und Hefen ein geeignetes Wachstums- und Vermehrungsumfeld. Darunter können sich auch Arten befinden, welche durch ihre Mykotoxinbildung gesundheitliche Gefahren beim Menschen auslösen können; insbesondere für Allergiker können Aspergillus-Arten ein Gefährdungspotential sein.

Aus diesen Gründen muß seitens der Hygiene gefordert werden, daß die Standzeiten von Abfallbehältern für derartige organisch ausgerichtete Abfallstoffe so kurz wie möglich gehalten werden.

Generell sollten deshalb Grüne Tonnen oder Biotonnen wöchentlich entleert werden; um Ablagerungen und Inkrustierungen von Altabfällen zu vermeiden, sind gegebenenfalls Reinigungsmaßnahmen durchzuführen.

Die getrennte Sammlung der im Hausmüll enthaltenen organischen Abfallanteile erfolgt bekanntlich zum Zwecke deren mikrobieller Verrottung in Form von Kompostierungsverfahren. Auch aus diesem Grunde sind die Voraussetzungen zu dieser Aufbereitungsmethode bereits bei der Sammlung im Haushalt zu schaffen. In saure Gärung übergegangene anaerobe Abfallstoffe eignen sich schlecht für eine oxidative mikrobielle Verrottung.

Hinweise von Entsorgungsverbänden, bei feuchten, organischen Abfallstoffen zur Vermeidung anaerober Verhältnisse im Abfallbehälter, auf den Boden des Behälters und zwischen die einzelnen Lagen der organischen Abfälle Zeitungspapier auszulegen, weist auf die Unkenntnis derartiger Institutionen hinsichtlich der Verrottbarkeit von Zeitungspapier hin. Auch wenn Zellulose - zwar gegenüber anderen Kohlenhydraten verzögert - mikrobiell abbaubar ist, trifft dies für die Druckerschwärze nicht zu. So konnte bei Tiefenbohrungen am Monte Scherbelino im Frankfurter Stadtwald der Frankfurter General-Anzeiger aus den zwanziger Jahren - d.h. zu Beginn dieser Abfall-Deponie - noch lesbar zutagegefördert werden.

Für nach dem DSD getrennt eingesammelte Wertstoffe können die Standzeiten länger als bei den organischen Abfällen vorgesehen werden, sofern durch verbleibende, zersetzungsfähige Reste keine vorzeitige mikrobielle Zersetzung zu erwarten ist.
Getrennt in „Gelbe Tonne" oder „Gelber Sack" eingesammelte Kunststoffanteile des Siedlungsabfalls sollten in der Regel in vierzehntägigen Abständen abtransportiert werden. Auch hierfür gilt die Forderung, daß alle Behältnisse während der Standzeit dicht verschlossen sind, um eine tierische Besiedlung weitgehend zu vermeiden. Eine weitgehende Vorreinigung der Kunststoffe trägt wesentlich dazu bei, daß ihre Attraktivität für Ungeziefer während der Standzeit geringer wird.
Die zur Sammlung von Altpapier verwendeten Behälter können aus hygienischer Sicht ebenfalls längere Standzeiten haben, wobei ein Abtransport in vierzehntägigem Rhythmus die Regel ist.

Altglas- und Altmetallbehälter, bei denen es sich meist um Großgebinde handelt, werden in vielen Kommunen erst nach Vollfüllung abtransportiert, was oft zur Folge hat, daß diese Behälter überquellen und das Altmaterial außerhalb der Behältnisse abgelagert wird. Die nachteiligen Folgen einer solchen Sammlung können zu echten Belastungen führen. Aus diesem Grunde werden geregelte Abfuhrzeiten bzw. ein Auswechseln der Behälter empfohlen, bevor diese überfüllt sind.
Da die Füllung derartiger Behälter vom Einzugsgebiet und den Gepflogenheiten der Bevölkerung abhängig ist, können keine generellen Standzeiten angegeben werden; im Hinblick auf mögliche Reststoffe in diesen Altmaterialien kann es aber aus Hygienegründen notwendig werden, ähnlich kurze Standzeiten wie für sonstige Müllbehälter vorzusehen.

Für Sonderabfälle, die in Haushaltungen anfallen, werden meist durch Ortsstatut besondere Entsorgungszeiten vorgegeben, wobei derartige Abfälle nicht in besonderen Gefäßen oder Behältern, sondern in der Regel in loser Form zum Abtransport bereitgestellt werden.

Für die Sammlung der in Gewerbe und Industrie zu entsorgenden Abfälle, für die meist Großbehälter und Container eingesetzt werden, gelten ähnliche Anforderungen der Hygiene.

Sofern durch mögliche mikrobielle Zersetzung der Abfallarten gesundheitliche Gefährdungen der belebten oder unbelebten Umwelt zu besorgen sind, müssen kurze Standzeiten der Behälter eingehalten werden. Neben der betriebsinternen Sammlung oder Rückführung von Wertstoffen, sind möglichst abfallarme Betriebsabläufe anzustreben. Die aus Schlachthöfen, Molkereien, Brauereien oder anderen lebensmittelverarbeitenden Betrieben anfallenden organischen Abfälle sind in Anbetracht ihrer Zersetzungsfähigkeit nur kurzfristig vor Ort lagerungsfähig und deshalb möglichst schnell aus derartigen Betrieben zu entsorgen.
Sofern nicht veterinärhygienische Gesetze die Beseitigung oder Aufbereitung derartiger Abfälle regeln, sind sie nach Möglichkeit einer biologischen Aufbereitung zuzuführen.

Für Sammlung, Standplätze und Standzeiten von krankenhausspezifischen Abfallstoffen sind in einschlägigen hygienerelevanten Krankenhausrichtlinien Vorgaben enthalten.
Für Abfälle der Kategorie C (infektiöser Müll) müssen zur Sammlung BAM- und BGA-geprüfte Behältnisse verwendet werden, die sich nach Verschluß gewaltlos nicht mehr öffnen lassen und als transportsicher gelten. Als Standplätze kommen nur unreine Räume einer Klinik infrage, wobei die Standzeiten durch die jeweilige klinikseigene Hygieneordnung vorgegeben werden; wöchentliche Abholung durch hierfür konzessionierte Unternehmen sollte die Regel sein.

Zytostatikaabfälle müssen unter entsprechenden Sicherheitsbedingungen - auch getrennt von Infektionsmüll - gesammelt und einer thermischen Aufbereitung in einer dafür geeigneten Müllverbrennungsanlage zugeführt werden. Als Standplätze kommen abgeschirmte Räume (z.B. Berner Box) infrage, als Standzeiten sollten mindestens wöchentliche Entsorgungen vorgenommen werden.

Organabfälle der Kategorie E sind nach ethisch-hygienischen Bedingungen vor Ort sicht- und transportsicher zu verpacken, höchstens kurzfristig (2-3 Tage) unter Tiefkühlung zu lagern und mittels krematoriumsähnlicher Verbrennung aufzubereiten.
Für Plazenten, die in Pharma- oder Kosmetikbetrieben einer Verwertung zugeführt werden sollen, kann von dieser für Kategorie E gültigen Forderung abgewichen werden, wenn diese sichtgeschützt in geeigneten Behältnissen bis zum Abtransport unter Tiefkühlung lagern und die dortigen Standzeiten maximal 14 Tage betragen.

Für krankenhausspezifische Abfälle der Gruppe B sind für die Sammlung ebenfalls verschließbare Behältnisse mit kurzen Standzeiten (2-3 Tage) jeweils direkt am Anfallsort vorzusehen, wobei auch der klinikinterne Transport unter sicherem Verschluß der Behältnisse erfolgen muß. Soweit spitze Gegenstände, Kanülen, Spritzen u.ä. nicht unter C-Müll fallen, kann deren Sammlung in durchstichsicheren Gefäßen (z. B. Kunststoffflaschen) toleriert werden.

Abfälle der Kategorie B können außerhalb eines Krankenhauses wie A-Müll bzw. zusammen mit diesem entsorgt werden.

Für die Sammlung von A-Müll im Krankenhaus sind keine besonderen Behälter vorgeschrieben, sie sollten allerdings verschließbar sein und möglichst - auch in stationseigenen Gemeinschaftsräumen, WC's u.ä. - einen fußhebelbedienbaren Deckelverschluß besitzen. Die Standzeiten sind meist mit den jeweiligen Reinigungsabläufen abgestimmt derart, daß der Abfallbehälter durch den Reinigungsdienst entleert und der A-Müll zur kliniksinternen Sammelstelle verbracht wird.

Diese Sammelstelle sollte die innerbetrieblichen Funktionsabläufe der Klinik nicht tangieren und deshalb auch so angelegt sein, daß von dort aus keinerlei gesundheitliche Beeinträchtigung des Krankenhauses erfolgen kann. Aus diesem Grunde sind generell kurze Standzeiten für die hier eingesetzten Großbehälter oder Container vorzusehen. Der Einsatz von Preßmüllcontainern oder anderen stationären Verdichtungsanlagen darf nicht zur Verlängerung der Standzeiten führen, sondern wird lediglich zur zweckmäßigeren Abfuhr der krankenhausspezifischen Abfälle der Gruppe A toleriert. Es sollte angestrebt werden, daß A-Müll mindestens zweimal wöchentlich aus dem Krankenhaus abgefahren wird.

Für weitere Sonderabfälle aus Krankenhäusern haben besondere Gesetze und Verordnungen Gültigkeit, welche die Sammlung, Behälter- und Entsorgungssysteme regeln; ihre von den übrigen Abfallarten des Krankenhauses getrennte Entsorgung beinhaltet meist die Rückführung oder Wiederverwertung, was z.B. für Medikamenten- und Laborabfälle, radioaktive Abfälle und Isotope, Abfälle aus Röntgen- und Fotoabteilungen zutrifft.

In präventivmedizinischer Hinsicht muß für die Sammlung von Abfällen, von denen unmittelbar oder mittelbar gesundheitliche Gefahren für den Menschen ausgehen können, die Forderung aufgestellt werden, daß für deren Sammlung am Anfallsort nicht nur rationellere und kostengünstigere Gesichtspunkte hinsichtlich Abfuhr und Transport die Auswahl der Behältergröße und damit deren Standzeiten bestimmen dürfen, sondern daß der Schutz der belebten und unbelebten Umwelt vorrangig ist.

Standplätze und Standzeiten von Abfallbehältern sind so auszuwählen, daß von ihnen keine unzumutbaren geräuschmäßigen oder Staub- und Schmutzemissionen ausgehen. Ihre Standorte sind für interne und externe Andienung gleichermaßen günstig anzuordnen. Sie sollten keine bevorzugte Attraktivitätswirkung für Ungeziefer haben, leicht zu reinigen sein und sauber gehalten werden können. Urbanisiertes oder domestiziertes Ungeziefer kann auch durch Entwesungsmaßnahmen nicht immer erfolgreich bekämpft und ausgeschaltet werden. Die von der Hygiene empfohlenen Standzeiten sollten die Größe der jeweiligen Behälter bestimmen derart, daß deren Aufnahmekapazität dem Abfuhrzyklus angepaßt ist, der sich seinerseits an der Hygienerelevanz der jeweiligen Abfallart orientieren muß.

Verlängerte Standzeiten zu Lasten gesundheitlicher Nachteile sind unbedingt zu vermeiden, ebenso müssen ökologische Gesichtspunkte vor ökonomischen Erwägungen gehen.

8 Abfalltransport

Obwohl der Abfalltransport seitens der Abfallgesetzgebung unter die Terminologie „Abfallsammlung" fällt, scheint es in einem Buch zur Hygiene bei der Entsorgung von Siedlungsabfällen gerechtfertigt, in einem separaten Kapitel auf Hygieneprobleme bei dem Transport von Abfällen von den jeweiligen Sammelstellen zur weiteren Aufbereitung einzugehen. Nicht zuletzt sollen damit auch Unsicherheiten in der Bewertung der Hygienerelevanz von Abfallarten beseitigt werden, welche in der Vergangenheit hinsichtlich des Abfalltransportes vorhanden waren.

Während Sammlung und Bereitstellung von Abfällen dem Erzeuger obliegen, sind deren Abholung und Transport nach der Abfallgesetzgebung hoheitliche Aufgaben der zuständigen Körperschaft, welche durch das jeweilige Landesrecht festgelegt ist. Meist ist dies die Gemeinde oder Stadt, d.h., Einsammlung und Transport der vom Erzeuger bereitgestellten Abfälle sind kommunale Aufgaben.

Um derartige Aufgaben zu erfüllen, kann sich diese Körperschaft aber auch Dritter bedienen; somit können auch private Entsorgungsunternehmen mit diesen Aufgaben betraut werden.

Den kommunalen oder privaten Entsorgern obliegen also die Einsammlung aller in Haushalten, Gewerbetrieben und Industrie gesammelten Abfälle, deren Transport zu einer Umschlagstelle oder einem Zwischenlager oder direkt zu einer Abfallbehandlungs- oder -aufbereitungsanlage. Ebenfalls übernehmen sie die getrennte Erfassung von Wertstoffen und deren Abtransport zu Recyclinganlagen.

Dabei sind die Anforderungen der Hygiene und ihre Realisierung in der Praxis für alle Entsorgungsunternehmen identisch. Da bei Durchführung dieser Aufgaben öffentliche Interessen und das Gemeinwohl der Bevölkerung tangiert werden, haben auch die Dienststellen des Öffentlichen Gesundheitsdienstes Überwachungsaufgaben.

Neben den umweltrelevanten Aufgaben von Umweltämtern haben Gesundheitsämter und Amtsärzte alle präventivmedizinischen Belange im Zusammenhang mit der Durchführung von Aufgaben der Entsorgungsunternehmen zu berücksichtigen und zu überwachen.

Dies betrifft die gewerbehygienische und arbeitsmedizinische Beschaffenheit der Arbeitsplätze der Entsorger und Müllwerker ebenso wie den hygienerelevanten Einfluß auf Umwelt und Bevölkerung durch den Transport, die Zwischenlagerung oder Zwischenaufbereitung und durch den Umschlag auf andere oder größere Transporteinheiten.

Auch wenn in einer Berliner Gesundheitsstudie während der Zeit, als Berlin noch eine „Insel"-Funktion hatte, der allgemeine Gesundheitszustand von Müllwerkern als gut bezeichnet werden konnte und dieses Berufsbild im Vergleich mit anderen Berufen die geringsten Ausfälle durch Erkrankungen zeigte, kann daraus nicht auf eine gesundheitsfördernde Tätigkeit geschlossen werden. Die erzielten Ergebnisse ließen vielmehr vermuten, daß der Gesundheitszustand auf eine sogenannte stille

Feiung der Müllwerker über den Kontakt mit den in den Abfällen vorhandenen Mikroorganismen zurückzuführen sein könnte.

Während zu Beginn der Abfallbewirtschaftung die bisher übliche Handauslese von wiederverwertbaren Stoffen aus den Siedlungsabfällen aus Gründen des Gesundheitsschutzes der Ausleser abgeschafft wurde, kommt im Rahmen der Wertstofferfassung im Sinne des Recyclinggedankens nach der Kreislaufwirtschaftsgesetzgebung bzw. nach dem Dualen Systems die Handauslese am Förderband wieder verstärkt zur Anwendung. Diese Methode kann aber nicht die volle Zustimmung der Hygiene finden, da sie ja bei den Rohabfällen vorgenommen wird, wobei neben manuellen Kontaminationen von Mikroorganismen auch Inhalationen luftgetragener Schadstoffe möglich sind. Aus diesen Gründen müssen bei derartigen Anlagen präventivmedizinische Vorkehrungen zum Schutze der Müllwerker gefordert werden.

Um örtliche gesundheitliche Beeinträchtigungen an den Standplätzen von Sammelgefäßen zu vermeiden, muß seitens der Überwachungsbehörden auch auf den Abholrhythmus der Abfallarten geachtet und dieser während des gesamten Jahres sichergestellt werden.

Abfalltransporte können auch zu Beeinträchtigungen von Gesundheitseinrichtungen führen. Infolge der Eröffnung eines neuen Deponiegeländes für die Deponierung der Siedlungsabfälle eines Landkreises mußte eine Umschlagstation zur Umladung der Abfälle vom Müllfahrzeug auf Spezialwaggons der Bundesbahn errichtet werden. Hierdurch wurde der Transportweg aller Müllfahrzeuge geändert, so daß alle Müllwagen an einem Krankenhaus vorbeifahren mußten, das nunmehr durch erhöhten Lärmpegel und Erschütterungen wesentlich beeinflußt wurde und deshalb gegen diese Nutzung klagen mußte.
Da diese Umladestation auch in nächster Nähe von Lebensmittelmärkten errichtet wurde, war das verstärkte Auftreten von Lästlingen, Schädlingen und Ungeziefer im Umfeld die Folge einer Planung, die nicht alle umweltrelevanten und gesundheitlichen Nebenwirkungen präventiv berücksichtigt hatte. Vermehrte Schädlingsbekämpfungsaktionen wurden zwangsläufig erforderlich, um die Schäden möglichst gering zu halten.

Im Zusammenhang mit derartigen Einrichtungen zur Sammlung, Zwischenlagerung oder Umladung von Siedlungsabfällen sollen auch Anlagen erwähnt werden, welche das Müllvolumen verringern. Die insbesondere für voluminöse Abfälle eingesetzten Kompaktierungsanlagen, Müllpressen o.ä. müssen den Anforderungen der Hygiene ebenfalls entsprechen. Ihr Einsatz überall dort, wo lediglich mit einer Volumenreduktion die Standzeiten von Müllgefäßen über die üblichen zeitlichen Empfehlungen der Hygiene hinaus verlängert werden sollen, muß grundsätzlich abgelehnt werden. Darüber hinaus sind die von derartigen Einrichtungen ausgehenden Umfeldbelastungen zu beachten.

Für die Sammlung und Verdichtung von krankenhausspezifischem Müll vor Ort, z.B. über Preßmüllcontainer, ist der zuständige Krankenhaus-Hygieniker einzuschalten, um geeignete Standplätze, Sicherung von Staub- und Aerosolemissionen, sowie die Abhol- und Entsorgungsfrequenzen festzulegen.

Generell sind zur Verdichtung von Abfällen geschlossene, weitgehend staubfrei arbeitende Systeme anzustreben, bei denen die Abfälle jeweils direkt nach Anfall zur Verdichtung gelangen und die Standzeiten entsprechend denen des unverdichteten Materials sind. Mögliche Zersetzungsvorgänge vor Ort sollten ausgeschlossen werden.

Dies gilt analog auch für Müllumladestationen, in denen Abfälle vor ihrer Umladung auf Großraumfahrzeuge, für Eisenbahn- oder Schifftransport behandelt oder verdichtet werden. Geschlossene Anlagen sind zu bevorzugen, die aus gewerbehygienischen Gründen lüftungstechnisch auszustatten sind, um das Personal vor verstärkter Partikelbelastung zu schützen. Alle Umschlaganlagen für Abfälle müssen auch nach dem Immissionsschutzrecht genehmigt werden (4. BImSchV.), um aerogene Umfeldbelastungen zu vermeiden.

Bei den Transportfahrzeugen für Abfälle sind ebenfalls Verdichtungen des eingesammelten Materials möglich. In Preßmüll- und Drehtrommelfahrzeugen kann die Verdichtung, vornehmlich von Hausmüll, im weitgehend geschlossenen Sammelraum vorgenommen werden, wobei auch hier die arbeitshygienischen Gesichtspunkte für die Arbeitsplätze der Müllwerker zu beachten sind.

In den fünfziger Jahren wurden Müllsammelfahrzeuge mit Desinfektionseinrichtungen versehen, die, am Heckteil des Fahrzeuges angebracht, den in die Trommel eingebrachten Abfall bzw. den geleerten Innenraum der Mülltonne mit einem desinfizierenden, chemischen Präparat besprühten. Sie wurden entwickelt aus der Vorstellung heraus, daß jeder Hausmüll infektiös sei, so daß eine Abtötung der in ihm enthaltenen Krankheitserreger erforderlich würde. Bei derartigen Überlegungen hat offensichtlich die Miasmentheorie des Mittelalters noch nachgewirkt. Auch wenn bei gezielten mikrobiologischen Untersuchungen von Hausmüll pathogene Keime in Mülltonnen gefunden werden konnten, wobei sogar deren Nachweis im Vergleich zu Krankenhausmüll qualitativ und quantitativ höher ausfiel (JAGER, E. et al., 1989; MÖSE, J.R. et al., 1995), darf Hausmüll allenfalls nur als potentiell infektiös bezeichnet werden und erfordert keinesfalls eine derartige Desinfektion.

Die damals angeblich aus Gründen der Hygiene geforderte Maßnahme, welche die Desinfektion der vermeintlich infektiösen Abfälle durch Abtötung potentieller Krankheitserreger bewirken und gleichzeitig auch als Desodorans dienen sollte, war nicht nur unnötig, sondern auch kontraindiziert. Mittels derartiger Sprayverfahren lassen sich inhomogene Materialien nicht gezielt desinfizieren.

Allenfalls kommt es zu einer Oberflächenbenetzung in Form eines Desinfektionsmittelfilms, der sich dann aber auf alle an der Oberfläche des Abfalls vorhandenen Mikroorganismen inaktivierend auswirken kann, wie auch eine zusätzliche chemische Belastung des Materials bedeutet. Da gegen bestimmte Wirkstofftypen in Desinfektionspräparaten sogar die Entwicklung mikrobieller Resistenz gegeben ist, die sich auch auf die Folgegenerationen dieser Mikroorganismen übertragen kann (plasmidische Resistenz), müssen derartige Verfahren aus präventivmedizinischer Sicht abgelehnt werden.

Sofern für die weitere Behandlung der Abfälle biologische Aufbereitungsverfahren geplant sind, können sich derartige Chemikalien ungünstig auf die Verrottung auswirken; auf einer Deponie ist die Möglichkeit ihrer Eluierung über Sickerwasser gegeben. Aus allen diesen Gründen haben derartige Verfahren nicht die Zustimmung der Hygiene gefunden und konnten sich nicht durchsetzen.

Alle Transportfahrzeuge für die verschiedenen Abfallarten müssen einen Transport der Abfälle zu Bearbeitungs- oder Umladestation oder direkt zu einer Aufbereitungsanlage unter Hygienekautelen ermöglichen. Das beinhaltet den weitgehenden gesundheitlichen Schutz der Müllwerker, wie auch umwelthygienische Sicherheiten.

Aus diesen Gründen dürfen auch keine offenen Müllgroßbehälter oder Container transportiert werden, sondern bedürfen einer gesicherten Transportabdeckung.

Die Transportfahrzeuge müssen eine ausreichende Sicherheit bieten. Dies gilt auch für Schlammsaugwagen, die Fäkalgruben entleeren und ähnliche Fäkalschlämme transportieren. Auch wenn der Grubeninhalt einer Fäkalgrube nicht vergleichbar ist mit der Infektiosität von Klärschlämmen aus Abwasseraufbereitungsanlagen, so wird die potentielle Infektiosität des aufgesaugten Gesamtschlammes nach Entleerung mehrerer Gruben doch erhöht, so daß für diesen entsprechende Entseuchungsmaßnahmen analog zu den Klärschlämmen aus kommunalen Kläranlagen erforderlich werden.

Dementsprechend können Sondermüll- und Schlammtransportfahrzeuge auch entsprechenden Reinigungsmaßnahmen unterliegen, die dazu dienen sollten, daß die Trommel oder der Sammeltank von möglichen Abfallresten befreit und soweit gereinigt werden, daß von ihnen keine Infektionsgefahr ausgeht. Derartige Maßnahmen können mit Heißwasser oder Dampf durchgeführt werden, wobei Sprüh- oder Dampflanzen zum Einsatz kommen. Von entscheidender Bedeutung ist die Nachtrocknung, nach der keine Wasserreste im Behälter verbleiben dürfen.

Sonderabfälle, infektiöser Kliniksmüll, Organabfälle, Drank u.ä. unterliegen Sonderbestimmungen z.B. derart, daß sie nur durch hierfür konzessionierte Unternehmen entsorgt werden dürfen.

Für Reinigungsanlagen von Müllsammelgefäßen gelten ähnliche Anforderungen. Wenn auch aus Hygienegründen eine zeitweise vorzunehmende gründliche Naßreinigung von Mülltonnen empfohlen wird, um Abfallreste, Inkrustierungen und Bodenschlämme in den Tonnen zu entfernen - die ihrerseits zu frühzeitigen Initialzündungen mikrobieller Zersetzungsvorgänge führen können -, dürfen hierbei keine nassen Mülltonnen resultieren. Da erhöhte Feuchtewerte in Abfalltonnen die Voraussetzung zu vermehrtem Wachstum von Mikroorganismen darstellen, muß einer Naßreinigung auch eine Trocknungsstufe nachgeschaltet sein.

9 Verfahren der Vorbehandlung von Abfällen

9.1 Vorbehandlung fester Abfälle

Besondere Hygieneproblembereiche stellen sogenannte Abfallsortieranlagen dar. Sie sollen zur Auslese von Wertstoffen aus Siedlungsabfällen oder zur Selektierung bestimmter Abfallarten dienen. In der Regel befinden sich diese in Umladestationen oder werden vor dem jeweiligen Aufbereitungsverfahren betrieben. Unter Berücksichtigung der mikrobiellen Kontamination aller Abfälle und der möglichen Gefahr einer Verletzung, müssen manuelle Selektierungsverfahren z.B. in Form der Auslese an einem Transportband aus Gründen der Hygiene abgelehnt werden; auch an aerogene Übertragungsmöglichkeiten von Mikroorganismen oder ihren Stoffwechselprodukten (Allergene, Kanzerogene, Toxine) muß gedacht werden. Obwohl diese Auslesemethode bereits vor den Anfängen der Abfallbewirtschaftung aus gesundheitlichen Erwägungen eingestellt wurde, erfährt sie jetzt unter den Gesichtspunkten des Recyclings von Wertstoffen immer mehr an Bedeutung. Daher sind Methoden zu entwickeln, welche eine manuelle Auslese von Wertstoffen aus Siedlungsabfällen generell ersetzen. Durch Einsatz maschineller Selektierungsverfahren vor der eigentlichen Abfallaufbereitung sind gesundheitliche Gefährdungen aus den Abfällen zu minimieren. Die auf diese Weise aussortierten Wertstoffe können aber infolge ihres Kontaktes mit den Gesamtabfällen nicht als hygienisch unbedenklich angesehen werden. Vor ihrer weiteren Verwertung müßten sie deshalb aus Gründen der Hygiene einer gesonderten Vorbehandlung unterzogen werden. Dabei ist aus arbeitshygienischer und umwelthygienischer Sicht zu fordern, daß vor einer Wertstoffauslese der Gesamtabfall so behandelt wird, daß Selektierungsmaßnahmen hygienisch unbedenklich durchgeführt werden können. Dies wäre z.B. durch eine vorgeschaltete Entseuchungsmethode möglich, bei der zumindest alle gesundheitlich bedenklichen Mikroorganismen aus den Abfällen eliminiert werden; hierdurch würde auch der Vorteil erzielt, daß die dann ausgelesenen Wertstoffe ebenfalls als entseucht gelten und für die weitere Verwertung kein Gefährdungspotential darstellen.

Im Gegensatz zur Bedenklichkeit der Abfallartenselektion durch Auslese aus den Gesamtabfällen haben andere Verfahren zur Vorbehandlung von Abfällen unterschiedliche Hygienebewertung.

Die bereits beim Erzeuger vorgenommene getrennte Einsammlung von Abfallarten, u.a. auch von Wertstoffen, hat unter Beachtung der Standortverhältnisse und der Entsorgungsrhythmen keine seuchenhygienische Problematik. Von entscheidender Bedeutung sind lediglich die Standzeiten, die insbesondere bei organischen Abfallarten (z.B. Küchenabfälle in der Grünen Tonne) so gewählt werden müssen, daß es vor der Entsorgung zu keinen mikrobiellen Zersetzungen mit irreversiblen

Belastungsprodukten kommen kann, die sich sowohl auf den Standort als auch auf
die weitere Aufbereitung ungünstig auswirken.

In diesem Sinne kann auch die getrennte Einsammlung nach dem Dualen System
Deutschland beurteilt werden. Durch sachgerechte Belehrung der Bevölkerung
und der Abfallerzeuger ist die einwandfreie Trennung und Sammlung von Abfallarten - auch unter Hygienebedingungen - immer mehr zu verbessern. Allerdings muß der Abfallerzeuger die Gewißheit haben, daß die beabsichtigte Verwertung oder Recyclingmaßnahme tatsächlich durchgeführt wird und sich somit seine
Bemühungen gelohnt haben.

Da aber trotz stets weiter verbesserter Wiederverwertungsmethoden die Unterbringung von Restabfällen in der Zukunft immer problematischer wird, sollte das
Prinzip der Abfallvermeidung, wie es ja auch in der Abfallgesetzgebung vorrangig
genannt ist, mehr und mehr zum Gedankengut der Bevölkerung werden. Der als
Begleitsymptom der Wohlstandsentwicklung sich ausbreitende Verpackungsfe-
tischismus - oftmals auch als „aus hygienischen Gründen" gefordert, was aber
nicht beweiskräftig war -, der im wesentlichen zu den Abfallbergen beigetragen
hat, muß durch eine sinnvolle Verwendung von Verpackungsmaterial ersetzt werden. Dies gilt für alle Gewerbe- und Industriezweige, in denen bereits vorhandene
Ansätze weiter gefördert werden sollten. Zumindest ist nicht jede Verpackung aus
hygienischen Gründen zwingend notwendig.

Zu den Verfahren der Vorbehandlung fester Abfälle gehören auch die zur Zerkleinerung von Siedlungsabfällen vor deren weiterer Aufbereitung eingesetzten Anlagen. Hierdurch soll das Abfallgut in eine feinere Körnung überführt werden, wodurch eine allgemeine Oberflächenvergrößerung erzielt wird. Dies erfolgt in Abhängigkeit von dem Verwendungszweck des Materials bei der weiteren Aufbereitung. Ebenfalls werden als Vorbehandlungmethode Verfahren zur Verdichtung
von Siedlungsabfällen, vorwiegend im Hinblick auf das beabsichtigte Aufbereitungsverfahren, eingesetzt. Sofern diese Verfahren bei Abfallarten vor deren weiterer Aufbereitung durchgeführt werden, gelten grundsätzlich für die Anlage
selbst, wie auch für die Zerkleinerungsmethode ebenfalls die Anforderungen der
Hygiene.

Sie beinhalten, daß derartige Anlagen mindestens 500m außerhalb von Wohn- und
Siedlungsgebieten stationiert und betrieben werden dürfen.

Für die Abfallzerkleinerung kommen neben Shredderanlagen, Raspeln, Schneid-
mühlen, Hammermühlen und Prallmühlen infrage, die in der Regel in nächster
Nähe der Anlage zur nachfolgenden Aufbereitung stationiert sind. Auch wenn die
Ortslage eine mögliche Lärmbelastung von Einwohnern ausschließt, ist auf ausreichende Schalldämmung der Anlagen zu achten. Diese Forderung gilt bereits für
die Anlagenhersteller, Schallpegelemissionen durch entsprechende Dämmungs-
maßnahmen an den Maschinen selbst zu verringern.

Neben derartigen präventiven Schutzmaßnahmen können trotzdem beim Bedienungspersonal zusätzliche Arbeitsschutzvorrichtungen, wie z.B. das Tragen von Gehörschutz, erforderlich werden. Sofern bei der jeweiligen Zerkleinerungsanlage möglich, sind geschlossene Hallen, Bunker, Abschirmungen o.ä. zu empfehlen, die sowohl Immissionen in die Umgebung verhindern, als auch lüftungstechnische Entsorgung der Arbeitsplätze ermöglichen. Weitere gesundheitliche Bedenken während des Anlagenbetriebes bestehen dann, wenn z.B. abgenutzte Innenteile ausgewechselt werden müssen. Bei solchen Arbeiten ist davon auszugehen, daß aerogene und sonstige mikrobielle Kontaminationen möglich sind, so daß entsprechende Schutzkleidung zu tragen ist (JAGER, E., 1996; ZESCHMAR-LAHL, B., 1994).

Für die Verdichtung von Siedlungsabfällen werden neben Ballenpressen als Vorbehandlung für das nachfolgende Aufbereitungsverfahren auch Brikettier- oder Pelletierpressen eingesetzt. Bei diesen Verfahren ist darauf zu achten, daß während des Verdichtungsvorganges Preßwasser freigesetzt werden kann, welches Kommunalabwasser gleichzusetzen ist und deshalb einer weiteren Aufbereitung bedarf.

Beim Brikollare-Verfahren, bei dem Müll-Klärschlamm-Gemische verarbeitet werden, ist deshalb das Preßwasser besonders intensiv belastet. Derartige Verdichtungssysteme werden meist in nächster Nähe einer Aufbereitungsanlage betrieben und stellen die Vorstufe einer weitergehenden Aufbereitung dar.

Je nach dem zu verarbeitenden Material gelten besondere Hygieneforderungen für den Arbeitsplatz und das Umfeld, wie auch für Arbeiten an und in der Anlage während des Betriebes.

9.2   Klärschlamm-Vorbehandlung

Nach der Abfallgesetzgebung fallen die bei der Reinigung häuslicher, gewerblicher und industrieller Abwässer anfallenden Klärschlämme unter die Begriffsbestimmung „Feste Abfälle".

Je nach Arbeitsweise einer Kläranlage ist mit quantitativ und qualitativ unterschiedlichen Schlämmen zu rechnen. Auch seitens der Hygiene können die bei einer Abwasserreinigung entstehenden Produkte unterschiedlich bewertet werden. Eine Abwasserreinigungsanlage hat die Aufgabe, die Abwässer soweit zu reinigen, daß sie bei Einleitung in ein Gewässer den Gewässerzustand weder in biologischer noch in chemisch-physikalischer Hinsicht verändern. Das gereinigte Abwasser sollte deshalb weder Schadstoffe in ein Gewässer einleiten, noch solche Substanzen einführen, die als Nährstoffe für bestimmte im Gewässer vorhandene Vertreter der Flora oder Fauna dienen und deshalb dort zu einer Massenentwicklung derartiger Organismen führen, die als Eutrophierung bezeichnet wird.

Diese sekundäre Produktion organischer Substanz in einem Gewässer stellt eine Belastung des Wasserzustandes dar und wirkt sich als Störung des ökologischen Gleichgewichtes aus.

Ein derart biologisch verändertes Ökosystem in einem Gewässer verändert aber auch dessen physikalische Eigenschaften und den Chemismus des Wassers. Die abgestorbenen Organismen gehen in Fäulnis über, wobei Faulgase entstehen, welche das Gewässer biologisch zum „Umkippen" bringen können. Auch wenn die eigentliche Aufgabe einer Kläranlage zur weitgehenden Eliminierung der organischen Substanz durch Klärung der Rohabwässer bis zur Mineralisierung erreicht wurde, wird dieser Reinigungseffekt durch die sekundäre Organismeneutrophierung im Gewässer zunichte gemacht.

Aus diesem Grunde mußte die bisherige Forderung der Wasserwirtschaft und der Hygiene zur weitgehend vollbiologischen Reinigung von Abwasser ergänzt werden durch die Notwendigkeit einer weiterführenden Abwasserreinigung, bei der die eutrophierenden Substanzen eliminiert werden.

Es kann jedoch nicht Aufgabe einer Kläranlage sein, das Gesamtabwasser zu desinfizieren, wie fälschlicherweise oftmals die Funktion einer solchen Anlage beschrieben wird; diese Forderung wird auch seitens der Hygiene für kein Kommunalabwasser gestellt, zumal deren praktische Realisierung nur bedingt möglich und auch nicht notwendig ist.

Das Kommunalabwasser gelangt über den Hauptsammler in die bisher üblichen Kläranlagen und wird dort in einem Rechenbauwerk (Grob- bzw. Feinrechen) von größeren, kompakten Inhaltsstoffen (Rechengut) befreit, um im nachfolgenden Sandfang (verschiedene Formen, unbelüftet oder belüftet) mineralische Stoffe (Sand, Kies u.ä.) durch Sedimentation abzugeben. Im nachgeschalteten Absetzbecken sedimentiert der mechanische Schlamm.

Nach diesem mechanischen Teil der Abwasseraufbereitung kann bei Bedarf eine chemische Reinigungsstufe erforderlich werden, in der chemischer Schlamm anfällt. In der Abb. 3 ist diese Stufe als Bypass skizziert.

Der nachfolgende biologische Teil einer Kläranlage kann alternativ mit einem Tropfkörper oder einer Belebtschlammanlage betrieben werden; im anschließenden Absetzbecken (Nachklärbecken) fällt der biologische Schlamm an. Vom Absetzbecken wird das gereinigte Abwasser einem Vorfluter zugeführt.

Bei einer weiterführenden Abwasserreinigung zur Verhinderung eutrophierender Vorgänge im Vorfluter sind weitere Varianten von Kläranlagen erforderlich: sie sollen jedoch hier keine Berücksichtigung finden. Ergänzende Literatur in einem Sonderheft „Weiterführende Abwasserreinigung" (KNOLL, S. et al., 1995).

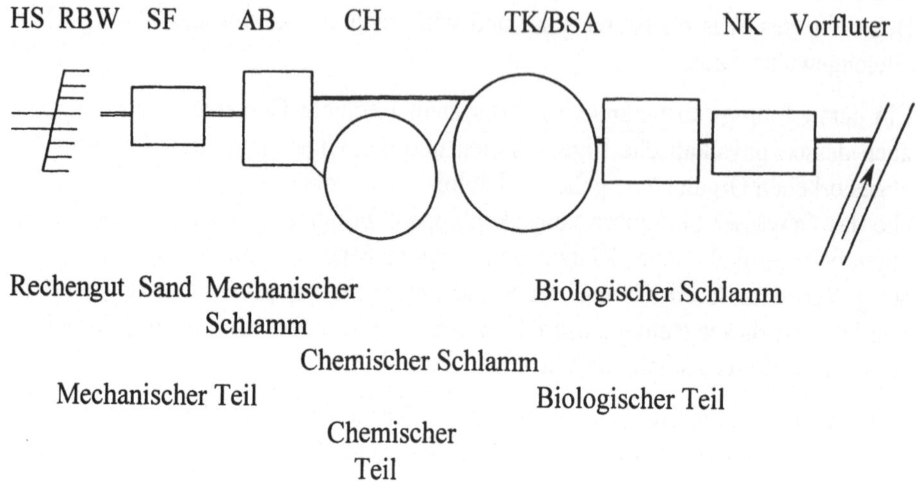

Legende: HS= Hauptsammler; RBW=Rechenbauwerk; SF=Sandfang;AB=Absetz-
becken; CH= Chemische Abwasserbehandlung (alternativ); TK/BSA=Tropfkörper
oder Belebtschlammanlage; NK=Nachklärung

Abb. 3: Bei der Abwasserreinigung anfallende „Feste Abfälle"

In den verschiedenen Reinigungsstufen einer Kläranlage fallen Produkte mit unterschiedlicher Hygienerelevanz an. Ein kommunales Rohabwasser muß als potentiell infektiös bezeichnet werden. Es enthält alle möglichen Formen von Parasiten und ihren Dauerformen (z.B. Wurmeier) sowie Krankheitserreger von
Mensch und Tier; dabei überwiegen pathogene Mikroorganismen des Darmtrak-
tes, die mit Fäkalien ausgeschieden werden. Da deren gezielte und quantitative
Eliminierung oder Abtötung durch Desinfektionsmaßnahmen weder am Anfallsort
noch auf einer Kläranlage möglich ist, müssen sie bei den Abwasserreinigungs-
vorgängen aus der flüssigen Abwasserphase in die Schlämme sedimentiert werden.

Bei vollbiologisch arbeitenden Kläranlagen, bei denen eine Eliminierung der organischen Rohabwasserbelastung bis zu 98% möglich ist, werden auch die ur-
sprünglich vorhandenen pathogenen Organismen bis zu 98% eliminiert und gehen
weitgehend in die Schlämme über.

In der mechanischen Reinigungsstufe fallen zuerst im Rechenbauwerk feste Ab-
wasserinhaltsstoffe unterschiedlicher Größe und Beschaffenheit an. Dieses Rechengut ist potentiell infektiös.

Die in Sandfängen eliminierten mineralischen Bestandteile, wie Sand, Kies u.a.,
sind ebenfalls potentiell infektiös.

Im mechanischen Schlamm des Absetzbeckens sind vorwiegend Parasiten und ihre Dauerformen sedimentiert, so daß man davon ausgehen kann, daß dieser potentiell infektiöse Schlamm auch den Hauptanteil der Wurmeier enthält, die auf Grund ihres spezifischen Gewichtes bereits in dieser ersten Sedimentationsphase aus dem Abwasser eliminiert wurden.

Sind auf einer Kläranlage auch chemische Reinigungsstufen installiert, in denen durch Fällmittelzugabe z.B. Öle und Fette oder sonstige Schadstoffe eliminiert werden sollen, dann fallen hier chemische Schlämme an, die vorwiegend auf Grund der in ihnen vermehrt enthaltenen Chemikalien einer gesonderten weiteren Aufbereitung unterzogen werden müssen.

Die biologischen Schlämme der biologischen Reinigungsstufen Tropfkörper- oder Belebtschlammanlage enthalten praktisch den Hauptanteil der im Rohabwasser enthaltenen Krankheitserreger.

Durch Schlammentwässerungsverfahren, Schlammtrocknung, anaerobe Schlammfaulung oder aerobe Schlammstabilisierung bzw. Schlammkonditionierung kommt es nicht zu einer vollständigen Eliminierung der in den Schlämmen enthaltenen Krankheitserreger, so daß auch derart nachbehandelte Schlämme als potentiell infektiös bezeichnet werden müssen.

Die in den einzelnen Reinigungsstufen anfallenden Klärschlämme haben noch hohe Wassergehalte, die zwischen 97-98% liegen können. Für alle weiteren Aufbereitungsverfahren von Klärschlämmen wird daher deren Entwässerung zu einer wesentlichen Voraussetzung.
Schlammeindicker und Schlammbeete reduzieren den Wassergehalt nur geringfügig, so daß immer noch Wassergehalte zwischen 90-95% resultieren.

Durch Schlammzentrifugen oder Schlammpressen lassen sich ebenfalls Wasseranteile reduzieren, ohne daß allerdings der Wassergehalt auf Werte unter 70% gesenkt werden kann.

Bei Konditionierungsverfahren mit Einsatz von Kammerfilterpressen kommt es zwar zu einer Schlammentwässerung unter 70% Restwassergehalt, so daß damit die Deponiefähigkeit erreicht wäre. Infolge der Fällmittelzugabe (meist Metallsalze und Alkalien) werden der Metallgehalt im Klärschlamm angereichert, sowie der pH-Wert des Schlammes in den stark alkalischen Bereich erhöht, der zwar einerseits eine Abtötung von Mikroorganismen bewirken kann (falls kein „Hüllphänomen" vorliegt), der aber auch gleichfalls wegen des hohen Metallsalzgehaltes eine Klärschlammdeponierung infrage stellt.

Bei anaeroben Faulverfahren werden auch bei längeren Aufenthaltszeiten des Klärschlammes in einem Faulturm weder Dauerformen von Parasiten inaktiviert noch pathogene Darmbakterien abgetötet.

Bei entsprechenden Entseuchungsversuchen mit markierten Organismen konnte festgestellt werden, daß die morgens mit dem Frischschlamm in einen Faulturm eingegebenen Testorganismen - unabhängig ob dies ein unbeheizter oder ein beheizter Faulbehälter war - bereits abends mit dem „ausgefaulten" Schlamm wieder ausgetragen wurden. Gerade für pathogene Darmorganismen liegen offensichtlich in diesem Milieu optimale Überlebens- und sogar Vermehrungsbedingungen vor.

Ähnliches gilt auch für oxidativ gefahrene Schlammstabilisierungsverfahren, bei denen keine sichere Inaktivierung von Krankheitserregern und damit keine ausreichende Entseuchung resultiert.

Bei Klärschlamm-Pasteurisierungsverfahren können Vegetativformen von Krankheitserregern abgetötet werden, doch kommt es auch bei dieser Schlammnachbehandlung nicht zu einer quantitativen Eliminierung aller pathogenen Mikroorganismen, da die Dauerformen und Sporen von Mikroorganismen, insbesondere von veterinärhygienisch relevanten Arten, mittels einer Pasteurisierung nicht erfaßt und abgetötet werden.

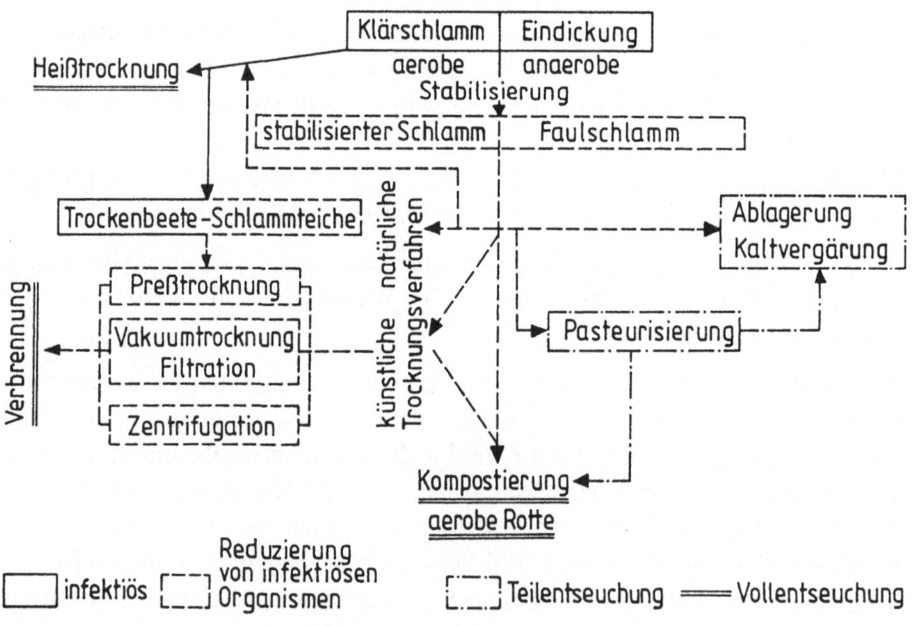

Abb. 4: Hygiene-Effektivität der (Vor)behandlung von Klärschlämmen

Als Indikator, ob und inwieweit ein Klärschlamm entseucht ist, hat sich der Tomatentest bewährt. Wenn auf Klärschlämmen Tomatensamen auskeimen können, wurden diese nicht inaktiviert. Da die Chitinhülle von Tomatenkernen eine ähnliche Struktur wie die Zellwand von Wurmeiern besitzt, wurde in entsprechenden Vergleichsversuchen festgestellt, daß überall dort, wo Tomatensamen nicht inaktiviert worden waren, sich auch noch Wurmeier als invasionsfähig und pathogen erwiesen. Die Resistenz von Wurmeiern ist aber wesentlich geringer als die anderer mikrobieller Krankheitserreger (vgl. Abb. 1). Daraus kann geschlossen werden, daß bei nicht erfolgter Inaktivierung von Wurmeiern auch noch alle anderen Krankheitserreger pathogen und virulent sind; eine Entseuchung hätte demnach nicht stattgefunden.

Für Vorbehandlungsmaßnahmen besonders problematisch sind Fäkalschlämme aus Absetz-, Oms- oder Sickergruben, da sie in der Regel in saure Gärung übergegangen sind. In Anbetracht der gebildeten organischen Säuren sind sie sehr geruchsintensiv, wobei es aber in diesen pH-Bereichen nicht zur Inaktivierung von Krankheitserregern kommt. Ihre weitere Vorbehandlung zusammen mit kommunalen Kläranlagen-Schlämmen wird angestrebt, sollte aber erst nach Voruntersuchungen durchgeführt werden, damit es nicht zu einer negativen Beeinträchtigung hinsichtlich der möglichen weiteren Verwertungsart des kommunalen Klärschlammes kommt. Auch für direkte landwirtschaftliche Verwertung sind Fäkalschlämme in der Regel nicht geeignet.

In Anbetracht der meist einseitigen Zusammensetzung von Schlämmen oder Fäkalien aus Massentierhaltungen stellt deren Vorbehandlung im Hinblick auf eine Verwertung, auch in Anbetracht der örtlich anfallenden großen Mengen, ein Hygieneproblem dar. Die für Schlämme aus der Schwemmentmistung eingesetzten oxidativen Verfahren („Fuchs'sche Intensivbelüftung") wurden in Anbetracht einer dabei entstehenden Wärmeentwicklung als sogenannte „Flüssigkompostierung" zur Vorbehandlung eingesetzt, erfüllten aber dennoch nicht die veterinärhygienischen Anforderungen zur Entseuchung des Ausgangsmaterials (PÖPEL, F., 1970).

Da es sich bei diesen Abfällen aber um organisches Material von unschätzbarem Wert handelt, das als Bodenverbesserungsmittel für die Werterhaltung landwirtschaftlich genutzter Böden dient, müssen vorrangig ihre agrarwirtschaftliche Verwertung angestrebt und Vorbehandlungsverfahren entwickelt werden, die zur hygienischen Unbedenklichkeit von Schlämmen aus allen Arten von Massentierhaltungen führen.

Obwohl sich gerade Klärschlämme auf Grund ihrer hohen organischen Substanz und der Stickstoffanteile zur landwirtschaftlichen Verwertung eignen, verhindern Infektiosität oder auch Anteile an Schwermetallen dieses Nutzungsverfahren.

In der Klärschlammverordnung vom 15. April 1992 werden deshalb für die Verwertung von Klärschlämmen in der Landwirtschaft ihre seuchenhygienische Unbedenklichkeit und die Einhaltung von Schwermetallgrenzen gefordert.

Seuchenhygienische Unbedenklichkeit bedeutet, daß weder unmittelbar noch mittelbar gesundheitliche Schäden bei Mensch, Tier und Pflanze auftreten dürfen. Ein landwirtschaftlich zu nutzendes Material muß also frei sein von humanpathogenen, veterinärpathogenen und phytopathogenen Mikroorganismen. Ebenso dürfen keine Stoffe vorhanden sein, die über die Futtermittel- oder Lebensmittelkette gesundheitliche Schadfolgen beim jeweiligen Nutzer nach sich ziehen können. Aus diesem Grunde erfolgt in der Gesetzgebung eine mengenmäßige Begrenzung derartiger Substanzen in Klärschlämmen, wie auch in landwirtschaftlich genutzten Böden.

Wegen der in Fäkalien, Fäkal- und Klärschlämmen zur Qualitätsverbesserung von Böden enthaltenen wichtigen Bestandteilen, muß jedoch auch von Seiten der Hygiene ihre Nutzung als Bodenverbesserungsmaterial nach ausreichender Entseuchung des Ausgangsmaterials angestrebt werden.

10 Abfallaufbereitung

Von Seiten der Abfallgesetzgebung sind als grundlegende Behandlungsverfahren für feste Siedlungsabfälle vorgegeben
- Geordnete Deponie,
- Verbrennung,
- Kompostierung.
Daneben finden im Rahmen der Abfallbewirtschaftung Verfahren zur Wiederverwertung von Wertstoffen, Recyclingmethoden zur Rettung von irreversibel verlorengehenden Ressourcen sowie Methoden zur Behandlung von Sonderabfällen in ergänzenden Gesetzen, Vorschriften und Empfehlungen ihre Grundlagen.
In der nachfolgenden Tabelle wird aus hygienischer Sicht der Einsatz der drei grundlegenden Verfahren für die Aufbereitung verschiedener Arten von Siedlungsabfällen beurteilt.

Tab. 8: Effektivität von Aufbereitungsverfahren für Siedlungsabfälle aus der Sicht der Hygiene

| | Aufbereitungsverfahren | | |
Abfallart	Geordnete Deponie	Kompostierung	Verbrennung
A. Feste Abfallstoffe			
I. Hausmüll	+	+	+
II. Straßenkehricht	+	+	+V
III. Gewerbemüll	+	+	+
IV. Industriemüll	+V	+V	+V
B Flüssige Abfälle			
I. Klärschlamm, häuslich			
1. Frischschlamm	o	(+)	(+)
2. Faulschlamm	o	(+)	(+)
II. Klärschlamm, gewerblich-industriell (außer Giftschlämme)	+V	o	+V
III. Ölabfälle	(+)V	(+)V	+
C. Feste und flüssige Siedlungsabfälle (kombiniert)			
I. Hausmüll + Klärschlamm	o	+	+
II. Hausmüll + gewerblicher Klärschlamm	+V	+V	+V
III. Gewerbe-Industriemüll + Klärschlamm	+V	+V	+V
IV. Gewerbe-Industriemüll + gewerblicher Klärschlamm	+V	+V	+V

Legende: Das Verfahren arbeitet:
+ = hygienisch einwandfrei
o = hygienisch n i c h t einwandfrei
V = nur nach V o r b e h a n d l u n g der Abfälle
(+)= seitens der Hygiene bestehen B e d e n k e n

Im Hinblick auf die Verfahrensart der Abfallaufbereitung kann auch unterschieden werden in

- Mechanische Verfahren,
- Thermische Verfahren,
- Biologische Verfahren,
- Chemisch-physikalische Verfahren.

Grundsätzlich muß festgehalten werden, daß keines dieser Verfahren zu einer Beseitigung von Siedlungsabfällen führt. Und es dürfte auch in Zukunft keine Methode geben, Abfälle rückstandsfrei aufzubereiten, da sich jede Materie nicht restlos auflösen läßt, sondern nur in einen anderen Aggregatzustand überführt werden kann. Somit muß bei allen Abfallbehandlungsverfahren mit Resten gerechnet werden, von der TA Siedlungsabfall als „Restabfall" bezeichnet, die in der Regel auf einer Deponie entsorgt werden müssen.

Damit kann das Abfallbehandlungsverfahren „Geordnete Deponie" als die Grundform aller Verfahren angesehen werden.

Es muß jedoch bereits hier darauf hingewiesen werden, daß es sich bei einer „Geordneten Deponie" um ein Behandlungsverfahren handelt und daß eine derartige Deponie weder eine Müllkippe noch eine Abfallhalde ist, wie sie in der Vergangenheit zur Ablagerung von Abfallstoffen verwendet wurde.
Derartige „wilde Kippen" gehören heute zu den Problembereichen der Abfallwirtschaft und stellen als „Altlasten" oftmals fast unlösbare Aufgaben zu ihrer Sanierung dar.

Inwieweit sich die noch bis Mitte dieses Jahrhunderts durchgeführte „Abfallverklappung" auf hoher See und die hierdurch ausgelösten Schadfolgen auf die Sedimentenablagerungen am Meeresboden und auf die Wasserqualität überhaupt sanieren lassen, oder ob die biologischen Regeneriermöglichkeiten der Natur in Zukunft zu einer „Selbstreinigung" führen können, kann nach den heutigen Erkenntnissen noch nicht vorausgesagt werden.

Nachdrücklich muß jedoch die Forderung aufgestellt werden, daß durch weltweit unterstützte Konventionen dem Schutz der Weltmeere vor noch stärkerer Verschmutzung Vorrang gebührt.

Bei weiter steigender Nutzung der Ozeane durch die Weltschiffahrt besteht sonst die Gefahr der Meeresverschmutzung weiter, die sowieso durch Tankerunfälle u.ä. Katastrophen nach wie vor gegeben ist.

Durch Aufnahme von derartigen Schadstoffen über die „Früchte des Meeres" kommt es zu einem circulus vitiosus über den Futtermittel- und Nahrungsmittelkreislauf, so daß schließlich auch gesundheitliche Folgen beim Endwirt Mensch auftreten können.

Schiffskatastrophen und ähnliche Vorkommnisse auf hoher See in den letzten Jahrzehnten haben gezeigt, daß nicht nur Fischbestände und ganze Biotope ausgerottet oder dezimiert wurden, sondern daß auch Verschmutzungen von Bade- und Erholungsstränden auftraten, die deren Nutzung ausschlossen bzw. erst nach kostenaufwendiger Sanierung wieder ermöglichten.

Daß aber hierbei auch die biologischen Regeneriermöglichkeiten der Natur zur Sanierung beitragen können, haben eigene Untersuchungen an Nordseebadestränden in Schleswig-Holstein ergeben.

In einem bekannten deutschen Nordseebad können die Badegäste mit dem Auto bis an den Strand fahren, wo in Strandnähe Parkplätze ausgewiesen sind, die bei den Gezeiten überflutet werden können.

Von den Behörden des Landschaftsschutzes wurden in dieser Nutzung große Verunreinigungsgefahren durch Benzin, Öl und Autoabgase für den Boden und damit für die gesamte Strandfläche gesehen. Im Rahmen eines Forschungsauftrages haben wir deshalb gezielte Untersuchungen zur Bodenbelastung der Strandflächen, insbesondere auf dem Parkplatzgelände, durchgeführt und dabei die chemischen Schadstoffe analysiert, aber auch die Mikroorganismenbodenflora untersucht. Die Ergebnisse zeigten, daß neben kraftfahrzeugbezogenen Verschmutzungen Rohöl- und teerartige Belastungen der Strandflächen gezeitenbedingt durch die See vorlagen, die teilweise im Parkplatzgelände noch höher waren als die durch Autos verursachten. Die mikrobiologischen Bodenuntersuchungen zeigten aber auch an, daß an Stellen mit hoher Schadstoffbelastung sich Mikroorganismenpopulationen einstellten, die in der Lage waren, derartige Schadstoffe abzubauen; ihr quantitativer Nachweis nahm sogar mit der Höhe der Belastung zu.

Es handelte sich hierbei u.a. um Actinomyces- und Nocardia-Arten, die gezielt polyzyklische aromatische Kohlenwasserstoffe abbauen oder metabolisieren und die mit Spezies verwandt sind, welche zum mikrobiologischen Abbau bei Ölunfällen im Boden oder im Wasser zum Einsatz kommen.

Auf Grund dieser Beobachtungen kann zwar damit gerechnet werden, daß mittels derartiger mikrobieller Abbau- und Metabolisierungsvorgänge Schadensfälle saniert und - wenn auch mit zeitlicher Verzögerung - Regenerierungsmöglichkeiten für die geschädigte Umwelt gegeben sind. Im Sinne der Gesundheitsvorsorge sollte man es aber deshalb nicht erst zu solchen Schäden kommen lassen, weil sie ja doch biologisch regenerierfähig sind, sondern man muß sie grundsätzlich zu verhindern versuchen. Dies trifft um so mehr zu, als wir durch Untersuchungen von Metabolisierungszwischenstufen oder Endprodukten wissen, daß es bei derartigen mikrobiellen Umsetzungen auch zur Bildung sekundärer Schadstoffe kommen kann.

Die Beseitigung fester Abfälle auf See, einschließlich von Klärschlämmen, muß deshalb von Seiten der Hygiene als nicht zu befürwortende Methode abgelehnt werden.

Alle Methoden zur Behandlung von Siedlungsabfällen vor ihrer endgültigen Aufbereitung müssen, wie auch die eigentlichen Aufbereitungsverfahren nach Hygienekautelen arbeiten. Das bedeutet, daß sie nach arbeits- und gewerbehygienischen Gesichtspunkten arbeiten müssen, ohne daß das beschäftigte Personal oder andere Personen gesundheitlich geschädigt werden; ebenfalls müssen sie die umwelthygienischen Anforderungen erfüllen, indem die belebte oder unbelebte Umwelt keine Schäden erleidet; das gilt für Pflanzen und Tiere ebenso, wie für Wasser, Boden und Luft. Im Hinblick auf das unterschiedliche Gefährdungspotential von Abfällen muß in Analogie des Hygiene-Postulats „Desinfektion am Krankenbett !" gefordert werden, daß Abfälle, von denen gesundheitliche Gefahren ausgehen können, nach Möglichkeit bereits am Ort ihrer Entstehung entseucht werden, bzw. sofern das nicht möglich ist, für die Sammlung, den Transport und alle Verfahren der Vorbehandlung das Gefährdungspotential soweit abgebaut wird, daß hierdurch direkte oder indirekte gesundheitliche Gefahren oder umweltrelevante Beeinträchtigungen eliminiert wurden. Alle Verfahren der endgültigen Abfallaufbereitung müssen in hygienischer Hinsicht letztlich so konzipiert sein, daß alle Produkte der Aufbereitung, einschließlich des Restabfalls, keinerlei Hygienebedenken auslösen.

Hierfür wird in der Literatur der Begriff „Hygienisierung" verwendet, der während der Arbeiten des Autors zusammen mit der Gießener Arbeitsgemeinschaft für Abfallwirtschaft in den fünfziger Jahren bei Forschungsarbeiten zur Kompostierung von Siedlungsabfällen geprägt wurde, von ihm aber später als nicht korrekt abgelehnt wurde (KNOLL, K.H., 1961).

Die als Verrottungsverfahren ablaufende Kompostierung führt in den ersten Stufen zu einer desinfizierenden Entseuchung, die als wichtigste Forderung der Hygiene und als Voraussetzung jeder Abfallaufbereitung gilt; nach einer Entseuchung von Abfällen können von ihnen keine epidemieartigen Krankheiten ausgehen. Dennoch sieht man den entseuchten Abfällen noch ihre Herkunft als Siedlungsabfall an. Auch die weiterführenden Verrottungsstufen, die einen als Bodenverbesserungsmaterial einsetzbaren Kompost erzeugen sollen, verändern in der Regel das Ausgangmaterial nicht derart, daß sein ursprünglicher Zustand nicht mehr erkennbar ist. Aus diesem Grunde trifft eine Bezeichnung „Hygienisierung" für dieses Material nicht zu.

Als Zustand der Hygienisierung könnte man allenfalls nur einen Aggregatzustand von aufbereiteten Abfällen bezeichnen, dem man seine Abfallherkunft nicht mehr ansieht. Dies ist aber in der Regel bei den meisten Verfahren der Abfallaufbereitung nicht möglich.

Zwar kann die Bezeichnung „hygienisch einwandfrei" verwendet werden für ein Material, das infektionsepidemiologisch und umwelthygienisch nicht zu beanstanden ist, doch ist dies nicht identisch mit dem Begriff „Hygienisierung".

Von Seiten der Hygiene besteht für alle Abfälle im Hinblick auf ihre endgültige Aufbereitung und Entsorgung die Forderung, daß sie hygienisch einwandfrei sind, so daß von ihnen direkt oder indirekt keine Schäden für die belebte und unbelebte Umwelt ausgehen können. Diese Forderung schließt nicht nur akute Schadfolgen, sondern auch zukünftige Nachfolgeschäden mit ein, wie sie als „tickende Zeitbomben" von ungeregelten Ablagerungen der Abfälle auf Müllkippen bekannt sind.

Für die Behandlung von Abfällen durch Aufbereitungsverfahren entsprechend den Hygieneanforderungen, wie sie auch von der jeweiligen Abfallgesetzgebung übernommen wurden, gilt prinzipiell das Hygienepostulat, belebte oder unbelebte Schadstoffe bereits dort zu erfassen und gegebenenfalls dort zu beseitigen, wo sie anfallen, d.h. am Ort ihrer Entstehung. Das bedeutet, daß Abfälle mit bekannter Schadstoffbelastung gesondert zu sammeln, zu entsorgen und aufzubereiten sind, so daß sie nicht mehr schädigen können. Auf diese Weise müssen in Krankenhäusern und sonstigen Gesundheitseinrichtungen anfallende infektiöse Abfälle gesondert behandelt werden; dies gilt analog auch für Abfälle aus Gewerbe und Industrie, von denen bekannt ist, daß sie mit chemischen Schadstoffen belastet sind.
Die bisherige Erfahrung hat aber gezeigt, daß nicht nur derartige Sonderabfälle einer gezielten Behandlung bedürfen, sondern daß ebenfalls die übrigen Abfälle aufbereitet werden müssen. Diese Notwendigkeit ergibt sich neben den Gesichtspunkten der Hygiene auch aus verschiedenen anderen Gründen. Einer der wichtigsten ist die Unterbringung der mengenmäßig beträchtlichen Abfallstoffe, für die auf Dauer keine ausreichenden Ablagerungsflächen zur Verfügung stehen. Nachdem man erkennen mußte, daß es keine endgültige Abfallbeseitigung geben kann, hat bereits der Gesetzgeber die Vermeidung von Abfällen als Priorität in die Abfallgesetzgebung übernommen. Neben der damit verbundenen Volumenreduzierung, die durch die Kreislaufwirtschaftsgesetzgebung infolge Wiederverwertung von Wertstoffen (Sekundärrohstoffe) ebenfalls gefördert wurde, werden Verfahren gefordert, welche das Volumen des nach Vermeidung und Verwertung letztendlich verbleibenden Restabfalls weitgehend verringern. Dieser nach dem Verfahren der Geordneten Deponie abzulagernde Restabfall darf keine akute oder sekundäre Beeinträchtigung der belebten und unbelebten Umwelt verursachen.
Die Aufbereitung von Siedlungsabfällen hat also die Aufgabe, hygienische Risiken zu eliminieren, die in allen Abfallarten vorkommen und sich ungünstig auf die Gesundheit von Mensch, Tier oder Pflanze auswirken können. Dies können pathogene Mikroorganismen und Parasiten, aber auch Lästlinge, Schädlinge oder Ungeziefer sein. Ihr mögliches Vorkommen in Abfällen ist nicht auszuschließen, so daß Aufbereitungsmaßnahmen angezeigt sind. Durch die Verfahren der Aufbereitung selbst dürfen ebenfalls keine sekundären hygienerelevanten Umweltrisiken auftreten, wie auch nicht vom Restabfall, der nach der Aufbereitung verbleibt; seine Beschaffenheit sollte jedes Umweltrisiko ausschließen.

Der zu deponierende Abfall ist volumenmäßig weitgehend zu verringern, um mögliche Ablagerungsflächen für geordnete Deponien langfristig nutzen zu können. Aus diesem Grunde sind Abfallaufbereitungsverfahren anzustreben, bei denen ebenfalls eine Wiederverwertung aufbereiteter Abfallstoffe beabsichtigt ist. Neben der Volumenreduktion des Restabfalls wäre damit gleichfalls eine umweltverträgliche Recyclingmaßnahme zur Realisierung der Bestrebungen des Kreislaufwirtschaftsgesetzes durchgeführt worden, die ganz im Sinne einer Abfallwirtschaft abläuft.

10.1 Mechanische Abfallaufbereitung

Unter dem Begriff mechanische Abfallaufbereitung werden in dem folgenden Kapitel alle Verfahren bezeichnet, die am Ort der Aufbereitungsanlagen (Deponie, Verbrennung, Kompostierung) als Vorbereitung der Abfälle für ihre eigentliche Aufbereitung durchgeführt werden.

Für Klärschlämme aus Abwasserreinigungsanlagen sollten mechanische Aufbereitungsverfahren bereits auf dem Gelände einer Kläranlage erfolgen. Sofern eine biologische Aufbereitung von Klärschlamm vorgesehen ist, wird aus Hygienegründen die Anbindung einer derartigen Anlage an die Kläranlage empfohlen, so daß kein Schlammtransport zu einer externen biologischen Aufbereitungsanlage erforderlich wird. Der hohe Wassergehalt von anaerob und aerob vorbehandelten Schlämmen, dessen starkes Bindungsvermögen an die Festsubstanz große Anforderungen an Wasserentzugsverfahren mechanischer Art stellt, sollte soweit als möglich bereits auf der Kläranlage reduziert werden. Bei den meisten Verfahren zur weiteren Schlammaufbereitung sind die hohen Wasseranteile nicht erwünscht, andererseits macht es keinen Sinn, Wasser zu transportieren, wenn es gar nicht benötigt wird.

Das Schlammwasser selbst ist potentiell infektiös und muß aus diesen Gründen in den Reinigungsprozeß einer Kläranlage zurückgeführt werden. Von daher bieten sich Anlagen zur weiterführenden Klärschlammaufbereitung, wie beispielsweise biologische Verfahren, Bioreaktoren (s. dort) und solche, bei denen die Anfuhr erforderlicher Zuschlagstoffe keine Schwierigkeiten bereitet, direkt auf dem Kläranlagengelände an.

Sofern die biologische Behandlung von Müll-Klärschlammgemischen geplant ist, wäre ein gemeinsames Aufbereitungszentrum eine gute Lösung. Die Realisierung einer derartigen Kompaktanlage, die auch seitens der Hygiene zu favorisieren wäre, scheitert aber meist daran, daß bereits eine Kläranlage betrieben wird, ohne daß entsprechende Erweiterungsmöglichkeiten für eine Mitverarbeitung des Mülls vorhanden sind.

Sofern die Entsorgung flüssiger und fester Abfälle aus einem Siedlungsgebiet generell neu geplant wird, sollte auch diese Möglichkeit eines gemeinsamen Aufbereitungszentrums für Abwasser und feste Siedlungsabfälle überdacht werden. Dabei ist zu beachten, daß die von der Hygiene für eine Kläranlage grundsätzlich festgelegte Distanz von 500m zum bebauten Wohngebiet bei einem solchen Zentrum möglichst noch erweitert werden sollte. Ebenfalls sind die Flächennutzungspläne zu berücksichtigen, um zu vermeiden, daß derartige Aufbereitungszentren von Wohngebieten eingeholt oder gar überrollt werden; diese Hygieneforderung gilt natürlich auch für jede einzelne Kläranlage oder Müllaufbereitungsanlage.

Bei den Verfahren zur Vorbehandlung von Klärschlämmen wurde bereits darauf hingewiesen, daß natürliche und künstliche Schlammtrocknungsverfahren die Kriterien der Hygiene zur Entseuchung nicht erfüllen; bei der Schlammkonditionierung werden zwar Entseuchung und Restwassergehalte unter 70% erreicht, doch hohe pH- und Chemikalienwerte erlauben nicht die Durchführung aller noch erforderlichen Behandlungsverfahren.

Auch ein pasteurisierter Klärschlamm muß aus veterinärhygienischen Gründen nachbehandelt werden, sofern er deponiert werden soll oder anzunehmen ist, daß Kontaminationsmöglichkeiten mit Wildtieren oder Haustieren bestehen. Die Verwertung und Unterbringung derartiger Klärschlämme in der Landwirtschaft wird durch entsprechende LAGA-Richtlinien (s. dort) geregelt.

Ebenfalls müssen Klärschlämme auch den Nachweis der Unverträglichkeit in chemischer Hinsicht erbringen, sofern ihre landwirtschaftliche Nutzung vorgesehen ist. Mit chemischen Schadstoffen belastete Schlämme scheiden in der Regel von einer landbaulichen Verwertung aus, sofern es zu hohen Chemikalienkonzentrationen in den Böden mit Übergang auch in den Pflanzen-, Futtermittel- oder Nahrungsmittelkreislauf kommen kann. Da die Eliminierung solcher Schadstoffe aus belasteten Klärschlämmen durch gängige Verfahren nicht möglich ist, muß die landwirtschaftliche Verwertung unterbleiben, obwohl die sonstigen Inhaltsstoffe hierzu optimal geeignet wären. Daher gilt auch hier die Hygieneforderung, derartige chemische Schadstoffe bereits am Ort ihrer Entstehung zu eliminieren, ohne daß sie über das Abwasser in die Klärschlämme gelangen können.

Für die festen Abfälle werden mechanische Verfahren in Abhängigkeit ihrer weiteren Aufbereitung vorgenommen.

Sortierung mit Wertstoffauslese wird in verstärktem Maße im Sinne des Kreislaufwirtschaftsgesetzes überall dort durchgeführt, wo keine getrennten Einsammelsysteme vorliegen. Die am Ort der künftigen Abfallaufbereitung vorgenommene manuelle Auslese über Förderband ist kein Verfahren, welches die Zustimmung der Gewerbe- bzw. Arbeitshygiene erhalten kann. Auch bei Tragen entsprechender Schutzkleidung bestehen für die Bandarbeiter gesundheitliche Gefahren über Verletzungen, Infektionen oder Inhalationen.

Die mögliche Umfeldbelastung durch Stäube, Aerosole u.ä. kann durch entsprechende lüftungstechnische Einrichtungen vermindert werden.

Maschinelle Wertstoffauslese ist grundsätzlich zu fordern, wobei die Verfahren derart weiterentwickelt werden, daß die getrennte Erfassung von Wertstoffarten ermöglicht wird. Aber auch bei diesen Verfahren sind die ausgelesenen Wertstoffe hygienisch bedenklich, da sie ja kontaminiert oder sogar infiziert sein können.
Das bedeutet aber, daß alle bei einer Wertstoffauslese erfaßten Stoffe einer nachträglichen Behandlung unterzogen werden müssen, damit die nachfolgenden Fertigungsprozesse zu ihrer Verwertung unter Hygienekautelen durchführbar sind. Sofern das Wiederaufbereitungsverfahren selbst die Gewähr dafür gibt, daß dabei eine hygienische Aufbereitung erfolgt, sind entsprechende Vorbehandlungen nicht erforderlich.

Dennoch sind Verfahren zur Erfassung von Wertstoffen aus Siedlungsabfällen vorzuziehen, bei denen vorentseuchte Abfälle einer nachträglichen Auslese unterzogen werden, für die dann keine Hygienebedenken bestehen.

Als weiteres mechanisches Verfahren dient die Zerkleinerung von Abfällen vor deren endgültiger Aufbereitung, die für alle Aufbereitungsverfahren infragekommen kann. Im Hinblick auf den weiteren Verwendungszweck wird das Abfallgut in eine feinere Körnung überführt, wobei eine Vergrößerung der spezifischen Oberfläche erreicht wird. Für alle sperrigen Abfallarten wird deshalb eine Zerkleinerung obligatorisch. Dies trifft auch beispielsweise für Rechengut aus der Abwasseraufbereitung zu. Für alle Zerkleinerungsverfahren ist deshalb aus hygienischer Sicht zu berücksichtigen, daß das Abfallgut infektiös, mikrobiell kontaminiert oder hygienisch bedenklich sein kann. Deshalb sind bei Störungen, Reparaturen oder Ausfall derartiger Zerkleinerungsanlagen Vorkehrungen aus arbeitshygienischer Sicht zu treffen, um die Beschäftigten gesundheitlich nicht zu gefährden. Für den laufenden Betrieb von Zerkleinerungsanlagen werden Absaugeinrichtungen empfohlen, welche die jeweiligen Arbeitsplätze des Bedienungspersonals weitgehend staubfrei halten und auch schädliche Emissionen in das Umfeld der Anlage zurückhalten können.

Neben Shredderanlagen, die zur Zerkleinerung von Garten-, Strauch- und Baumabfällen eingesetzt werden, sind Scheren, Raspeln und Mühlen im Einsatz, welche Abfälle in unterschiedliche Korngrößen zerteilen können. Die hierdurch bedingte Volumenreduktion kann für Deponierung, Verbrennung und Kompostierung von Abfällen von Bedeutung sein.

Die Aufbereitungstechnik und das jeweilige System der Zerkleinerungsanlage haben außer arbeitshygienischen Gesichtspunkten, zu denen auch die Lärmentwicklung der Anlage zu rechnen ist, von Seiten der Hygiene sonst keine direkten Anforderungen.

Dagegen kann sich die erzielte Korngröße des Abfalls auf das Aufbereitungsverfahren derart auswirken, daß sekundäre Hygieneprobleme entstehen können.

Sollen Abfälle über Deponieverfahren abgelagert werden, führt eine Abfallzerkleinerung bis zu jeweils kleineren Korngrößen auch zu immer besseren Volumenreduktionen und damit zur besseren Ausnutzung von Deponieflächen. Je kleiner die Korngrößen sind, um so besser sind die Verdichtungen der Abfälle auf der Deponie, was beispielsweise für eine Verdichtungsdeponie von Vorteil sein kann. Da aber bei derartigen Verdichtungen anaerobe, mikrobielle Zersetzungsvorgänge gefördert werden, die zur sauren Gärung führen können, muß mit der Eluierung derartiger Stoffe über das Sickerwasser gerechnet werden. Wird eine Verdichtungsdeponie jedoch im Sinne einer Konservierung gefahren, sind kleine Korngrößen des Abfalls von Vorteil.

Bei Verbrennungsverfahren richtet sich die erforderliche Korngröße nach dem Verbrennungssystem, wobei auch der Wassergehalt des Abfalls eine Rolle spielen kann. Die jeweilige Korngröße kann auch zur Vermeidung von Versinterungszonen und damit verbundenen unvollständigen Verbrennungsvorgängen beitragen.

Von wesentlicher Bedeutung kann die Korngröße für Rotte- und Kompostierungsverfahren von Abfällen sein. Bei Mietenrotteverfahren können zu kleine Korngrößen zu Verdichtungen, anaeroben Zersetzungen und zu „nassen Füßen" der Miete führen.

Alle anaeroben Vorgänge behindern aber den aeroben, oxidativen und exothermen, mikrobiellen Rotteverlauf, der sowohl von der Hygiene als auch im Hinblick auf die Schaffung des gewünschten Rotteproduktes gefordert wird. Deshalb muß die Korngröße des zu verrottenden Abfalls dem jeweiligen Rotteverfahren, auch in Abhängigkeit von seinem Wassergehalt, angepaßt werden. Dies gilt insbesondere für die offene Mietenverrottung, also auch für ein Rottedeponieverfahren, oder für die stationären Verfahren der geschlossenen Zellenkompostierung. Bei allen beweglichen Rotteverfahren oder bei Systemkompostierungsanlagen ist die jeweils günstigste Korngröße des Abfalls auch von seinem Wassergehalt abhängig, doch ist die Gefahr von anaeroben Zersetzungsvorgängen und den damit verbundenen Folgeerscheinungen nicht so groß wie bei offenen Rotteverfahren.

Die Zerkleinerung als mechanisches Verfahren der Abfallaufbereitung kann also auch von Hygienebedeutung für die weitere Aufbereitung von Siedlungsabfällen sein.

10.2 Deponierung von Abfällen

Die Abfalldeponie ist eine in der Abfallgesetzgebung, neben der Verbrennung und der Kompostierung von Abfällen, zugelassene Aufbereitung von Siedlungsabfällen, wobei jedoch ausdrücklich der Begriff „Geordnete Deponie" verwendet wird.

Neben dieser Deponieform waren bis zu einer modernen Gesetzgebung zur Entsorgung von Siedlungsabfällen ungeordnete Abfalldeponien und „wilde" Müllkippen die Regel, von denen heute noch viele als sogenannte Altlasten und als tickende Zeitbomben umwelthygienische Probleme darstellen, die aber gelöst werden müssen.

Bereits in der Hygienegesetzgebung, im Gesetz zur Vereinheitlichung des Gesundheitswesens und im Bundesseuchengesetz (§. 12), waren noch vor dem ersten Abfallgesetz Hinweise zur schadlosen Entsorgung der Abfälle enthalten , daß sie so zu beseitigen sind, daß von ihnen keine gesundheitlichen Gefahren ausgehen können.

Die Deponie von Siedlungsabfällen stellt heute noch die am meisten betriebene Entsorgungsart von Siedlungsabfällen dar.

Auch für die Aufbereitungsverfahren der Verbrennung und der Kompostierung sind Deponien zur Unterbringung von Reststoffen unabdingbar.

Da von Deponien hygienerelevante Belastungen mannigfaltiger Art ausgehen können, die zu direkten und indirekten gesundheitlichen Schäden für die belebte Umwelt, wie auch zu unerwünschten Belastungen der unbelebten Umwelt (Boden, Wasser, Luft) führen können, müssen diese in einer geordneten Deponie durch entsprechende Sicherungsmaßnahmen weitgehend ausgeschlossen werden.

Somit ist der Standort einer Geordneten Deponie für Siedlungsabfälle ein wesentliches Kriterium der Hygiene. Die Deponiefläche verbleibt in der Regel endgültig als Ablagerungsfläche erhalten und sollte deshalb bereits in der Planung außerhalb aller Bebauungsmaßnahmen liegen; die für andere Abfallaufbereitungsanlagen vorgesehene Mindestentfernung von 500 m zu bebauten Wohngebieten dürfte für eine Deponie nicht ausreichend sein. Die bisherigen Erfahrungen haben gezeigt, daß Mülldeponien lange vor ihrer vorausgeplanten Verfüllung bereits erschöpft waren; durch mögliche Erweiterungen rückten sie dann zwangsläufig an die Wohngebiete heran.

Da die Auffindung und Ausweisung möglicher Deponieflächen für die vom Gesetz her zuständigen Entsorgungsbehörden - auf Grund des St.Florian-Prinzips - immer schwieriger wird und auch lange Anfahrwege vermieden werden sollen, nimmt man oftmals siedlungsnahe Deponien in Kauf, ohne an die spätere Problematik zu denken.

In der nachfolgenden Abbildung 5 ist schematisch der Aufbau einer derartigen Geordneten Deponie nach den Vorstellungen der Abfallgesetzgebung skizziert.

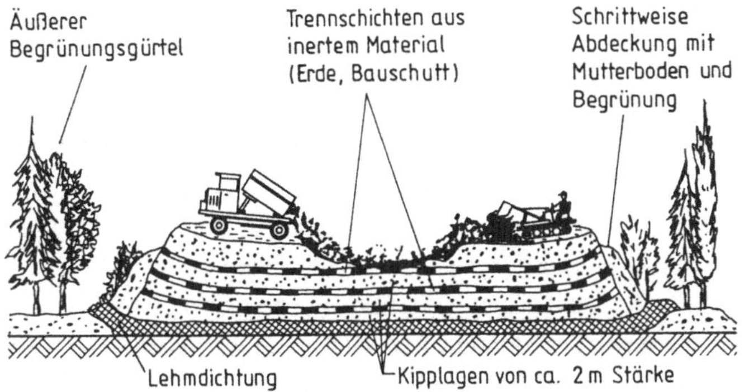

Abb. 5: Schema einer „Geordneten Deponie"

Auch wenn alle denkbaren Barrieren für Emissionen der Deponie in den Boden, in das Grundwasser und in die Luft vorgesehen wurden, können Schadwirkungen auftreten, gegen die Vorsorgemaßnahmen kaum effektiv getroffen werden können.

Derartige durch die Attraktivitätswirkung von Abfällen für tierische Vektoren möglichen Belästigungen können durch Vögel, Nagetiere (Ratten, Mäuse), Insekten und anderes Ungeziefer ausgelöst werden, die sich als Lästlinge und Schädlinge, aber auch als Überträger krankmachender Stoffe bemerkbar machen können.

Weil eine Geordnete Deponie als endgültige Ablagerungsmöglichkeit inerter Restabfälle, die nicht weiter aufbereitet werden können und von denen keine der erwähnten Schadwirkungen ausgehen können, bisher noch die Ausnahme der Deponierung von Siedlungsabfällen sein dürfte, sind an alle Deponieverfahren ebenfalls Anforderungen der Hygiene zu stellen.

Im Gegensatz zu ungeordneten und wilden Ablagerungen von Abfällen auf Müllkippen, wie sie noch bis zur Mitte des 20. Jahrhunderts vorgenommen wurden, stellt die „Geordnete Deponie" ein Verfahren dar, das erst durch die moderne Abfallgesetzgebung legalisiert wurde. Durch die Forderung zur systematischen Unterbringung von Abfällen stellt die Geordnete Deponie somit ebenfalls ein Aufbereitungsverfahren für Abfälle dar.

Je nach Art und Kategorie der Siedlungsabfälle gelten für deren Deponierung bestimmte Richtlinien, wie auch für die Form und den Betrieb der Deponie.

Die verschiedenen Betriebsarten von Abfalldeponien versuchen, bereits von der Errichtung und der Anlage einer Deponie die eine oder andere Form konsequent zu realisieren, was sich aber in der praktischen Durchführung in der Regel nicht ermöglichen läßt. Bedingt durch das polymorphe Abfallmaterial und unterschiedliche klimatische Wetterbedingungen finden Übergänge zwischen aeroben und anaeroben Verhältnissen in der Deponie statt, welche schwierig in den Griff zu bekommen sind.

Dies trifft vor allem für den Zustand einer Konservierung zu, obwohl ein solcher Deponiekörper den Idealzustand darstellen würde, wenn von ihm keinerlei Emissionen in die Umwelt ausgehen könnten.

Die von Seiten der Hygiene an Abfalldeponien zu stellenden Richtlinien müssen neben den Forderungen zum Gesundheitsschutz der Müllwerker auch solche zum Schutz von Anliegern vor Belästigungen beinhalten, wie auch zum Umweltschutz, im Hinblick auf gasförmige Emissionen, Sickerwassergefährdung und Attraktivität für Ungeziefer.

Dies gilt insbesondere während der Einbauzeit der Abfälle in die Deponie, aber auch hinsichtlich der Umweltsicherung der abgeschlossenen Deponie.

Mit der Deponierung auf Halde lassen sich derartige Forderungen während der Betriebsphase am besten realisieren, wie auch bei dieser Deponieform nach Abschluß der Deponie gut überwachen bzw. kontrollieren.

Aus hygienischer Sicht ist die Betriebsart einer Deponie, die sich natürlich auch nach der Abfallart richten muß, von entscheidender Bedeutung. Auf Grund der in Siedlungsabfällen enthaltenen Mikroorganismen und deren unterschiedlichen Ansprüchen an das Milieu sind die physikalischen und physiologischen Bedingungen in einem Deponiekörper dazu angetan, die weitere Entwicklung von Mikroorganismen und ihre Stoffwechselleistungen zu steuern. Die von der Feuchte des Deponiegutes, dem Porenvolumen, dem Gashaushalt und den Temperaturbedingungen in der Deponie beeinflußbaren Mikroorganismenpopulationen haben die Möglichkeiten, sich durch aerobe oder anaerobe Verhältnisse in Richtung oxidativer Verrottung, anoxidativer Fäulnis oder saurer Gärung zu entwickeln; liegen im Deponiekörper keine physikalischen Bedingungen vor, die für die Vermehrung von Mikroorganismen erforderlich sind, kommt es zu keinen Abbauvorgängen im Abfallmaterial, und es könnte ein Zustand erreicht werden, welcher dem einer Konservierung von Material gleicht.

Die Beschaffenheit von Abfällen, die Art ihrer Einlagerung und die dabei angewandten Einbautechniken lassen im Prinzip die aufgeführten Deponiemöglichkeiten zu.

Eine oxidative Verrottung wird bei einer Rottedeponie angestrebt, wobei die Abfälle so eingelagert werden müssen, daß eine gute Luft-Sauerstoffversorgung des Rottegutes gewährleistet ist. Für einen mikrobiellen Rotteablauf sind aber auch stets optimale Feuchteverhältnisse für die Mikroorganismen erforderlich, sowie ein C/N-Verhältnis, das eine exotherme Rotte mit Entseuchung des Ausgangsmaterials sicherstellt, sofern dieser Effekt mit der Rottedeponie beabsichtigt ist. In der Regel werden die Siedlungsabfälle vor ihrem Deponieeinbau vorbehandelt, z.B. durch Wertstoffauslese, Zerkleinerung, Zugabe von Klärschlämmen u.ä., und werden in losen Schichten von 1-2 m Dicke aufgesetzt; nach einem Aufenthalt von 1-2 Monaten ist das Material soweit angerottet, daß es sich besser verdichten läßt und mit einem geringeren Flächenbedarf auf Halde umgesetzt werden kann.

Ein solches Verfahren ist mit der Rottestufe einer Kompostierung vergleichbar, garantiert jedoch keine Vollentseuchung des Ausgangsmaterials, da während der Rottephase keine Umsetzung des Rottegutes erfolgt ist.

Sofern es sich um ein potentiell infektiöses Ausgangsmaterial gehandelt hat, ist das angerottete Material aber nicht ausreichend entseucht und erfüllt nicht die Hygieneanforderungen zur Einbringung in eine geordnete Deponie; hierfür müßten noch weitere Aufbereitungsverfahren durchgeführt werden. Sie könnten darin bestehen, indem die Verrottung fortgesetzt wird so, daß das gesamte Rottegut einschließlich der Randzonen mikrobiell-exothermen Rottebedingungen ausgesetzt wird.

Wird das Rottegut bereits innerhalb einer 1-2 Monate dauernden, exothermen Rottephase zwei- bis dreimal umgesetzt, sind ebenfalls die Bedingungen zur Einbringung in eine Haldendeponie gegeben.

Dennoch muß die Deponie alle Voraussetzungen baulicher und betrieblicher Art besitzen, um Emissionen aus dem Deponiekörper zu vermeiden, die Gesundheits- oder Umweltschäden auslösen können. Hierzu gehören die jeweiligen Abdeckungen der Haldenoberflächen mit inertem Material während der Betriebsphase sowie Bodensicherungen gegenüber Sickerwasserinfiltration. Auch nach Abschluß der Deponie müssen die Überwachung auf Emissionen fortgesetzt und laufende Kontrollen vorgenommen werden, um mögliche Sekundärschäden rechtzeitig erkennen und abstellen zu können.

Dies bleibt auch dann noch erforderlich, wenn die Deponie durch Rekultivierungsmaßnahmen im Rahmen von Naturschutzverordnungen in die Landschaft integriert wurde.

Falls das Material aus einer solchen Rottedeponie zu Rekultivierungszwecken eingesetzt werden soll, wird eine weitere Kompostierungsphase erforderlich, um die Voraussetzungen zur gewünschten Rekultivierungsart zu erreichen, wie z.B. Pflanzenverträglichkeit.

In Anbetracht der aufgezeigten, möglichen Risiken stellt das Verfahren der Rottedeponie zwar eine wesentliche Verbesserung gegenüber den bisherigen ungeordneten, wilden Müllkippen dar, ist aber aus hygienischer Sicht keine Ideallösung. Auch verrottete Abfälle sind keine endgültig abgebauten stabilen Substanzen und unterliegen bei geeigneten physikalischen und physiologischen Voraussetzungen sekundären mikrobiellen Umsetzungen mit möglicher Schadstoffentstehung. Eine Rottedeponie kann deshalb zu einer sanierungsbedüftigen Altlast werden.

Die Verdichtungsdeponie stellt eine weitere Betriebsform der Deponietechnik dar. Dabei werden nicht vorbehandelte Abfälle, ebenfalls in Lagen von 1-2 m, auf eine Haldendeponie aufgesetzt und mittels Verdichtungsgeräten, wie Walzen, Fußstampfwalzen o.ä., zur Volumenreduzierung behandelt. Sofern es sich um unbehandelte Siedlungsabfälle handelt, treten im Deponiekörper neben belüfteten Zonen mit möglichen mikrobiell-oxidativen Abbauvorgängen auch anaerobe Bereiche auf, in denen mikrobielle Fäulnisvorgänge ablaufen oder sogar saure Gärung der organischen Substanz erfolgt. Die dabei entstehenden Zersetzungsprodukte wirken sich dann als gasförmige Emissionen aus oder werden als Sickerwasserbelastung aus der Deponie austreten.

Werden zerkleinerte Abfälle auf eine Verdichtungsdeponie aufgebracht und mittels Geräten intensiv verdichtet, werden keine oder nur vereinzelte Zonen mit möglichem oxidativem Abbau auftreten; anaerobe Verhältnissse werden vorherrschen, wobei es je nach organischen Bestandteilen, Wassergehalt und pH-Wert des Materials zur Fäulnis oder zur sauren Gärung kommen kann. Auch hierbei kommt es zu gasförmigen Emissionen und Sickerwasserbelastungen.

In hygienischer Hinsicht muß bei derartigen Verdichtungsdeponien auch der fehlende Entseuchungseffekt beachtet werden. Potentiell infektiöses Ausgangsmaterial wird weder bei anaeroben Fäulnisvorgängen noch bei saurer Gärung vollkommen entseucht. Persistente Infektionskeime verbleiben somit in der Deponie oder werden mit dem Sickerwasser ausgeschwemmt.

Derartige Verdichtungsdeponien erfordern zwar in Anbetracht der Volumenreduzierung des Ausgangsmaterials geringere Deponieflächen als andere Deponieformen, erfüllen aber nicht die Forderungen der Hygiene während der Betriebsphase und stellen nach Deponieabschluß eine Altlast mit entsprechenden Überwachungs- und Kontrollaufgaben dar.

Eine weitere Deponietechnik ist dem in der Kompostierung von Siedlungsabfällen angewendeten Brikollareverfahren nachgeahmt, bei dem unbehandelte Abfälle mit hohen Drücken mittels Pressen maximal verdichtet werden. Durch starken Wasseraustritt während des Preßvorganges kommt es zu einem erheblichen Wasserverlust in den Preßlingen. Mittels Ballenpressen werden - in der Regel durch Wertstoffauslese vorbehandelte - Siedlungsabfälle ebenfalls durch hohe Drücke zu Ballen verpreßt, welche dann in Deponien in mehreren Lagen aufgesetzt werden. Je nach Preßvorgang und Einlagerungstechnik kann hierdurch ein physikalischer und physiologischer Zustand des Ballenmaterials erzeugt werden, welcher Mikroorganismen keine Möglichkeiten zu Stoffwechselleistungen bietet; damit wäre eine Konservierung des Ausgangsmaterials erreicht.

Zwar wurden die im Ausgangsmaterial enthaltenen Mikroorganismen und potentiellen Krankheitserreger nicht abgetötet, sondern verbleiben in einem Ruhezustand. Dieser Zustand kann aber nur solange stabil bleiben, wie die konservierenden physikalischen und physiologischen Bedingungen für die Mikroorganismen anhalten. Treten z.B. durch Befeuchtung der Ballen verbesserte Lebensbedingungen für Mikroorganismen ein, beginnen wieder mikrobielle Abbauleistungen, so daß dann kein stabilisierter, konservierter Abfall vorliegt.

Um zu verhindern, daß aus einer Deponie von Siedlungsabfällen eine Altlast wird, die einer ständigen Überwachung und Untersuchung bedarf, müssen die auf eine

Deponie abzulagernden Materialien inert sein, d.h., in ihnen dürfen keine Abbau-vorgänge mikrobieller oder chemisch-physikalischer Art stattfinden, und es dürfen keine gasförmigen Emissionen, keine belasteten Sickerwässer und keine sonstigen Umweltbelastungen auftreten.

Zur Realisierung einer derartigen Forderung werden aufwendige Aufbereitungs-maßnahmen von Siedlungsabfällen erforderlich. Durch weitgehende Mineralisie-rung der in Abfällen enthaltenen organischen Substanzen, wie es beispielsweise bei Verbrennungsverfahren der Fall ist, werden Schadstoffemissionen durch mi-krobielle Abbauvorgänge nicht zu erwarten sein. Aus diesem Grunde werden in der Regel für derartiges Inertmaterial separate Deponien ausgewiesen. Dennoch können chemisch-physikalisch bedingte Auslaugungen von Stoffen auftreten, welche Boden- oder Grundwasserbeeinträchtigungen verursachen. Bei Deponien von Verbrennungsrückständen (Schlacken) kann es dadurch zu Verhärtungen des Grundwassers kommen.

Ebenfalls werden Abfälle, die nach der Abfallgesetzgebung nicht wiederverwen-det werden können, oder solche mit keinen eluierbaren Schadstoffen, wie z.B. Bodenaushub, auf solchen Einzeldeponien abgelagert.

Da nach der Abfallgesetzgebung (Kreislaufwirtschaftsgesetz, Technische Anlei-tung Siedlungsabfall) vorrangig die Verwertung der in Siedlungsabfällen wieder-verwertbaren Stoffe vorgesehen ist und praktisch nur drei Betriebsformen von Deponien zur Anwendung kommen dürfen, sollen diese in ihrer Hygienerelevanz beurteilt werden (KNOLL, K. H., 1969).

Abfälle, die sich nach Beschaffenheit, vorhandenen Schadstoffen und möglichen Zersetzungs- und Abbauvorgängen ähnlich verhalten sowie untereinander ver-träglich sind, sollen auf Monodeponien abgelagert werden. Auch diese Betriebs-form kann in hygienischer Hinsicht eine Gefährdung auslösen und stellt somit eine zu überwachende Altlast dar. Falls es sich bei einer Monodeponie tatsächlich um identisch beschaffene Abfälle handelt, besteht unter Umständen die Möglich-keit einer sekundären Aufbereitung oder Wiederverwertung, sobald hierzu die technischen und ökonomischen Voraussetzungen gegeben sind.

Abfälle, die anteilig einen geringen Gehalt organischer Substanz aufweisen und aus denen nur sehr geringe Schadstoffmengen eluiert werden können, sollen auf Deponien der Klasse I abgelagert werden. Da es sich hierbei um keinen stabilen Deponietyp handelt, sondern um emissions- und eluierfähige Ablagerungen von Siedlungsabfällen, kann eine Umweltgefährdung nicht ausgeschlossen werden. Damit unterliegt auch die Deponieklasse I der Überwachung und Untersuchung in umwelthygienischer Hinsicht.

Deponieklasse II ist für Abfälle mit einem höheren Gehalt an organischer Sub-stanz vorgesehen, aus denen Schadstoffe in größerer Menge freigesetzt werden können. Dieser Deponietyp muß als hygienisch bedenklich angesehen werden und stellt überwachungsmäßig eine Altlast dar.

Vor Realisierung dieser Betriebsformen müssen daher die Anforderungen an den Standort der Deponie besonders nach umwelthygienischen Gesichtspunkten gestellt werden, um Spätschäden aus derartigen Altlasten präventiv ausschließen zu können.

Neben der geographischen Lage und dem Abstand zu Wohngebieten, der auf keinen Fall unter 500m betragen sollte, müssen die geologischen und klimatischen Verhältnisse vor Ort, vorhandene Wassereinzuggebiete und Vorfluter ebenso berücksichtigt werden wie die vorzunehmenden Sicherungsmaßnahmen für den Untergrund der Deponie. Auch auf ihre seitliche Abschirmung und der Oberflächenabdeckung während der Betriebsführung und nach dem endgültigen Abschluß der Deponierungstätigkeit ist zu achten. Dies gilt ebenso für die Rekultivierung der Deponiefläche nach Beendigung aller Sicherungsmaßnahmen.
Für die geographische Lage einer Deponie sind Flächen am besten geeignet, die einen biologischen Schutz durch Begrünung aufweisen (Waldflächen).

Da Abfalldeponien als Aufbereitungsanlagen nach der Gesetzgebung in die Kompetenz von Landkreisen fallen, empfehlen sich im Hinblick auf die Andienung zentrale Standorte im Kreisgebiet mit relativ geringen Anfahrtdistanzen zu allen Anfallstellen und damit verminderter allgemeiner Umweltbelastung (Staub, Lärm usw.); sie könnten deshalb auch an Stellen vorgesehen werden, die einen größeren Abstand als 500m zu bebauten Flächen aufweisen und würden damit hinsichtlicher Emissionsbelastungen und Auswirkungen auf Grund ihrer Attraktivität für Ungeziefer auf einer gesicherteren Seite liegen (KNOLL, K. H. und W. STEIN, 1972).
In klimatischer Hinsicht sollte die Deponiefläche nicht in den Hauptwindrichtungen zu bebauten Wohngebieten liegen. Auch Auswirkungen möglicher Inversionswetterlagen auf das Deponiegelände sind zu beachten. Bestehende Waldflächen in Richtung von Ansiedlungen sind zur Abschirmung meteorologisch bedingter Belastungen gut geeignet. Im Hinblick auf die künftige Nutzung oder Rekultivierung des Deponiegeländes kann das umliegende Biotop bereits wertvolle Gestaltungshinweise geben.
Für den Boden-, Grund- und Oberflächenwasserschutz sind Kenntnisse der anstehenden geologischen Formationen und der hydrologischen Verhältnisse am Deponiestandort, im Oberstrom und im Unterstrom des Deponiegeländes erforderlich. Wie bereits in den Grundwasser-Schutzgebiets-Richtlinien angesprochen, dürfen Abfalldeponien nicht im Einzugsbereich von Trinkwasservorkommen angelegt werden.

Hinsichtlich möglicher Sickerwasserbeeinträchtigungen muß besonders auf die hydrologischen Verhältnisse im Unterstrom einer Deponie geachtet werden. Das

bedeutet, daß neben gut dichtenden Bodenarten unter den Abfallablagerungen Folienmaterial sowie Drainagen zur Sammlung des Sickerwassers zu verlegen sind, das seinerseits abgepumpt und einer Aufbereitung zugeführt werden muß.
Um den Gashaushalt einer Deponie beeinflussen und insbesondere schädliche, gasförmige Emissionen während der Betriebsdauer und nach Abschluß der Deponie zu eliminieren, können auch Entlüftungssysteme notwendig werden. Anstelle des Abfackelns methanhaltiger Haldengase ist deren energetische Verwertung anzustreben; für Desodorierungsmaßnahmen eignen sich Biofilter aus Kompostmaterial.

Während des Aufbaues einer Deponiehalde sind geeignete Zwischenabdeckungen der Oberflächen und seitlicher Flächen des Deponiekörpers vorzunehmen. Hierzu kann inertes Material (z.B. Erdaushub) verwendet werden, aber auch Kompostmaterial. Es muß sichergestellt werden, daß die gesamte Deponiefläche keine Anziehungsmöglichkeit für Tiere darstellt, die hier optimale Bedingungen für ihren Aufenthalt (wärmere Temperaturen im Winterhalbjahr), gute Futtermöglichkeiten wie auch Vermehrungsbedingungen vorfinden. Die Beschaffenheit der Abdeckschichten kann wesentlich dazu beitragen, daß eine Abfalldeponie keine Attraktivitätswirkung besitzt. Vögel (Krähen, Möwen, Raben vor allem) sind in der Lage, meterhohe Abfallhügel bei ihrer Futtersuche völlig einzuebnen, so daß entsprechende Schutzschichten erforderlich sind, um sie daran zu hindern. Andererseits sind Abfallhalden auch attraktiv für Wildtiere und insbesondere für Nagetiere, die bereits durch entsprechende Einzäunungsmaßnahmen des Deponiegeländes abgehalten werden können. Deponieführung und Art der Abdeckung sind auch verantwortlich für den Insektenbefall einer Deponie. Da Insekten in Form verschiedener Entwicklungsstadien bereits in den angelieferten Abfällen enthalten sein können, müssen die Lebens- und Vermehrungsbedingungen derartiger Lästlinge und Schädlinge in einer Deponie so eingeschränkt werden, daß sie in hygienischer Hinsicht nicht als Vektoren zu einer sekundären Gefahr werden können. Da es während der Zersetzungstätigkeit von Abfällen zur Produktion pheromonartiger Stoffe kommt, die für Insekten eine besondere Attraktivwirkung haben derart, daß sie über mehrere Kilometer Entfernung angelockt werden können, sollte diese Möglichkeit bereits beim Anlegen einer Deponie beachtet und durch Abdeckungsmaßnahmen weitgehend eingeschränkt werden. Aus nicht ordnungsgemäß betriebenen Abfalldeponien wurde bekannt, daß sie beliebte Aufenthaltsorte für Schaben (Kakerlaken) darstellen, die ihrerseits auf langen Vormarschstraßen zwischen der Deponie und anderen „Versorgungsstellen" (Lebensmittelbetrieben, Landwirtschaftlichen Anwesen und sogar Krankenhäusern) hin- und herwandern.

In Anbetracht der Vektorenrolle von Insekten, die sie befähigt, tausende von Mikroorganismen zu transportieren und zu übertragen, gebührt ihnen deshalb ein besonderes Interesse der Hygiene, speziell auch für den Betrieb einer Abfalldeponie.

Für die Abschlußarbeiten, nach endgültiger Auffüllung einer Deponie, müssen weitere Sicherungsmaßnahmen des Deponiegeländes durchgeführt werden. Diese beinhalten sowohl in gleicher Weise den während des Deponiebetriebs erforderlichen Emissionsschutz als auch Vorkehrungen für die Einbindung des Deponiegeländes in die Landschaft durch Rekultivierung.

Die Fehlschläge bisheriger Begrünungsversuche von Abfalldeponien beruhten in der Regel darauf, daß weiterführende biochemische Tätigkeiten im Deponiekörper (z.B. Gasentwicklung) nicht beachtet wurden oder daß zu geringe Kulturschichten aufgetragen wurden, die ein Wurzelwachstum von Sträuchern oder Bäumen verhinderten; durch Eindringen von Wurzeln in tiefer gelegene Abfallschichten oder durch Schadgaseinwirkung kann es zum Absterben der Vegetation kommen. Pflanzenverträgliches Abdeckmaterial muß deshalb in ausreichender Mächtigkeit vorliegen.
Ebenfalls muß, sofern noch erforderlich, die Entgasung der abgeschlossenen Deponiefläche fortgeführt werden. Dem Wasserhaushalt der Deponie muß auch weiterhin besondere Aufmerksamkeit geschenkt werden. Einerseits sollte es im Deponiekörper nicht zu Wasseranstauungen kommen, welche biochemische Vorgänge provozieren, die zu saurer Gärung führen und zusätzlich eine stärkere Schadstoffbelastung des Sickerwassers verursachen können.

Da sich Niederschläge auch bei einer rekultivierten Deponie auf den Deponiekörper auswirken und als Sickerwasser austreten können, muß andererseits das Sickerwasser aufgefangen, überwacht und im Bedarfsfall aufbereitet werden. Die mikrobielle und chemisch-physikalische Belastung des Sickerwassers ist abhängig von den Abbauvorgängen im Deponiekörper derart, daß bei saurer Gärung die höchsten Belastungswerte zu erwarten sind.

In Anbetracht der Zusammensetzung von Deponiesickerwasser sind alle Aufbereitungsverfahren sehr aufwendig, müssen aber im Hinblick auf den Umweltschutz vorgenommen werden. Neben physikalischen und chemischen Methoden sind mikrobiologische Verfahren unter oxidativen oder anoxidativen Bedingungen anwendbar und auch erfolgversprechend.

Bevor Maßnahmen zur Rekultivierung einer Deponie getroffen werden, sind die erwähnten Abschlußsicherungen des Deponiekörpers im Hinblick auf seinen künftigen Status durchzuführen. Grundsätzlich muß davon ausgegangen werden, daß eine Abfalldeponie kein natürliches Biotop darstellt, sondern ein künstliches Gebilde innerhalb der Landschaft.

Auch wenn durch geeignete Deponieführung Beeinträchtigungen in hygienischer Hinsicht weitgehend reduziert werden können, stellt die Einbindung einer abgeschlossenen Deponie in die vorhandene Kulturlandschaft oftmals große Schwierigkeiten dar. Aus diesem Grunde sollte bereits bei ihrer Standortfestlegung auch darauf geachtet werden.

Eine Rekultivierung kann lediglich eine Maßnahme im Sinne der Naturschutzgesetzgebung sein, indem der Deponiestandort wieder der umliegenden Vegetation angepaßt wird. In der Regel kommen als erste Generation einer Kultivierung sogenannte Pionierpflanzen infrage, welche dem Bodenmilieu angepaßt und entsprechend widerstandsfähig sind; dies können zunächst Gräser- und Straucharten sein, die dann durch größere Pflanzenarten und Bäume ergänzt werden. Auf diese Weise kann ein kontinuierlicher Übergang von einer Deponieflora zur jeweiligen Standortflora geschaffen werden. Eine Rekultivierung kann aber auch zur landwirtschaftlichen Nutzung der Deponiefläche dienen, falls sie gartenbaulich, landbaulich oder forstwirtschaftlich genutzt werden soll.

Weitere Möglichkeiten zur Nutzung von Deponieflächen, wie sie schon in vielen Fällen zur Anwendung gekommen sind, wären solche als Freizeit- und Spielgelände. Bei allen Nutzungsarten muß aber damit gerechnet werden, daß ein Deponiekörper keine stabile Einheit und kein gewachsener Boden ist. Abgesehen von möglichen Emissionen von Schadstoffen, ist im Laufe der Nutzungszeit mit Setzungen des Deponiekörpers zu rechnen. Von daher ist von Dauernutzungen in Form der Bebauung mit Wohn- oder sonstigen Wirtschaftsgebäuden abzuraten.

Dagegen kann der Schaffung von Rasen- und Grünflächen zur Nutzung für sportliche Zwecke, wie Fußballplatz u.ä., auch von Seiten der Hygiene zugestimmt werden.

Der Betrieb und die weitere Nutzung von Deponien für Sonderabfälle unterliegt jedoch wesentlich höheren Sicherheitskautelen der Hygiene, da es sich hierbei in der Regel um Abfälle handelt, welche bekannte Schad- oder Giftstoffe enthalten, die weder als Wertstoffe wiederverwendet, noch durch Aufbereitungsverfahren schadlos gemacht werden konnten. Eine Bebauung oder Nutzung derartiger Deponieflächen hat zu unterbleiben, da hierdurch wesentliche Beeinträchtigungen für Leben und Gesundheit dort wohnender Menschen zu erwarten sind, wie Erfahrungen der letzten Jahre gezeigt haben. Sofern es sich um Monodeponien handelt, für die spätere Wiederaufbereitungs- oder Recyclingverfahren möglich sind, werden Einbindungs- oder Rekultivierungsmaßnahmen in die Landschaft nicht zwingend. Nur wenn überhaupt keine Möglichkeiten gegeben sind, Sonderabfälle auf Dauer unschädlich zu machen, stellen Konservierungsverfahren in Form einer Versiegelung der Ablagerungen die beste Problemlösung dar, um Sekundärschäden zu vermeiden.

Sofern Altlasten keinem Aufbereitungsverfahren unterworfen werden können, werden in vielen Fällen Rekultivierungsmaßnahmen derartiger Ablagerungsflächen problematisch. Die beste Lösung wäre auch hierfür eine Konservierungstechnik, die zu einer dauerhaften und endlosen Versiegelung der Ablagerungen

führt. Die künftige technische Entwicklung sollte sich auch mit dieser Lösungs-
möglichkeit befassen.

Auch für sonstiges deponiefähiges Material würde eine Konservierung in einen
stabilen Zustand ein erstrebenswertes Verfahren darstellen, um gesundheitliche
Beeinträchtigung und Umweltschäden durch Abfalldeponien zu verhindern. Sobald für Mikroorganismen keine Milieubedingungen vorliegen, unter denen ihre
Stoffwechselleistungen aktivierbar sind, so daß keinerlei Abbau- oder Umbauvor-
gänge mikrobieller Art, wie auch keine chemisch-physikalischen Materialzerset-
zungen möglich werden, wäre dieser Stabilisierungszustand erreicht.

Bei folgerichtiger Anwendung der Gesetzgebung bei Durchführung der Abfallentsorgung und -aufbereitung dürfte durch intensive Abfallkreislaufwirtschaft immer
weniger Restmüll anfallen, der als nicht verwertbar auf Deponien untergebracht
werden muß, wobei es sich in der Regel um kein organisches, mikrobiell zersetz-
bares Material handelt. Bei einem für mikrobielle Umsetzungen ungeeigneten,
inerten Material wären lediglich noch physikalische oder chemische Veränderungen möglich, für deren Unterbindung eine Konservierungstechnik entwickelt werden müßte.

Ob das in Anlehnung an Verrottungs- und Kompostierungsmethoden von Siedlungsabfällen unter der Bezeichnung „Trockenstabilat" neu entwickelte Entsorgungsverfahren für Hausmüll, bei dem zukünftig Abfalldeponien überflüssig werden sollen, diese Voraussagen tatsächlich erfüllt, muß die Zukunft zeigen. Zumindest soll mit diesem Verfahren der Konservierungsvorgang für Hausmüll realisiert
werden, so daß es auf alle Fälle ein Schritt in die richtige Richtung wäre.

10.3 Thermische Abfallaufbereitung

Die thermische Behandlung von Abfällen dient zur Reduktion von Abfallmengen
bei gleichzeitiger Energiegewinnung; auch die Weiterverwertung von Verbrennungsrückständen wird als Recycling-Methode angestrebt.

Als thermische Verfahren werden eingesetzt die Verbrennung, die Pyrolyse, die
Hydrierung und die Trocknung von Siedlungsabfällen.

10.3.1 Verbrennungsverfahren

Bei der Verbrennung, dem wichtigsten und am meisten eingesetzten thermischen
Aufbereitungsverfahren, kommt es zu einer Volumenverringerung und zu einer
Gewichtsreduktion des Abfalls. Derartige Verbrennungsverfahren können für
nicht aussortierte Siedlungsabfälle und für Restmüll, der aus stofflich nicht mehr
verwertbaren Reststoffen besteht, angewendet werden, wobei im Sinne der Abfall-
Kreislaufwirtschaft der Restmüllverbrennung der Vorzug gegeben werden müßte.

Neben der Verminderung des zu deponierenden Abfallaufkommens und der Nutzung des Abfallheizwertes hat die Verbrennung nach den Vorstellungen der Hygiene die Aufgabe, die in Abfällen enthaltenen organischen Schadstoffe zu zerstören derart, daß bei dieser thermischen Behandlungsart keine schädlichen Emissionen entstehen und daß von den Verbrennungsrückständen keine Schadwirkungen auf die belebte und unbelebte Umwelt ausgehen können. Das bedeutet, daß für die abgasförmigen Emissionen die Grenzwerte und Richtwerte des Bundesimmissionsschutzgesetzes einzuhalten sind.

Da es bei oxidativer Verbrennung zur Mineralisation der organischen Substanz kommt, werden in den Verbrennungsrückständen die anorganischen Stoffe sogar noch angereichert, die im Falle ihrer Eluierfähigkeit so abgelagert werden müssen, daß keine Schadstoffe mit Sickerwasser in den Wasserkreislauf gelangen können.

Sollen die Rückstände im Rahmen des Stoffkreislaufes in verwertbare Sekundärprodukte überführt werden, müssen sie natürlich ebenfalls inert sein.

Aus diesen Kriterien ergibt sich auch eine weitere Forderung der Hygiene, welche für eine Abfallverbrennungsanlage, wie für jede andere Abfallaufbereitungsanlage, in gleicher Weise zu gelten hat. Der Standort einer Abfallverbrennungsanlage sollte nicht innerhalb von Wohngebieten sein, wobei seine optimale Entfernung zu diesen sich nach den gegebenen geographischen und meteorologischen Bedingungen richten muß. Inwieweit die seitens der Gesundheitsbehörden für alle Abfallaufbereitungsanlagen generell empfohlene Entfernung von 500 m zu den ausgewiesenen Wohngebieten auch für eine Abfallverbrennungsanlage ausreicht, entscheiden lufthygienische Immissionsgutachten auf Grund der gegebenen örtlichen Verhältnisse.

Auch wenn Verbrennungsanlagen immissionsneutral arbeiten sollen, können Störungen im Verbrennungsvorgang oder in der Abgasaufbereitung auftreten, die sich durch schädliche Immissionen auswirken können; schon von daher sind ausreichende Entfernungen zu Wohngebieten empfehlenswert.

Für Sondermüllverbrennungsanlagen gelten prinzipiell Standorte, die in keinem Falle Wohngebiete immissionsmäßig belasten können.

Die Hygieneanforderungen an Abfallverbrennungsanlagen sind arbeitshygienischer und umwelthygienischer Art. Die Anlieferung, Bunkerung, Klassifizierung oder die weiteren Vorbehandlungen der Abfälle bis zur eigentlichen Verbrennung dürfen keine gesundheitlichen Beeinträchtigungen für die Mitarbeiter auslösen. Der Verbrennungsvorgang darf keine unzulässigen rauch- und gasförmigen Emissionen verursachen.

Von den Verbrennungsrückständen dürfen keine umweltrelevanten Beeinträchtigungen ausgehen, unabhängig davon, ob diese deponiert oder als Sekundärrohstoffe verwendet werden.

In der Abfallverbrennungsverordnung (17. BImschV vom 23.11.1990) werden die Anforderungen und Voraussetzungen zum Betrieb von Abfallverbrennungsanlagen aufgeführt sowie Richtwerte und Grenzwerte für Emissionen festgelegt; danach mußten alle bereits in Betrieb befindlichen Anlagen bis 1996 entsprechend nachgerüstet werden.

Durch diese Verordnung soll sichergestellt werden, daß die bei älteren Anlagetypen aufgetretenen Betriebsunsicherheiten beseitigt werden, wie unvollständige Verbrennung, Emissionen giftiger Rauchgase, schadstoffbelastete Stäube, Aschen und Schlacken. Trotz Verbrennungstemperaturen zwischen 800-1200°C konnten in den Schlacken bei eigenen und amerikanischen Untersuchungen noch Mikroorganismen bis 10^3 KBE/g Schlacke nachgewiesen werden. Insbesondere bei kunststoffreichen Abfällen kommt es zu Versinterungszonen, in denen keine oder nur unvollständige Verbrennung stattfindet, so daß sogar noch Mikroorganismen überleben können. Dies war vor allem bei Krankenhausmüllverbrennungsanlagen der Fall, wo kunststoffhaltige, infektiöse Abfälle keinen vollständigen Verbrennungsprozessen unterworfen wurden, so daß nach Inkrafttreten des Bundesimmissionsschutzgesetzes praktisch alle Verbrennungsanlagen in Krankenhäusern geschlossen werden mußten.

Bei vollständiger Zerstörung der organischen Substanzen im Abfall durch oxidative Verbrennungsvorgänge kann man jedoch davon ausgehen, daß alle organismischen Substanzen ebenfalls inaktiviert oder abgetötet wurden. Durch Untersuchung der oxidablen Substanzen in den Verbrennungsrückständen (beispielsweise durch Ermittlung des Kaliumpermanganatverbrauchs) läßt sich der Mineralisationszustand feststellen, der gleichfalls Hinweis dafür sein kann, daß das inerte Material - z. B. auf Deponie - mikrobiologisch nicht mehr abbaubar ist. Inwieweit die in Schlacken angereicherten anorganischen Bestandteile, oder auch enthaltene Schadstoffe, jedoch eluierbar sind, ist nur durch chemische Eluierungsversuche nachweisbar.

In den Rauchgasen von Abfallverbrennungsanlagen können aus den Abfallinhaltsstoffen oder durch chemische Reaktionen bei der Abkühlung der Rauchgase hohe Schadstoffkonzentrationen auftreten. In hygienischer Hinsicht sind vor allem bedeutsam Chlorwasserstoffe, Stickoxide, Schwefeldioxid, Kohlenmonoxid, Fluorwasserstoff sowie das für den sogenannten Treibhauseffekt verantwortlich gemachte Kohlendioxid. Von besonderer toxikologischer Bedeutung sind bereits im Verbrennungsgut enthaltene oder als Produkte unvollständiger Verbrennung entstehende Dioxine („Seveso-Gift"), Furane, polyzyklische aromatische Kohlenwasserstoffe und polychlorierte Biphenyle. Sie können als Verbrennungsprodukte durch chemische Reaktionen mit organischen Halogenabgasbestandteilen entstehen oder werden in der Abkühlphase der Rauchgase bei Temperaturen zwischen 270-470°C in der Entstaubungszone gebildet.

Da derartige Substanzen in der Schadstoffverordnung bereits mit niedrigen Konzentrationen als giftig und krebserregend aufgeführt sind, liegen auch in der 17. Bundesimmissionsschutz-VO niedrige Emissionsgrenzwerte für derartige Schadstoffe vor; aus präventivmedizinischer Sicht wurde z.B. der Grenzwert für Dioxine und Furane auf 0,1 ng/m³ Abgas festgelegt.

Für die Staubabscheidung und die Eliminierung von Schadstoffen aus den Rauchgasen ist der Einbau von Filtersystemen vorgeschrieben, welche ihre Abscheidung auf die festgelegten Nanogrammwerte gewährleisten.

Die Entfernung partikelförmiger Verunreinigungen ist in der Regel mittels Staubabscheidern möglich, die einer Rauchgaswäsche vorgeschaltet sind. Für die Entstaubung können eingesetzt werden Zyklonabscheider, Gewebefilter oder Elektrofilter, wobei Zyklone meist der Vorentstaubung dienen. Die abgeschiedenen Stäube sind auf Grund ihres Gehaltes an Schwermetallen und organischen Schadstoffen hygienisch-toxikologisch bedenklich, so daß ihre Entsorgung als Sondermüll empfohlen wird.

Verfahren zur Abscheidung gasförmiger Verunreinigungen aus den Rauchgasen beruhen auf ihrer Absorption (Gaswäsche) oder der Adsorption.

Bei der Gaswäsche werden gasförmige Bestandteile in als Lösungsmittel geeigneten Flüssigkeiten gelöst oder von Feststoffen absorbiert. Nasse Verfahren erreichen die besten Reingaswerte derart, daß mit den gängigen Anlagen sogar die Grenzwerte der 17. BImSchV unterschritten werden können; sie dienen deshalb hauptsächlichlich der Abscheidung saurer Schadgase, in Form von Salzsäure und Flußsäure, sowie leicht flüchtiger Schwermetalle. Als flüssige Phase dürfen solche Waschwässer weder über eine Abwasserkanalisation noch in einen Vorfluter eingeleitet werden, sondern sind durch Wasserentzugs- bzw. Eindampfungsverfahren zu Feststoffen umzuwandeln. Die hierbei entstehenden schwermetallhaltigen Mischsalze müssen allerdings aus toxikologischer Sicht als Sonderabfall entsorgt werden. Bei Absorptionsverfahren über Feststoffe (trockene Verfahren) können jedoch die in der 17. BImSchV festgelegten Richtwerte in der Regel nicht erreicht werden.

Adsorptionsverfahren können bestimmte Schadstoffe aus Rauchgasen selektiv über oberflächenaktive Substanzen, wie Aktivkohle, eliminieren, wobei ihre Effektivität von der Oberflächenstruktur des Adsorbers abhängig ist.

Die bei einer oxidativen Abfallverbrennung entstehenden Stickoxide können durch Entstickungsverfahren unter die festgelegte Abgasemissionskonzentration für Stickoxide von im Tagesmittel 200 mg/m³ Rauchgas gesenkt werden.

Durch moderne Rauchgasreinigungsanlagen können auch Dioxine und Furane, die bereits im Verbrennungsgut in Mikrogrammkonzentrationen enthalten sind, unter den Nanogrammgrenzwert gebracht werden.

Die 17. BImSchV hat als Grundmaßstab für die Toxizität das 2,3,7,8-Tetrachlordibenzodioxin (TCDD), das sogenannte Seveso-Gift, für die Toxizitätsäquivalenten (TE) der übrigen Dioxine und Furane herangezogen, dessen Giftigkeit 1 TE entspricht und somit als höchste Toxizitätsstufe dieser gesundheitsschädlichen Stoffe gilt.

Die Entfernung von Dioxinen findet meist im Anschluß an die Gaswäsche, nach Abscheidung saurer Schadgase, sowie in der Regel nach der Entstickung statt, wozu entweder Katalysatoren eingesetzt werden oder eine Abscheidung auf Aktivkohle oder Aktivkoks erfolgt. Abgeschiedene Schadstoffe müssen als Sondermüll entsorgt werden, da sie zu den toxikologisch bedenklichsten Substanzen gehören.

Die bei der Abfallverbrennung in modernen Anlagen anfallenden Schlacken enthalten zwar keine lebensfähigen Mikroorganismen, jedoch wird im Hinblick auf die Eluierbarkeit von Schwermetallen ihre weitere Aufbereitung empfohlen (KNOLL, K. H., 1970).

Als bestes Verfahren gilt ihre Verglasung, die auch zur Stabilisierung von schadstoffhaltigen Stäuben eingesetzt werden kann; derart behandelte Verbrennungsrückstände sollen auf Deponien abgelagert werden können, ohne daß ihre Zersetzungen oder die Eluierung von toxischen Schadstoffen zu befürchten sind.

Die wesentlichen Vorteile einer Abfallverbrennung liegen in der Volumenreduzierung des Abfallgutes, indem je nach Verfahren nur noch 25-40 Volumenprozent des Abfallausgangsvolumens zu deponieren und somit Deponieflächen einzusparen sind. Die gewichtsmäßige Reduktion liegt zwischen 30-40 Gewichtsprozent..

Aufbau und Betrieb einer modernen Abfallverbrennungsanlage werden somit von der 17. BImSchV und den umwelthygienischen Anforderungen bestimmt. Trotz unterschiedlicher Rostsysteme ist der Ablauf der Verbrennung weitgehend identisch, indem die Trocknung des Abfalls im oberen Teil des Rostes durch Erwärmung auf über 100°C erfolgt; durch weitere Erwärmung in reduzierender Atmosphäre auf Temperaturen über 250°C werden flüchtige Stoffe (Restfeuchte und Schwelgase) ausgetrieben. In einem weiteren Teil des Rostes erfolgt der Ausbrand des Abfalls. Im oberen Teil des Verbrennungsraumes findet dann bei Temperaturen um 1000°C eine oxidative Vergasung statt. Um unverbrannte Abfallbestandteile und Kohlenmonoxid im Rauchgas zu reduzieren, findet eine Nachverbrennung bei Temperaturen von 850°C unter Luftzufuhr statt.

Für die Verbrennung von Klärschlämmen kommt die gemeinsame thermische Behandlung mit sonstigen festen Siedlungsabfällen infrage, oder die Verbrennung in eigenen Verfahren. Um zunächst den hohen Wasseranteil in Klärschlämmen zu reduzieren, sind in den Anlagen spezielle Trocknungszonen vorhanden, in denen bei Temperaturen unter 100°C der Wassergehalt auf Verbrennungsstufe reduziert wird.

Wird eine gemeinsame Verbrennung von Hausmüll mit Klärschlamm vorgenommen, kann die aus dem Müll freiwerdende Verbrennungsenergie zur Klärschlammtrocknung verwendet werden. Teilweise können auch hierbei Verfahren zur Vorbehandlung des Klärschlamms entfallen.

In modernen Anlagen können Klärschlämme derart aufbereitet werden, daß die in ihnen enthaltenen Mikroorganismen einschließlich der Krankheitserreger inaktiviert oder abgetötet werden; allerdings sind die in Klärschlämmen enthaltenen organischen und chemischen Schadstoffe ebenso zu beachten, wie bei den sonstigen festen Abfallstoffen, so daß entsprechende Schadstoffselektionen erforderlich werden.

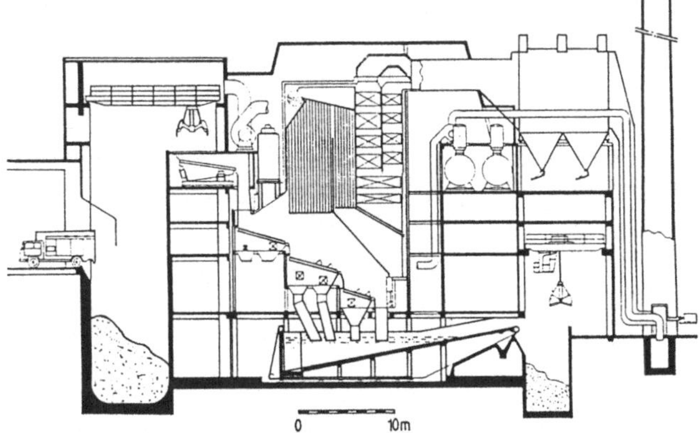

Abb. 6: Schema einer Abfallverbrennungsanlage

10.3.2 Pyrolyseverfahren

Im Gegensatz zur oxidativen Verbrennung sind Pyrolyseverfahren anaerobe thermische Abfallaufbereitungen. Die organischen Substanzen des Abfalls sollen mittels Entgasung unter Luftabschluß bzw. durch Vergasung soweit zersetzt werden, daß sie in glasierter Form vorliegen und abgelagert werden können, ohne daß Schadstoffe eliminiert werden. Auch hierbei werden die anorganischen Substanzen im Pyrolysat angereichert, was bei einer beabsichtigten weiteren Verwertung dieses Pyrolyseproduktes zu beachten ist.
Bei der thermischen Abfallbehandlung nach dem Pyrolyseverfahren werden die Abfälle unter Luftsauerstoffausschluß Temperaturen von 150 bis 900°C ausgesetzt, bei denen organische Substanzen anaerob unter Gasbildung zersetzt werden. Man unterscheidet zwischen dem Verfahren Entgasung, bei der nach vorangehender Trocknung die Pyrolyse als Entgasung erfolgt, sowie dem Verfahren der Vergasung, bei dem nach Trocknung und Entgasung nochmals eine Vergasung durchgeführt wird. Diese Vorgänge finden in verschiedenen Reaktoren statt, wobei während der Prozesse auch eine Entstaubung erforderlich ist.

Die Entgasung wird meist zur Aufbereitung von Kunststoffabfällen eingesetzt und läuft als endothermer Prozeß ab, bei dem Energie, jedoch kein Vergasungsmittel zugesetzt werden muß. Als Produkte entstehen Pyrolysegas und feste Rückstände, wie Müllkoks, Metalle, Glas, die zu entsorgen sind. Der Wirkungsgrad dieses Verfahrens ist etwas niedriger als bei der Vergasung.

Bei der Vergasung wird kohlenstoffhaltiger Abfall bei Temperaturen über 800°C unter Zugabe von Vergasungsmittel zu Gasen mit geringem Schadstoffanteil aufbereitet. Das als fester Rückstand anfallende Schlackengranulat ist glasartig und beständig gegen Eluierung, so daß es als inertes Material weiterverwendet werden kann.

Die durch das Pyrolyseverfahren entstehenden, toxischen Kohlenwasserstoffverbindungen müssen anschließend in Gaswandlern bei etwa 1100°C Temperatur aufgespalten werden, um sie zu neutralisieren.

Pyrolyseverfahren kamen bisher speziell zur thermischen Aufbereitung von Kunststoffen und sonstigen kohlenstoffhaltigen Abfällen zur Anwendung.

10.3.3 Sonstige Verfahren

10.3.3.1 Hydrierung

Die Hydrierung kann als chemo-thermisches Spezialverfahren eingestuft werden, welches zur Behandlung von Kunststoffabfällen und für bestimmte industrielle Rückstände eingesetzt werden kann, wobei letztlich auch ein Stoffrecycling beabsichtigt wird. Da es sich hierbei um ein Spezialverfahren handelt, bei dem keine vordergründigen Hygieneprobleme bekannt sind, wird im folgenden darauf nicht eingegangen.

Auch bei der Hydrierung handelt es sich um die Aufbereitung kohlenstoffhaltiger Abfälle, bei denen diese mit Wasserstoff unter Druck von etwa 300bar und bei Temperaturerhöhung bis 480°C chemisch gespalten werden. Die Hydrierprodukte können wieder als Rohstoffe verwendet werden.

10.3.3.2 Trocknung

Thermische Abfallaufbereitungsverfahren stellen auch Trocknungsanlagen dar, in denen der Wassergehalt von Abfällen reduziert werden soll. So werden sie als Vorstufe einer nachfolgenden Verbrennung eingesetzt, wie auch zur Trocknung von Klärschlämmen verwendet; in Anbetracht der besonderen Hüllphänomene, mit denen die in Klärschlämmen vorliegenden Mikroorganismen, darunter auch Krankheitskeime, ausgestattet sind, kommt es nicht zu deren Inaktivierung oder Abtötung.

In hygienischer Hinsicht erfüllen daher nur wenige Verfahren die Forderung nach Entseuchung des Ausgangsmaterials, da die eingesetzten Temperaturen keine Sicherheit dafür bieten, daß alle Krankheitserreger inaktiviert oder abgetötet werden, so daß die Endprodukte derartiger Trocknungen noch als potentiell infektiös betrachtet werden müssen und damit einer weiteren Aufbereitung bedürfen. Dennoch muß die Trocknung von Klärschlämmen als Vorstufe zu einer weiteren Behandlung in vielen Fällen durchgeführt werden, um den Folgeprozeß überhaupt ablaufen zu lassen.

Handelt es sich bei dieser nachfolgenden Aufbereitung um biologische oder thermische Behandlungsverfahren, die sowieso zu einer Entseuchung führen, und bei denen lediglich ein erhöhter Wassergehalt des Klärschlammes den Aufbereitungsprozeß stört, kann die Trocknung als Vorbehandlung von Klärschlamm toleriert werden.

Bei Deponierung oder landwirtschaftlicher Verwertung lediglich getrockneter Klärschlämme bestehen jedoch Hygienebedenken.

10.4 Biologische Abfallaufbereitung

Biologische Verfahren zur Abfallaufbereitung sind gewissermaßen Kopien der in der Natur ablaufenden Zersetzungs- und Verrottungsvorgänge, bei denen eine Vielzahl von Organismen beteiligt sind. Die Fähigkeit von Mikroorganismen, durch enzymatische Vorgänge alle möglichen Stoffe angreifen, zersetzen und abbauen zu können, ist ein natürlicher Vorgang zur Aufbereitung aller auf der Erde anfallenden Abfälle; er führt letztlich zu einer nicht mehr weiter abbaubaren Endstufe.

Auf Grund der physiologischen Eigenschaften von Mikroorganismen bevorzugen sie besonders organische Substanz, wobei zuerst die leicht zersetzbaren Stoffe angegriffen werden. Dies sind in der Regel kohlenstoffhaltige organische Verbindungen. Als energiereiche chemische Verbindungen wirken Kohlenhydrate auch als Produzenten von Energie, welche bei derartigen Abbauprozessen freigesetzt wird. Eiweiße und fetthaltige organische Verbindungen folgen in der Regel im enzymatischen, mikrobiellen Abbau organischer Substanzen.

Durch die Adaptionsfähigkeit von Mikroorganismen bedingt, sind diese auch in der Lage, Kunststoffe anzugreifen; jedoch dauern derartige Abbauvorgänge wesentlich länger als die von natürlichen organischen Substanzen. Von den autochthonen Bakterien ist bekannt, daß sie sogar anorganische Stoffe angreifen und für ihren eigenen Zellstoffwechsel verwerten können.

Die in der Natur vorkommenden mikrobiellen Zersetzungs- und Produktionspro-
dukte lassen sich nur aus der Vielfalt dieser Aufbereitungsmöglichkeiten von Mikroorganismen verschiedenster Art und Funktion erklären.

10.4.1 Rotte- und Kompostierungsverfahren

Die Verrottung ist ein oxidativ mikrobieller Abbau der organischen Substanz, der
durch die primäre Zersetzung von Kohlenhydraten zu einem exothermen Prozeß
wird, bei dem Wärmeenergie freigesetzt wird; derartige exotherme Prozesse sind
in der Landwirtschaft in Form der Selbstentzündung von Heu bekannt, wobei die
von zersetzenden Mikroorganismen erzeugten hohen Temperaturen ausreichen,
um sogar einen Heubrand auszulösen (GLATHE, H., 1969).

Tab. 9: Charakteristische Organismen in den Temperaturzonen der Rotte

Temperaturzone	Mikroorganismenarten	Rottezone	Hygiene-Güteklasse
I unter 45°C	mesophile Organismen	oligotherm (Kaltvergärung)	volle Virulenz
II 45°-55°C	Übergang mesophiler zu thermophilen Organismen	α-mesotherm	biochemische Entseuchung
III 55°-65°C	thermophile Organismen	β-mesotherm	biophysikalische Entseuchung
IV 65° bis über 80°C	Abklingen thermophiler Organismen - Beginn chemisch-physikalischer Prozesse	polytherm („Heißverrottung")	thermische Desinfektion

Die Verrottung läuft in Richtung der Humusbildung (Humifizierung) des Ausgangsmaterials, einem Produkt mit hohen Mikroorganismenkeimzahlen und einem hohen Anteil landwirtschaftlich wichtiger Bodenbakterien. Humus ist nicht
nur ein wichtiger Faktor für die Bodenfruchtbarkeit, sondern hat auch die Funktion eines Bodenfilters, indem auftreffende (Schad)stoffe mittels der in ihm enthaltenen Abbaubakterien erfaßt und mikrobiell abgebaut werden können.
Bei der weiterführenden Verrottung organischer Abfallstoffe entstehen schließlich
Komposte, welche die Zusammensetzung und die Funktion von Humus haben und
damit als Bodenverbesserungsmittel zur Regenerierung der Bodenstruktur eingesetzt werden können. Eine solche Kompostierung organischer Abfallsubstanz

kann auch als natürliches, biologisches Recycling bezeichnet werden, handelt es sich doch bei organischen Abfällen meist um solches pflanzliches Material, das aus dem Boden stammt und das nach Kompostierung wieder als Bodenverbesserungsmittel dem Boden zurückgegeben wird.

Beide biologischen Verfahren dienen somit der Entsorgung und Verwertung vornehmlich organischer Abfallstoffe. Eine vorherige Wertstoffauslese aus den Siedlungsabfällen ist nicht erforderlich, um die in ihnen enthaltenen organischen Substanzen in Rotteverfahren, Kompostierungsverfahren oder Vergärungsverfahren stofflich nutzen zu können. Aber auch die bereits an den Anfallstellen von Siedlungsabfällen in der „Grünen Tonne" oder in ähnlichen Sammelgefäßen getrennt gesammelten organischen Anteile können ebenso wie der nach Selektierung von Wertstoffen verbleibende Restmüll mit biologischen Verfahren aufbereitet werden, die zu einer weiteren Volumenreduktion des zu deponierenden Restabfalls führen und damit zur Einsparung von Deponieflächen beitragen.

Folglich verbleiben auch im Anschluß an alle Rotteverfahren, Kompostierungsverfahren oder Vergärungsverfahren zu deponierende Reststoffe, für die entsprechende Deponieflächen vorzuhalten sind.

Zwischen diesen Verfahren gibt es hinsichtlich der hygienischen Effektivität Unterschiede, sie gehören jedoch neben den Verfahren der Deponie und der Verbrennung zu den klassischen Aufbereitungsmethoden für Siedlungsabfälle. Da im Hausmüll etwa 40 Gewichtsprozent organischer Anteil enthalten ist, der wieder in den natürlichen Stoffkreislauf zurückgeführt werden kann, gehören biologische Abfallbehandlungsverfahren zu den ökologisch sinnvollen Aufbereitungsmethoden von Siedlungsabfällen.

Die aerob-mikrobielle, exotherme Verrottung verläuft in mehreren, zeitlich aufeinander folgenden Stufen, bedingt durch die Aktivität der jeweiligen Mikroorganismenpopulation. In der ersten Stufe werden leicht zersetzbare Kohlenhydrate fermentativ aufgeschlossen, wobei die Temperaturen im Rottegut logarithmisch ansteigen und biochemische Prozesse ablaufen, die letztlich zu einer Entseuchung und Desinfektion des Ausgangsmaterials führen (FARKASDI,G., 1966; GLATHE, H., 1962; GLATHE, H. und G. FARKASDI, 1964).

Diese erste Rottestufe ist in hygienischer Hinsicht von besonderer Bedeutung und sollte konsequent bei biologischen Behandlungsverfahren durchgeführt werden.

Da unter Beachtung der Hygieneforderungen alle im Ausgangsmaterial vorhandenen pathogenen Mikroorganismen inaktiviert oder abgetötet werden können, eignet sich die Verrottungsstufe insbesondere zur Entseuchung von Klärschlämmen, die grundsätzlich als potentiell infektiöse Abfallart einer weiteren Aufbereitung bedürfen.

Durch entsprechend gezielte Rotteführung können somit alle Siedlungsabfälle soweit aufbereitet werden, daß in ihnen keine pflanzenpathogenen, veterinärpathogenen und humanpathogenen Mikroorganismen vorhanden sind, so daß die Rotteprodukte als hygienisch einwandfrei bezeichnet werden können (MENKE, G. und F. GROSSMANN, 1971; STRAUCH, D., 1964, 1965; KNOLL, K.H., 1959, 1961, 1970; KNOLL, K.H. und D. STRAUCH, 1970).

Derartige Rotteprodukte der ersten Stufe können aber keinesfalls als Komposte bezeichnet werden. Daher sind noch weitere Rottestufen im Sinne einer Kompostierung erforderlich, bei denen die Humifizierung abläuft, um die organischen Anteile weiter abzubauen und zu humusähnlichen Bodenverbesserungsmitteln umzuwandeln; der weitere Ablauf der Kompostierung richtet sich je nach den Anforderungen der agrarwirtschaftlichen Nutzung dieser Produkte und kann entsprechend durchgeführt werden.

Für einen biogenen Kompostierungsvorgang sind überwiegend organisch zusammengesetzte Siedlungsabfälle geeignet, wie getrennt gesammelte Küchen- und Gartenabfälle (Bioabfälle), alle organischen Anteile im Hausmüll, Abfälle aus kommunalen Park- und Grünanlagen, organische Gewerbeabfälle, insbesondere aus der Lebensmittelindustrie, sowie Klärschlämme. Durch die mögliche Verwertung von Komposten kann es zu einer deutlichen Reduzierung des zu deponierenden Restabfalls kommen, zumal sich der Anteil der kompostierfähigen Inhaltsstoffe im Gesamtabfall auf 50 bis 60 Gewichtsprozent beläuft.

Im Hinblick auf die Rückführung der Kompostierungsprodukte in den Boden, sollten in den zu kompostierenden Abfallarten möglichst keine Schadstoffe enthalten sein, die über eine Bodenanreicherung in den Pflanzenkreislauf gelangen und sich damit gesundheitlich schädlich auch im Futtermittel- oder Nahrungsmittelkreislauf auswirken können.

Die organische Substanz in Siedlungsabfällen besitzt jedoch eine unterschiedliche mikrobielle Abbaufähigkeit für Mikroorganismen. Neben leicht und schwer abbaubarer organischer Substanz, gibt es auch mikrobiell nicht abbaubare Stoffe, bzw. die hierfür geeigneten Mikroorganismen haben sich noch nicht an derartige Stoffe adaptiert oder finden keine Angriffspunkte für fermentative Zersetzungsvorgänge. Kunststoffe und andere hochmolekulare Kohlenwasserstoffe waren bereits in den vergangenen Jahren ein Beispiel für solche Adaptierungsvorgänge von Mikroorganismen derart, daß es nur eine Frage der Zeit ist, daß auch vermeintlich nicht abbaubare Stoffe mikrobiell zersetzt werden; heute können bereits eine ganze Reihe von Kunststoffen durch derartige Spezialisten unter den Mikroorganismen zersetzt und abgebaut werden. Der Einsatz solcher „Schadstoffkiller" bei Tanker-, Öl- oder ähnlichen Chemieunfällen ist ebenfalls ein Beispiel der Anpassung von Mikroorganismen an veränderte Umweltbedingungen.

Als mikrobiell sehr gut abbaubare organische Substanzen kommen unter den Kohlenhydraten der Siedlungsabfälle die Anteile Zucker, Stärke und Hemicellulose infrage, die als energiereiche Substanzen auch für den initialen exothermen Ablauf der Rotte verantwortlich sind. Auch Cellulose ist noch gut mikrobiell abbaubar, während Lignine schwer angreifbar sind und deren Abbau länger dauert. Lipoide sind allgemein gut, wenn auch gegenüber Kohlenhydraten zeitlich verzögert, mikrobiell abbaubar, wie Fette und Öle, durch Erhitzung während der exothermen Phase auch Wachse.

Von den eiweißhaltigen Substanzen müssen die höherwertigen Proteine, Polypeptide u.ä. zunächst mikrobiell-fermentativ aufgespalten werden, während Monopeptide oder sogar Aminosäuren relativ gut abgebaut werden; jedoch unterliegen praktisch alle Proteine, wenn auch mit zeitlicher Verzögerung dem mikrobiellen Abbau; sehr schwer sind Keratine abbaubar.

Für derartige Abbaufunktionen von Mikroorganismen sind aber geeignete Milieubedingungen in physikalischer und chemischer Hinsicht erforderlich. Für die oxidativen Prozesse aerober Mikroorganismen muß ausreichender Luftsauerstoff zur Verfügung stehen, wobei der durchschnittliche, mittlere Bedarf bei 1 g O_2 /g abbaubarer organischer Substanz liegt, während der höchste Sauerstoffverbrauch in der Initialphase der Verrottung mit ansteigenden Temperaturen zu verzeichnen ist.

Die pH-Werte sollten im neutralen, allenfalls im schwach alkalischen Bereich liegen. Der Wassergehalt muß den mikrobiellen Stoffwechselvorgängen angepaßt sein, d.h., er darf weder zu niedrig sein, um einen Konservierungszustand zu erreichen, noch zu hoch, um anaerobe Verhältnisse zu fördern. Um die mikrobielle Aufnahme von Nährstoffen zu fördern, sollte im Ausgangsmaterial ein Wassergehalt von etwa 55% vorliegen.

Von besonderer Bedeutung sind aber die Ernährungsbedingungen für die Mikroorganismen. Um gute Rottebedingungen, auch im Sinne der Hygiene, zu schaffen, muß ein günstiges Kohlenstoff-/Stickstoff- (C/N) Verhältnis vorliegen. Das Ausgangsmaterial für eine oxidativ-mikrobielle Verrottung sollte ein C/N-Verhältnis von etwa 35/1 haben; dieses Mischungsverhältnis wird von den Rotteorganismen als optimal für ihren Vermehrungs- und Zellstoffwechsel ausgenutzt. Da jedoch in den verschiedenen Abfallarten unterschiedliche C/N-Verhältnisse vorliegen, wird es für einen guten Rotteablauf erforderlich, ein optimales Verhältnis einzustellen. Bedingt durch die hohen Stickstoffanteile hat der Klärschlamm ein C/N-Verhältnis von etwa 15, Bioabfälle von etwa 25; das bedeutet, diese Abfallarten allein besitzen nicht die optimalen Voraussetzungen zur Verrottung, sie müßten dafür mit kohlenstoffreichen Anteilen eingestellt werden. Der Kohlenstoffanteil ist beispielsweise bei Papierabfällen erhöht (C/N = 300), bei Holz-Sägespänen und Sägemehl (CN = 500), so daß sich diese Stoffe bei stickstoffreichen Abfällen zur Einstellung eines optimalen C/N-Verhältnisses eignen.

Bei Mischung von nicht aussortiertem Hausmüll mit einwohnergleichen Mengen Klärschlamm kann in der Regel bereits ein gutes C/N-Ausgangsverhältnis eingestellt werden, was auch die Ursache dafür sein dürfte, daß sich derartige Müll-Klärschlammgemische gut verrotten lassen. Durch Klärschlammzugabe kann ebenso für einen feuchtearmen Hausmüll (in der Regel zwischen 20-40% H_2O-Gehalt) der erwünschte Ausgangswassergehalt von etwa 55% eingestellt werden, unter Umständen sind sogar aufwendige Entwässerungsverfahren für den Klärschlamm nicht erforderlich.

Korngröße und Wassergehalt des Rottegutes können ebenfalls dessen Luftporenvolumen beeinflussen, das für günstigen oxidativen Ablauf zwischen 25-35% liegen sollte.

Auf Grund dieser für ein Rotteverfahren erforderlichen Vorgaben kann es notwendig werden, das Ausgangsmaterial soweit zu zerkleinern, daß es in möglichst vielen oberflächenaktiven Partikeln vorliegt, die von den zersetzenden Mikroorganismen gut angegriffen werden können. Hierzu können die im Kapitel Mechanische Abfallzerkleinerung bereits erwähnten Verfahren eingesetzt werden, gegebenenfalls verbunden mit einer Wertstoffauslese von Stoffen, die sowieso nicht abbaubar oder im Kompost verwertbar sind. Andererseits können derartige Stoffe auch als voluminöse Substanzen zur Einstellung eines guten Luftporenvolumens dienen, was insbesondere für stationäre Kompostierungsverfahren, wie Mieten- oder Zellen-Rotte, vorteilhaft werden kann.

Bei offenen Mietenrotteverfahren lassen sich in einer Kompostierungsmiete verschiedene Rottezonen unterscheidem, die für den mikrobiellen Ablauf der Verrottung von Bedeutung sind. Die Randzone einer Miete ist sehr anfällig gegenüber den äußeren Klimabedingungen und somit unterschiedlichen Temperaturen, aber auch verschiedenen Luftfeuchten ausgesetzt. Die hier vorhandenen Mikroorganismenpopulationen sind daher diesen klimatischen Bedingungen angepaßt, wobei mesophile und thermophile Arten nebeneinander vorkommen können. Analog zu den limnologischen Zonen in einem Oberflächengewässer (See) ist es berechtigt, von einem Epimikrobion zu sprechen. Die Sohle einer Rottemiete dagegen unterliegt der Gefahr einer anaeroben Verdichtung, die sich sogar zu sogenannten „nassen Füßen" auswirken, in denen es zu Fäulnis- oder Säuerungsvorgängen kommen kann, was durch entsprechende aktive oder passive Belüftung der Mietensohle zumindest eingeschränkt werden kann. In einem solchen Hypomikrobion laufen aber, wie in der Randzone, keine gesicherten Entseuchungen ab. Diese finden bevorzugt in der aktiven Zone (Metamikrobion) einer Miete statt, in der es auch zu deutlichen Temperaturanstiegen kommt, wobei sogar zentrale Wärmestauzonen auftreten. Die hier tätigen thermophilen Mikroorganismenpopulationen mit Pilzen, Hefen und Aktinomyzeten sind beim vertikalen Anschnitt einer Mitte bereits optisch gut als interner weiß-grauer ringförmiger Bereich über dem gesamten Mietenumfang zu erkennen.

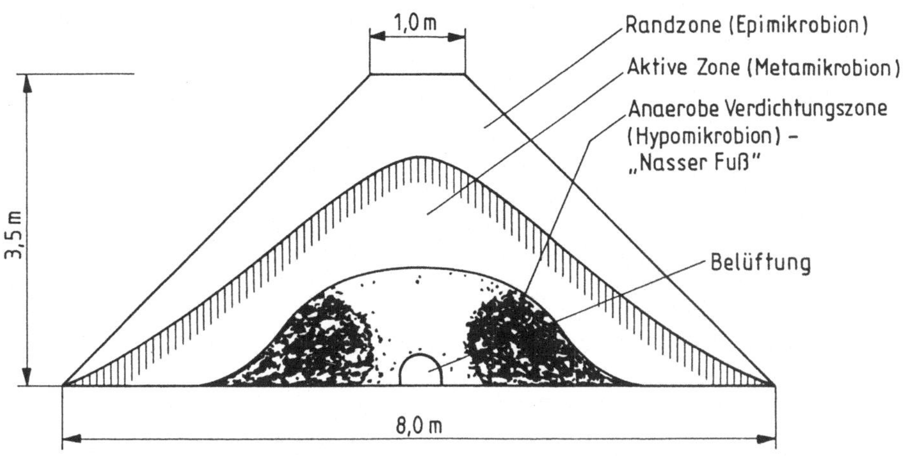

Abb. 7: Rottezonen in einer Kompostierungsmiete von Siedlungsabfällen

Um auch die Randzone und die Verdichtungszone einer gesicherten Entseuchung zuzuführen, werden Umsetzungen der Miete erforderlich, bei denen das Rottegut in die Bereiche der aktiven Zone gelangen sollte.

Da bei oxidativen Rotteverfahren die Luftführung im rottenden Material eine wesentliche Rolle für den Ablauf der mikrobiellen Zersetzung spielt, um überall den Mikroorganismen den jeweils erforderlichen Luftsauerstoff zuzuführen und gleichzeitig die durch den mikrobiellen Zellstoffwechsel entstehenden Zersetzungsgase ableiten zu können, sind Kenntnisse des Gehaltes an Sauerstoff und an Kohlendioxid für die Beurteilung eines Rottevorganges erforderlich. Das Verhältnis von CO_2 zu O_2 als Relation von Rotteabluft zur Rottezuluft gibt als Respirationsquotient RQ Hinweise für die Sauerstoffversorgung des Rottegutes. Dabei deutet ein niedriger RQ-Wert auf eine im oxidativen Bereich ablaufende mikrobielle Verrottung hin.

Bei geschlossenen Rotteverfahren sind deshalb aktive Luftführungssysteme zu empfehlen, welche kohlendioxid-angereicherte Luft aus dem Rottegut entfernen und sauerstoffreiche Luft dem rottenden Material zuführen; auch durch Bewegung des Rottegutes in mobilen Systemen oder in Rottemieten, in Form des Umsetzens der Miete, kann ein solcher Gasaustausch vorgenommen werden.

Die erste Rottestufe des mikrobiellen Abbaues organischer Kohlenstoffe und die Folgestufen der Verrottung und Kompostierung verlaufen unter Mitwirkung verschiedener Populationen und Arten von Mikroorganismen.

Je nach den vorliegenden Temperaturbereichen sind psychrotolerante, mesophile und thermophile Arten beteiligt, wobei aerobe Stäbchenbakterien, Actinomyceten, Hefen und Schimmelpilze, aber auch Algen, qualitativ und quantitativ in Abhängigkeit von der Beschaffenheit und Zusammensetzung des Rottegutes, auftreten können; ebenfalls sind bei der Rotte auch fakultativ anaerobe Bakterien und Protozoen in Aktion.

Organische Substanzen	Organismen	Temperaturverhalten	Temperaturbereiche	Rottestufe
Kohlenhydrate, Polysaccharide	aerobe und anaerobe Organismen-Populationen (Bakterien, Pilze, Protozoen)	psychrophil bis mesophil	>20°C bis etwa 45°C	I
Aminosäuren, Monopeptide	aerobe (Mikro)organismen (exotherme Reaktionen) Aktinomyceten, Bakterten, Pilze	psychrotolerant bis mesophil	>45°C bis etwa 55°C	II
Eiweiße, Fette	aerobe und anaerobe Mikroorganismen (Aktinomyceten, Nocardien, Bakterien, Bazillen)	mesophil bis thermophil	>55°C bis etwa 65°C	III
Lipoide, Kunststoffe	Aktinomyceten, Nocardien, Bazillen	thermotolerante Organismen, chemisch-pysikalischer Abbau	>65°C bis über 85°C	PV

Abb. 8: Mikrobielle Verrottungs-Temperaturzonen

Die Keimzahlen an Mikroorganismen sind ebenfalls je nach Abfallart unterschiedlich, wobei in Müllklärschlammgemischen Werte von 10^8 bis 10^9 KBE/g Substanz möglich sind. In Anbetracht dieser großen Keimmengen wird deutlich, was bei der Abfallzersetzung, insbesondere bei energetisch effektiven Inhaltsstoffen von Abfällen, an Energie freigesetzt werden kann. Da zum mikrobiellen Zellaufbau nur 20-25% der organischen Kohlenstoffe benötigt werden, geht der restliche Anteil in den Zellstoffwechsel der Mikroorganismenzelle, wobei die biochemisch erzeugte Energie als Wärme an das Rottegut abgegeben wird. Analog zu den Vorgängen bei der Selbsterhitzung von Heu kommt es bei der Abfallverrottung zur Erhitzung des Rottegutes.

Für diese exothermen Reaktionen sind insbesondere mesophile Mikroorganismen verantwortlich, die den logarithmischen Temperaturanstieg in der Initialphase verursachen, welcher bereits innerhalb eines Tages Werte von über 45°C erreichen kann.

In der nachfolgenden Rottestufe vermehren sich intensiv thermophile Mikroorganismen, vorwiegend bei Temperaturen zwischen 45-55°C, während die Mesophilen quantitativ abnehmen. Die Thermophilen sind in der Lage, das Rottegut bis über Temperaturen von 75°C zu erhitzen, wobei dann nur noch wenige Keimarten aktiv sein können.

Eine weitergehende Selbsterhitzung des Rottematerials über 70°C ist möglich, wird aber dann vornehmlich durch chemische Oxidationen ausgelöst.

Aus hygienischer Sicht ist aber ein rascher Temperaturanstieg nicht erwünscht. Hierbei kann es lediglich zur Inaktivierung und Abtötung von einigen wenigen pathogenen, thermosensiblen Mikroorganismenarten kommen, während sporenbildende Bakterien durch derartige Temperaturen veranlaßt werden könnten, in die hitzeresistentere Sporenform überzugehen, welche dann eine weitere Rottephase überdauert.

Um aber Sporenbildner ebenfalls während der Verrottung abtöten zu können, wird seitens der Hygiene ein prolongierter Temperaturanstieg empfohlen.

Auch sind hohe Temperaturen bis über 70°C im Hinblick auf eine Komposterzeugung geeignet, die im Ausgangsmaterial enthaltenen, landwirtschaftlich nutzbaren Stickstoffverbindungen auszugasen, wodurch der Nutzwert eines Kompostes als Bodenverbesserungsmittel abnimmt. Von daher werden maximale Rottetemperaturen zwischen 55-65°C angestrebt.

Da aber die Rottephase seitens der Hygiene die Inaktivierung oder Abtötung aller pflanzenpathogenen, veterinärpathogenen und humanpathogenen Organismen sicherstellen soll, kann diese Forderung in derartigen Temperaturbereichen allein von thermischer Seite nicht sichergestellt werden. Das ist auch nicht erforderlich, da es während der Verrottung zu biochemischen Vorgängen kommt, welche zusammen mit den Temperaturen eine Entseuchung des Rottegutes vornehmen können. Hierbei handelt es sich um antibiotisch wirkende Substanzen, die von Rottemikroorganismen produziert werden und damit zur Eliminierung unerwünschter Krankheitskeime beitragen. Als Produzenten dieser Substanzen kommen verschiedene Pilzarten und Actinomyceten infrage.

Das Vorkommen dieser Arten kann bei einer offenen Kompostierung in Mieten bereits optisch gut wahrgenommen werden, indem bei einem vertikalen Anschnitt einer Miete weißlich-graue Hyphengeflechte sich etwa 20-30 cm unter der Oberfläche über den ganzen Mietenkörper erstrecken.

Durch Extraktionsversuche aus diesem Material konnten Substanzen isoliert werden, die als Antibiotika wirken und wie diese im Diffusionstest auf ihre antibiotische Wirkung gegen verschiedene pathogene Mikroorganismen überprüft wurden.

Die hierbei auftretenden Hemmhöfe lassen die gute antibiotische Wirkung erkennen. Die simultane Einwirkung solcher Substanzen zusammen mit subletalen Temperaturen ist in der Lage, auch hitzeresistente Organismen während der Rotte abzutöten.

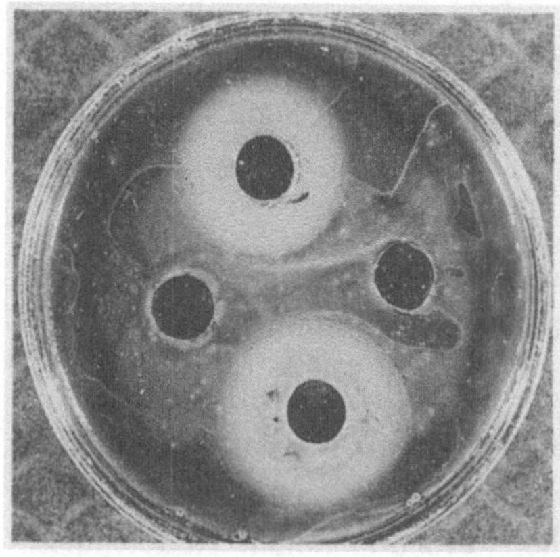

Abb. 9: Antibiotische Effektivität von Kompostextrakten im Diffusionstest
        gegenüber Salmonella paratyphi B

Der als Testkeim für Rotteversuche verwendete hitzeresistente Sporenbildner Bacillus anthracis konnte ebenfalls im Rahmen dieses biologischen Behandlungsverfahrens von Siedlungsabfällen abgetötet werden.

Damit können auch infektiöse Abfälle mittels Kompostierungsverfahren entseucht werden, was auch für die potentiell infektiösen Klärschlammarten zutrifft.

In Tabelle 10 sind einige der von der Arbeitsgemeinschaft Gießener Universitätsinstitute für Abfallwirtschaft experimentell überprüften biologischen Aufbereitungsverfahren zur Entseuchung von Klärschlämmen aufgeführt, soweit diese zu einem hygienisch einwandfreien Produkt führen (FARKASDI, G. et al., 1971; KNOLL, K.H., 1970; KNOLL, K.H. und D. STRAUCH, 1964).

Weitere Verfahren, die den Hygiene-Index erreichen, können aus LAGA-Merkblatt Nr.10 entnommen werden.

Tab. 10: Effektivität biologischer Aufbereitungsverfahren zur Entseuchung von Müll und Klärschlämmen bzw. Müll-Klärschlamm-Gemischen

Verfahren	Material	Wassergehalt in %	maximal erreichte Temperatur	Dauer	Hygiene-Bewertung	Hinweis
Offene Kompostierung						
„Kaltkompostierung" in Flachmieten	Müll-Klärschlamm	55	46°C	5 Monate	nicht einwandfrei	
„Kaltkompostierung" in Mieten	Klärschlamm	60	52°C	6 Monate	nicht einwandfrei	
Mietenkompostierung	Müll	40-60	>55°C	3 Wochen	einwandfrei	*1x Umsetzen*
Mietenkompostierung	Müll-Klärschlamm	40-60	>55°C	3 Wochen	einwandfrei	*1x Umsetzen*
Mietenkompostierung mit Zusatzbelüftung	Müll-Klärschlamm	40-60	>60°C	15-18 Tage	einwandfrei	*2x Umsetzen*
System-Kompostierung *Bewegliche Rottezellen*						
Drehtrommel (z.B. DANO-Verfahren)	Müll	45-55	>60°C	6-7 Tage	einwandfrei	*zusätzl. 4 Tage**
Drehtrommel	Müll-Klärschlamm	ca. 50	>60°C	6-7 Tage	einwandfrei	*zusätzl. 4 Tage**
Rotteturm mit zentraler Drehachse (z.B. Multibacto-Verfahren)	Müll	40-50	>65°C	1-3 Tage	einwandfrei	*zusätzl. 4 Tage**
Rotteturm	Müll-Klärschlamm	45-55	>65°C	1-3 Tge	einwandfrei	*zusätzl. 4 Tage**
Stationäre Rottezellen						
Mit Belüftung und Umsetzung	Müll-Klärschlamm	55-60	>65°C	10-14 Tage	einwandfrei	*zusätzl. 8 Tage**
Sonstige Verfahren						
Kapillartrocknung (z.B. Brikollare-Verfahren)	Müll-Klärschlamm	40-55	ca. 60°C	3 Wochen	einwandfrei	

* = Nachkompostierung (z. B. auf Miete) zur sicheren Abtötung von Sporenbildnern

Da bei Verrottungsverfahren je nach Rottedauer alle pflanzenpathogenen, veterinärpathogenen und humanpathogenen Organismen inaktiviert oder abgetötet werden, wird das gesamte Rottegut hygienisch einwandfrei. Das bedeutet, daß auch die nicht verrottbaren Reststoffe einwandfrei sind und ohne Bedenken der Hygiene weiter verarbeitet oder verwertet werden können. Aus diesem Grunde eignet sich aus hygienischer Sicht eine solche „desinfizierende Rotte" für alle Abfallarten.

Auch die Selektierung bestimmter Abfallinhaltsstoffe durch Wertstoffauslese erst nach einer solchen Rottephase bietet sich an, da für diese Ausleseverfahren nicht die gleichen gesundheitlichen Bedenken bestehen, wie für die Auslese von Rohabfällen.

Nach Entseuchung des Rottegutes und nach eventuell vorgenommener Auslese von Wertstoffen bzw. nicht verrottbarer Substanzen, ist das Produkt noch nicht als klassischer Kompost verwendbar, kann aber bereits deponiert oder zur Abdeckung von Deponieflächen verwendet werden. In der Regel ist nach erfolgter Entseuchung der Rotteprozeß noch nicht beendet, auch wenn die Temperaturentwicklung der thermophilen Phase zum Stillstand gekommen ist und in einer durch Aktivierung und Anreicherung von mesophilen Mikroorganismen bedingten Abkühlungsphase die Temperaturen im Rottegut wieder unter 45°C absinken.

Der Rotteablauf geht also weiter im Sinne der Erzeugung von Komposten, für die je nach agrarwirtschaftlicher Anwendung ein bestimmter Rottegrad gefordert wird. Die biologische Aktivität des Rottegutes ist dann abgeschlossen, wenn keine mikrobiologisch abbaubaren Substanzen mehr vorliegen. Bei Frischkomposten ist dies noch nicht der Fall, doch bei Fertigkomposten und Reifkomposten liegt bereits eine weitgehende Abbaustufe vor.

Der zur jeweiligen Anwendungsform geforderte Rottegrad wird durch Ermittlung der Selbsterwärmung, der Atmungsaktivität und der Pflanzenverträglichkeit des Kompostes bestimmt. Für eine landwirtschaftliche Anwendung ist ebenfalls das C/N-Verhältnis des Rottegutes von Bedeutung; es sollte nach Abschluß einer Kompostierung zwischen 15 bis 20 liegen, was der Nährstoffzusammensetzung von Humus- und guten Kulturböden entspricht. In einem solchen Kompostmaterial sind in der Regel auch Mikroorganismenzahlen zwischen 10^8 und 10^{10} KBE/g an Bodenbakterien enthalten, die zur Bodenverbesserung beitragen wie auch einen Puffer- und Filtereffekt gegenüber Bodenbelastungen aufweisen.

Die verschiedenen Kompostierungsverfahren werden von der Hygiene im Hinblick auf die Abtötung von pathogenen Keimen für Pflanze, Tier und Mensch nach dem hygienisch-mikrobiologischen Güteindex beurteilt, der Rottedauer und Rottetemperatur als Maßstab für jedes einzelne Verfahren festlegt.

Je nach Verfahrensart werden für eine Entseuchung Zeiträume von wenigen Tage bis zu etwa 4 Wochen erforderlich, während die Kompostierung bis über 6 Monate dauern kann. Bezogen auf das Ausgangsmaterial kann die Kompostierung zwischen 30-60% der organischen Substanz reduzieren und bringt auch eine bessere Verdichtungsmöglichkeit des nicht verrottbaren Restmülls, so daß Deponieraum eingespart werden kann.

Die Ausbeute an Fertigkomposten beträgt 35-40%, die Siebreste liegen zwischen 3-5%.

Auch für den Betrieb von Rotte- und Kompostierungsanlagen gelten die Anforderungen des Bundesimmissionsschutzgesetzes im Hinblick auf schädliche Emissionen der einzelnen Verfahren für das Umfeld. Ebenso gelten für derartige Anlagen die Anforderungen der Hygiene, daß ihre Standorte mindestens 500 m außerhalb von Wohngebieten liegen und die erforderlichen geographischen und klimatologischen Bedingungen erfüllen sollten Ebenso müssen die gewerbehygienischen Richtlinien und die Arbeitsstättenrichtlinien zum gesundheitlichen Schutz aller Mitarbeiter beachtet werden.

Grundsätzlich kann davon ausgegangen werden, daß von biologischen Abfallaufbereitungsanlagen im Vergleich zu anderen Abfallbehandlungseinrichtungen weniger Emissionen ausgehen und damit die Beeinträchtigung der Umwelt geringer ist. Wie bei allen Abfallanlagen, tritt auch bei Rotte- und Kompostierungsverfahren Staubentwicklung auf, die aber in Abhängigkeit vom Verfahren lüftungstechnisch reduzierbar ist. Ebenfalls können Geruchsstoffe emittiert werden, die materialabhängig oder verfahrensspezifisch sein können. Ein bereits in saure Gärung übergegangenes Ausgangsmaterial ist meist die Ursache von Geruchsemissionen; ebenfalls können hierdurch die oxidativen Abläufe des Rotteprozesses ungünstig beeinflußt oder zum Erliegen gebracht werden. Aus diesen Gründen gilt für alle zu verrottenden Abfallstoffe die Forderung, daß sie im neutralen bis schwach alkalischen pH-Bereich liegen sollten.

Da der Trend zur sauren Gärung besonders bei Biomüll infolge zu langer Standzeiten im Sammelgefäß vorhanden ist, sollten sich diese hinsichtlich auftretender biochemischer Umsetzungsprodukte den jeweiligen klimatischen Bedingungen anpassen, um nicht Ursache von Geruchsbeeinträchtigungen zu werden.

Auch bei den biogenen Umsetzungen während der Rotte kann es zur Geruchsentwicklung kommen, wobei die Gerüche möglichst vor Ort eliminiert werden sollten; als beste Möglichkeit hat sich ihre biologische Desodorierung über Biofilter ergeben, die in Form von Kompostmaterial auf diesen Anlagen zur Verfügung stehen. Die Geruchsstoffe in einer über ein derartiges Filter geführten Rotteabluft werden adsorptiv zurückgehalten und durch die im Kompost enthaltenen Mikroorganismen abgebaut; die Effektivität eines solchen Biofilters kann fast unbegrenzt erhalten und aktiviert werden, indem günstige Wachstums- und Ernährungsbedingungen für diese „Filterorganismen" vorgehalten werden, wie ausreichender Wasser- (20-40%) und Luftsauerstoffgehalt, optimale Temperaturen und pH-Werte. Die Kontaktzeiten sollten im Mittel 1 Minute und die Filtergeschwindigkeiten 1m/min betragen. Der Einsatz von Kompost-Biofiltern hat sich auch bereits an vielen anderen Stellen zur Desodorierung bewährt, an denen intensive Gerüche emittiert werden und zu eliminieren sind, wie z.B. in Tierkörperbeseitigungsanlagen. Derartige Produkte der Kompostierung können deshalb zu Recht als umweltfreundliches Recyclingmaterial bezeichnet werden.

Im Verlauf biologischer Abfallbehandlungsverfahren können belastete, flüssige Stoffe anfallen, meist in Form chemisch und mikrobiologisch stark kontaminierter Sickerwässer; auch wenn diese im Vergleich zu Deponiesickerwasser mengenmäßig wesentlich geringer sind, dürfen sie nicht in einen Vorfluter eingeleitet, sondern müssen aufbereitet werden. Dies gilt auch für die auf einem Anlagengelände anfallenden und kontaminierten Niederschlagswässer, wie auch Wasch- und Reinigungswässer aus Anlagen. Derart organisch und chemisch belastete Wässer können in einer Nachklärung behandelt oder gegebenenfalls auch in den Rotteprozeß zurückgeführt werden.

Bei den zur biologischen Aufbereitung von Siedlungsabfällen möglichen Rotte- und Kompostierungsverfahren kommen verschiedene Systeme infrage, die je nach Abfallart und Ausgangsmaterial, wie auch nach der Menge der zu behandelnden Abfälle einsetzbar sind. Von einfachen Methoden, wie Verrottung oder Kompostierung in offenen Mieten, bis zu Systemverfahren (Rottetrommeln, Rottetürme u.ä.) gibt es eine Vielzahl von Anlagen, welche die in der Natur ablaufenden Vorgänge der mikrobiellen Zersetzung organischer Substanzen nachvollziehen sollen.

Sie alle lassen sich einteilen in statische und dynamische Verfahren, oder auch in
- Offene Verfahren,
- Geschlossene oder Zellenverfahren,
- Steuerbare oder Systemverfahren.

Alle Abfallarten, welche mikrobiell angreifbar sind, kommen als Ausgangsmaterial infrage, somit auch Klärschlämme. Je nach Verfahren kann eine Vorbehandlung erforderlich werden, um die geforderten Rottevoraussetzungen optimal einzustellen; das kann in Form einer Zerkleinerung von - besonders sperrigen - Abfällen sein, durch Einstellung des geeigneten Ausgangswassergehaltes oder des C/N-Verhältnisses erfolgen, aber auch durch Entwässerungsmaßnahmen (z.B. bei Klärschlamm). Eine Wertstoffauslese als Vorbehandlung des Ausgangsmaterials wird auf Grund der gesundheitlichen Gefährdung des Personals von der Hygiene abgelehnt, ist aber auch nicht erforderlich und kann nach dem Entseuchungsvorgang nachgeholt werden mit dem Vorteil, daß dann auch mikrobiell kontaminierte Wertstoffe entseucht und damit gesundheitlich unbedenklich sind.

Die Vorzerkleinerung des Ausgangsmaterials kann bessere Angriffspunkte für den mikrobiellen Abbau liefern und wird deshalb auch bei statischen und dynamischen Verfahren eingesetzt. Eine zu starke Zerkleinerung birgt jedoch die Gefahr der Verdichtung des Rottegutes, so daß es besonders bei statischen Verfahren zu anaeroben Fäulnis- oder Gärungszonen kommen kann, in denen eine oxidative, exotherme Verrottung nicht mehr möglich ist. Die Korngröße des Rottegutes muß deshalb dem jeweiligen Verfahren angepaßt werden.

Auch wenn sich ein Trend zur Kompostierung von Bioabfällen aus der getrennten Sammlung von Abfallarten abzeichnet, können auch gemischte Abfälle, ohne ihre vorherige Selektierung oder Wertstoffauslese, nach wie vor über Rotteverfahren aufbereitet werden. Zur gemeinsamen Müll-Klärschlamm-Kompostierung eignen sich gemischte Abfälle besonders gut, da der zugesetzte Klärschlammanteil in dem zu trockenen Müll meist den optimalen Ausgangswassergehalt um 55% einstellen kann, sogar oftmals ohne aufwendige Entwässerungsverfahren mit dem Klärschlamm durchführen zu müssen. Auch das gewünschte C/N-Verhältnis von 35:1 im Ausgangsmaterial kann durch Klärschlammzugabe leicht erreicht werden. Andererseits liegt in Bio- oder Grünabfällen kein günstiges C/N-Verhältnis vor, so daß Zuschlagstoffe eingesetzt werden müssen; auch der optimale Wassergehalt muß eingestellt werden.

Ähnliches gilt für Klärschlämme, bei denen vor einer Verrottung der Wassergehalt korrigiert werden muß sowie C-haltige Zuschlagstoffe zur Einstellung erforderlich werden.

Neben der Einstellung des optimalen C/N-Verhältnisses und des Wassergehaltes bei allen Rotteverfahren sind für die Anlaufphase einer mikrobiell-oxidativen, exothermen Zersetzung die Voraussetzungen zu schaffen, daß der gewünschte Effekt der Abtötung von Krankheitserregern im Ausgangsmaterial auch erreicht wird. Da unter den pflanzenpathogenen, tierpathogenen und menschenpathogenen Erregern auch solche Organismen enthalten sein können, die über die Fähigkeit verfügen, thermoresistente und persistente Dauerformen (z.B. Sporen) zu bilden, muß gerade die Initialphase der Rotte darauf eingestellt werden, auch derartige Erreger zu erfassen. In Anbetracht der in der Initialphase einer mikrobiellen Verrottung vorrangig ablaufenden Zersetzung energiereicher kohlenhydrathaltiger, organischer Substanzen kommt es zu einem logarithmischen Anstieg der Temperaturen im Rottegut, die zwar zur Abtötung von Vegetativformen pathogener Mikroorganismen ausreichen, aber sporenbildende Arten zur Ausbildung ihrer Dauerformen veranlassen könnten. Um dies zu verhindern, sollte eine Rotte in der Anlaufphase derart gesteuert werden, daß nicht bereits innerhalb eines Tages Temperaturen von über 70°C erreicht werden. Bei einer Prolongierung der Initialphase könnte errreicht werden, daß auch die im Ausgangsmaterial bereits in Sporenform vorliegenden Mikroorganismen in die Vegetativform „auskeimen" und in dieser Form sicherer abgetötet werden können.

Bei statischen Rotteverfahren ist keine automatische Steuerung der Anlaufphase wie bei dynamischen Verfahren gegeben. Bei diesen mobilen Rotteabläufen kommt es durch ständige Bewegung, Vermischung oder Umsetzung des Rottegutes zu einem langsamen Temperaturanstieg im gesamten Ausgangmaterial.

Sofern dies auch für statische Verfahren erreicht werden soll, sind ebenfalls entsprechende Umsetzungsmaßnahmen erforderlich oder bereits das Ausgangsmaterial muß in seiner Zusammensetzung so eingestellt sein, daß es zu prolongierten Temperaturanstiegen kommt.

Offene statische Verfahren, wie z.B. die Mietenrotte, werden ebenfalls durch Wetterverhältnisse und Klima beeinflußbar derart, daß Außenzonen nur begrenzt von Rotteabläufen tangiert werden.

Randzonen einer Rottemiete müssen deshalb durch Umsetzungsmaßnahmen den mikrobiell-exothermen Rottebedingungen ausgesetzt werden, um auch hier eine Entseuchung sicherzustellen. Nach einer solchen Umsetzung kommt es stets zu einem erneuten Temperaturanstieg in der Miete, vergleichbar mit dem Tyndalleffekt einer fraktionierten Desinfektion.

Für einen guten Rotteablauf ist es ebenfalls erforderlich, daß Wasserstauzonen im Rottegut vermieden werden, die bei statischen Verfahren meist im unteren Bereich des aufgesetzten Rottegutes auftreten können.

Bei Rottemieten spricht man von „nassen Füßen" der Miete, in denen dann keine oxidativen, mikrobiell-exothermen Verrottungsvorgänge ablaufen können, so daß in diesem Material keine sichere Entseuchung stattfinden kann. Umsetzungen tragen ebenfalls dazu bei, daß derartige Zonen vermieden bzw. aufgehoben werden.

Um bei Rottemieten Wasseranstauungen, besonders im Bereich der Mietensohle, zu vermeiden, werden Belüftungen in Form der passiven oder aktiven Mietenbelüftung (evtl.mit Entlüftung) empfohlen. Je nach Breite der Mietensohle werden Drainrohre unterschiedlicher Nennweite eingebaut, die durch eine passive Belüftung des Mietenkörpers von unten Wasserstauzonen weitgehend vermeiden.

Aktive Belüftung des Mietenkörpers erfolgt in der Regel ebenfalls von unten und kann durch Entlüftung des Rottegutes mit Abzug schädlicher Rottegase zu einem verbesserten oxidativen Rotteablauf beitragen.

Anaerobe Mietenzonen, in denen es zu geruchsintensiven Umsetzungsprodukten kommt, werden hierdurch weitgehend vermieden. Um dennoch mögliche Geruchsbelästigungen durch Rottegase zu vermeiden, können biologische Kompostfilter zur Desodorierung der Abluft eingesetzt werden.

Für den Ablauf einer mikrobiellen Verrottung und insbesondere für das Anlaufen und den Beginn einer Rotte sind keine besonderen Starthilfen erforderlich, wie sie von verschiedenen Firmen angeboten werden.

Weder die als „Kompoststarter" bezeichneten Bakteriengemische, wie sie für das Multibacto-Verfahren zum Einsatz kommen sollten, noch andere biologische oder chemische Präparate haben fördernden Einfluß auf die Verrottung von Siedlungsabfällen. Für die mikrobiell ablaufenden Prozesse sind bereits in den Abfällen die erforderlichen Mikroorganismenarten in ausreichender Anzahl enthalten, ebenfalls die für ihre Stoffwechselleistungen erforderlichen chemischen Substanzen. In entsprechenden Kontroll-Untersuchungsreihen mit 10 verschiedenen Startermaterialien konnte bestätigt werden, daß derartige Starterzusätze zur Verrottung von Siedlungsabfällen nicht benötigt werden (GLATHE, H., 1960, 1962; GLATHE, H. und N. ATHANASIU, 1961; FARKASDI, G., 1963, 1965).

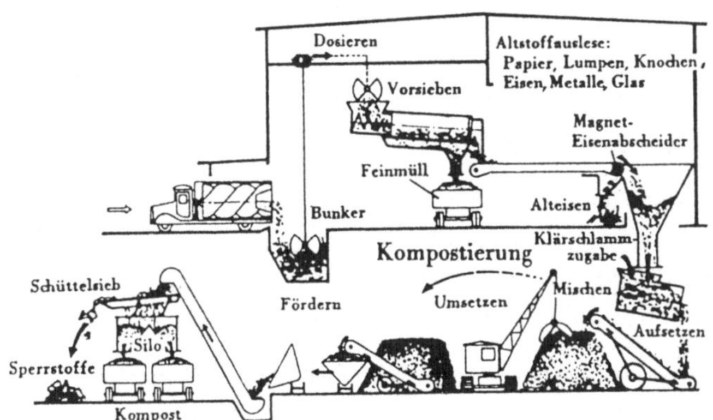

Abb.10 Schema einer Kompostierung im Mieten-Verfahren
           (Modell Baden - Baden)

Sofern die erwähnten Vorgaben für eine offene Mietenrotte berücksichtigt werden, spielt aus Sicht der Hygiene die Größe und Form einer Miete keine entscheidende Rolle. In der Regel werden mit dem Ausgangsmaterial Trapez- oder Tafelmieten angelegt von wenigen Metern Höhe bis zu 15-20m hohen Halden, wie sie beispielsweise im Kompostwerk Wijster (Holland) betrieben werden. Bei Nachrotteverfahren für vorgerottetes Ausgangsmaterial sind die Mietenhöhen meist geringer.

Zur biochemischen Inaktivierung oder Abtötung im Ausgangsmaterial enthaltener potentiell infektiöser Mikroorganismen sollen die ersten Phasen der Rotte dienen, um möglichst schnell ein entseuchtes Rottegut zu erzeugen, von dem keine gesundheitlichen Gefahren ausgehen können. Nach Untersuchungen von Rotteverfahren auf offenen Mieten kann dies bei unsortiertem Hausmüll, organischen Abfällen oder Müll-Klärschlamm-Gemischen innerhalb einer Rottezeit von 3 Wochen der Fall sein, sofern die Miete mindestens dreimal umgesetzt wird.

Unterschiedliche Außentemperaturen im Winter- und Sommerhalbjahr wirken sich nur unwesentlich auf den Entseuchungseffekt aus. Dagegen kann es bei erhöhten Niederschlägen vorteilhaft sein, die Mieten vor starken Feuchtigkeitseinflüssen zu schützen; Abdeckungen sollten aber die während der Rotte ablaufenden Gasdiffusionen zwischen dem Rottekörper und der Außenluft nicht behindern. In der Regel werden Vegetativformen pathogener Keime bereits in der Initialphase der Rotte abgetötet, während Sporenbilder erst nach den Umsetzungsvorgängen nicht mehr aktiv sind und deshalb auch nicht wieder isoliert werden konnten.

Im Rahmen der Hygieneüberprüfung verschiedener Verfahren und Anlagen zur Abfallkompostierung in offenen Mieten wurden als humanhygienisch relevante Testkeime vorwiegend pathogene Darmbakterien aus der Salmonella-Gruppe eingesetzt, die auch regelmäßig in Klärschlämmen enthalten sind.

Neben veterinärhygienisch interessanten Salmonellenarten kamen weitere Tierseuchenerreger als Testmodelle zum Einsatz, darunter auch der persistente und temperaturresistente Milzbranderreger Bacillus anthracis.

Von Seiten der Phytohygiene wurden pflanzenpathogene Erreger als Testkeime eingesetzt, die vorwiegend im organischen Hausmüll enthalten sind und als Pflanzenschädlinge bei einer landwirtschaftlichen Verwertung der Kompostierungsprodukte auftreten können (GROSSMANN, F. und G. MENKE, 1964) .

Die Auswahl der in den Hygieneuntersuchungen eingesetzten Testorganismen erfolgte somit nicht nur nach humanhygienischen, veterinärhygienischen und phytohygienischen Gesichtspunkten, sondern war auch nach Vorkommen und dem Resistenzverhalten der Modellkeime repräsentativ derart, daß mit ihrer Inaktivierung und Abtötung die Aussage getroffen werden konnte, daß durch die Rottevorgänge auch alle sonstigen, in den Abfällen möglicherweise enthaltenen pathogenen Mikroorganismen abgetötet wurden.

Alle diese Testkeime konnten bei Verfahren zur offenen Mietenkompostierung von Siedlungsabfällen innerhalb von drei Wochen Rottezeit mit dreimaligem Umsetzen der Miete mit Sicherheit abgetötet werden, darunter auch der resistente Bacillus anthracis (STRAUCH, D., 1965).

Zur Nachrotte von in Rottezellen oder dynamischen Verfahren vorgerotteter Siedlungsabfälle, bei denen es nicht zur sicheren Abtötung von Bacillus anthracis gekommen ist, genügen in der Regel zur sicheren Abtötung auch dieses Keimes weitere 8 Tage Mietenaufenthalt des vorgerotteten Materials.

Die mikrobiell-oxidative, exotherme Rotte wird durch mesophile aerobe Bakterien, Strahlenpilze (Actinomyceten), Schimmelpilze und Sproßpilze (Hefen) eingeleitet, wobei je nach Ausgangsmaterial Keimzahlen von 10^8 bis 10^{10} KBE je Gramm vorliegen können.

Innerhalb eines Tages kommt es durch die energetischen Stoffwechselleistungen dieser Mikroorganismen zu einem logarithmischen Temperaturanstieg, bei dem im Rottegut Temperaturen von über 50°C erreicht werden. Im Hinblick auf die Abtötung sporenbildender Bakterien wäre jedoch ein auf derartige Temperaturen verzögerter Temperaturanstieg innerhalb von etwa drei Tagen zu empfehlen.

Nach Abschluß dieser mesophilen Rottephase nehmen die Keimarten und Keimzahlen wieder ab, um durch thermophile Mikroorganismen ersetzt zu werden, die sich ihrerseits am intensivsten bei Temperaturen zwischen 40°C und 55°C vermehren, aber bis zu einer Temperatur von etwa 75°C noch aktiv bleiben. Einige Mikroorganismenarten, wie Actinomyceten, sind auch noch bei höheren Temperaturen aktiv. Generell nehmen aber die Keimzahlen mit höheren Temperaturen im Rottegut wieder ab. Nach dem Umsetzen einer Rottemiete erfolgt jedoch ein nochmaliger Ablauf dieser Mikroorganismenpopulationen, indem mesophile Arten zunächst wieder einen logarithmisch verlaufenden Temperaturanstieg verursachen und nachfolgende thermophile Populationen die Temperaturen im Rottekörper weiter ansteigen lassen.

Innerhalb der Miete treten während der mikrobiell-exothermen Abbauvorgänge verschiedene Temperaturzonen auf derart, daß die Temperaturen von der Mietensohle durch den Mietenkörper nach oben zunehmen und im oberen Drittel der Miete die höchsten Werte erreichen, mit Ausnahme einer Randzone von etwa 15-25cm Dicke, in der die Temperaturen weitgehend von den Außenwerten beeinflußt sind. Im oberen Mietendrittel bilden sich regelrechte Wärmestauungszonen aus, wodurch hier auch das deutliche Auftreten thermophiler Mikroorganismen bedingt sein dürfte. Vor allem treten Strahlenpilze und Schimmelpilze auf, die bereits optisch in dieser Wärmestauungszone als weißlich-graue Schicht unterhalb der Randzone zu erkennen sind. Gerade diese Pilzarten sind bevorzugt zur Produktion antibiotisch wirkender Stoffwechselprodukte gegen Bakterien befähigt (s. Abb. 8 und 9).

Das jeweilige Umsetzen von Rottemieten verursacht, bedingt durch den damit verbundenen Luftsauerstoffeintritt, neue exotherme Vorgänge mit einem fraktionierten Desinfektionseffekt auf vorhandene pathogene Mikroorganismen.

Dieser thermische Effekt wird verstärkt durch die Ausbildung der antibiotisch wirkenden Stoffwechselprodukte von Strahlen- und Schimmelpilzen, unter denen neben Penicillium- und Streptomyces-Arten eine ganze Reihe weiterer bekannter Antibiotikabildner vertreten sind, von Actinomyceten, aber auch von Bakterien, welche ebenfalls antibiotisch wirkende Stoffe bilden können. Durch Extraktionsmethoden konnten diese Stoffe isoliert und mittels mikrobiologischer Hemmtestversuchen gegen pathogene Mikroorganismen im Ausgangsmaterial Antibiogramme erstellt werden.

Bevorzugt kamen als Testkeime Salmonellenarten zur Anwendung, die aus Abfallmaterialien - insbesondere aus kommunalen Klärschlämmen - isoliert worden waren, darunter Salmonella typhi, Salmonella enteritidis, Salmonella paratyphi B, Salmonella cairo u.a. Im Diffusionslochtestverfahren zeigten die gewonnenen Extrakte deutlich erkennbare Hemmhöfe, in denen kein Wachstum der Testkeime stattfand. Damit konnte ein Abtötungseffekt durch antibiotische Stoffwechselprodukte bestätigt werden.

Der bei einem oxidativen, mikrobiell-exothermen Verrottungsprozeß stattfindende Entseuchungsverlauf wird also durch eine mikrobielle Simultanwirkung letaler Mietentemperaturen und biochemischer Substanzen bedingt, welche sich bevorzugt auf rottefremde Mikroorganismen - und insbesondere auf pathogene Keime - bezieht. Nur durch diese gleichzeitigen Einwirkungen wird es möglich, daß auch thermoresistente Mikroorganismen inaktiviert und abgetötet werden, wie Milzbrandbazillen, die durch die Einwirkung der Rottetemperaturen allein nicht mit Sicherheit abgetötet werden könnten.

Ebenfalls konnte durch veterinärhygienische Untersuchungsreihen an verschiedenen Systemen von Mietenrotten nachgewiesen werden, daß alle als Testkeime eingesetzten veterinärpathogenen Seuchenerreger durch dieses Verfahren abgetötet werden können (STRAUCH, D., 1972).

Auch wenn zur Inaktivierung und Abtötung resistenter Formen zusätzliche Hygienekautelen, wie Dauer der Rotte und mehrmaliges Umsetzen der Miete, gefordert werden müssen, konnte die Abtötung der resistenten Milzbrandbazillen innerhalb einer Rottezeit von drei Wochen erfolgen, wenn bis zu drei Umsetzungen des Mietenkörpers stattfanden. Werden bei vorhergehender Zellen- oder Systemvorrotte resistente Mikroorganismen nicht mit Sicherheit abgetötet, ist eine Nachrotte erforderlich, wobei im offenen Mietenverfahren Bacillus anthracis innerhalb von 8 Tagen Rottezeit abgetötet wird.

Mit einem derartigen Entseuchungseffekt wird somit auch ein potentiell infektiöses Ausgangsmaterial hygienisch einwandfrei und ist für Haustiere und Wildtiere nicht mehr infektiös. Das ist auch der Grund dafür, daß entseuchte Siedlungsabfälle in Form von Kompostmaterial mit gutem Erfolg als Einstreu in Tierställen zur Anwendung kommt.

Parasiten und ihre Dauerformen (z.B. Wurmeier) überleben die Entseuchungsphase der Verrottung nicht und werden dabei inaktiviert (BORNKESSEL, J., 1960).

Bei den phytohygienischen Überprüfungen von Rotteverfahren in Mieten wurden Testorganismen eingesetzt, die als Pflanzenschädlinge für Kulturpflanzen sowie für Garten-, Land- und Forstwirtschaft von Bedeutung sind. Da phytopathogene Viren hierbei eine wesentliche Rolle spielen, kamen hauptsächlich Viren zum Einsatz.

Obwohl es sich bei diesen Arten teilweise um persistente und resistente Spezies handelte, waren innerhalb von drei Wochen Rottezeit mit Umsetzen der Miete alle Viren inaktiviert. Aus der Sicht der Phytohygiene werden zur Entseuchung von potentiell pflanzeninfektiösen Abfällen sogar keine drei Wochen Rottezeit erforderlich, da es bereits innerhalb der ersten 14 Tage zur Inaktivierung und Abtötung von Pflanzenschädlingen kommt. Lediglich zur Sicherheit werden auch von der Phytohygiene drei Wochen Mietenrotte mit zweimaligem Umsetzen des Rottegutes gefordert (MENKE, G. und F. GROSSMANN, 1971).

Die Bedeutung eines phytohygienischen Entseuchungseffektes muß besonders im Hinblick auf eine gärtnerische oder sonstige land- oder forstwirtschaftliche Verwertung des Rotte- bzw. Kompostierungsproduktes hervorgehoben werden. In allen Haushaltsabfällen, auch in den organischen Abfällen einer Biotonne oder Grünen Tonne, muß mit verschiedenen Krankheitserregern für Pflanzen gerechnet werden. Werden sie durch ein Aufbereitungsverfahren nicht inaktiviert oder abgetötet, können Kulturböden - vielleicht sogar irreversibel - infiziert werden und Pflanzenkrankheiten sich epidemieartig ausbreiten. Da aber bei den Verfahren der Kompostierung von Siedlungsabfällen der Einsatz des kompostierten Abfallmaterials als Bodenverbesserungsmittel im Vordergrund steht, muß seitens der Phytohygiene das Freisein von Pflanzenschädlingen zwingend gefordert werden. Die Ergebnisse der phytohygienischen Prüfungen von Mietenrotten konnten bestätigen, daß diese Forderung mit diesem Verfahren erfüllt werden kann. In einem über mikrobiell-oxidative, exotherme Verrottungsphasen erzeugten Kompostmaterial sind keine pflanzenpathogenen Erreger enthalten, so daß bei dessen Einsatz im Garten- und Obstbau, im Weinbau, in der Landwirtschaft und in der Forstwirtschaft keine abfallbedingten, mikrobiellen Pflanzeninfektionen auftreten können.

Neben der Entseuchung ist für die bodenwirtschaftliche Verwertung von Komposten in unterschiedlichen Pflanzenkulturen aber auch der Rottegrad des Materials von Bedeutung. Nach der eigentlichen Entseuchungsphase liegt zwar ein aus humanhygienischer, veterinärhygienischer und phytohygienischer Sicht einwandfreies Material vor, es hat jedoch in der Regel noch keine Kompostqualität und muß deshalb für die jeweils vorgesehene Verwendung als Bodenverbesserungsmittel weiter kompostiert und aufbereitet werden.

Eine Aufbereitung des entseuchten Rottematerials, das aus unsortierten Siedlungsabfällen gewonnen wurde, kann die Wertstoffauslese und Sichtung der nicht verrottbaren Anteile sein; da dieser Restmüll nunmehr ebenfalls hygienisch einwandfrei ist, stellen seine weitere Behandlung, Verwertung oder Deponie keine Infektionsprobleme dar. Da auch bei selektierten organischen Abfällen unverrottbare Anteile vorhanden sein können, wird gegebenenfalls auch bei Rottegut aus diesem Ausgangsmaterial eine Aufbereitung erforderlich, um die Qualität des Kompostes zu verbessern.

Zur Einstellung des gewünschten Rottegrades, für den das C/N-Verhältnis als Maßstab gilt, werden weitere Kompostierungsphasen erforderlich. Bei Frischkomposten liegt das C/N-Verhältnis im Bereich 25-30:1; sie besitzen hohe Anteile an organischer Substanz und sind, hierdurch bedingt, mikrobiell weiter abbaufähig, aber infolge ihrer möglichen Pflanzenwurzelschädigung nicht für Kulturpflanzenanbau geeignet. Hierfür werden weitere Kompostierungsphasen erforderlich, um das C/N-Verhältnis einzuengen; bis zur Gewinnung eines Reifkompostes, der auch bei empfindlichen Pflanzenkulturen eingesetzt werden kann, muß der Rottegrad ein wesentlich kleineres C/N-Verhältnis aufweisen. Derartige Fertigkomposte sollten ein C/N-Verhältnis um 15:1 haben. Unterschiedlich geforderte Korngrößen von Kompostmaterial können durch Siebverfahren eingestellt werden.

Um die Qualität von Komposten hinsichtlich ihrer Verwendung als Bodenverbesserungsmittel bestimmen zu können, wurden in bodenkundlichen Pilotversuchen Testmodelle entwickelt, aus denen sich einfache als Stichproben anzuwendende Testverfahren ergaben. Der Anteil an aktiver organischer Substanz im Kompost wird mittels Biochemischem Sauerstoffbedarf (BSB) ermittelt, welcher die noch vorhandene Atmungsaktivität des Materials anzeigt (NIESE, G., 1970). Ebenfalls kann die noch mögliche Selbsterhitzung des Materials einen Hinweis auf den Rottegrad eines Kompostes geben; in einem in Dewargefäßen durchführbaren Selbsterhitzungsversuch ist dies innerhalb von zwei Tagen feststellbar (NIESE, G., 1969).

Inwieweit ein Kompost pflanzenverträglich ist bzw. Wurzelschäden verursacht, kann mit dem Kressetest festgestellt werden. Zusammen mit dem Tomatentest, der als Kriterium für den Hygienegüteindex dient, lassen sich somit Entseuchung, Rotte- bzw. Reifegrad eines Kompostes bestimmen. Die Reifezeit eines Rottematerials vom Frischkompost bis zum Fertigkompost kann, je nach Ablauf der Rotte mehrere Monate dauern. Vorgaben für die Beschaffenheit von Kompost enthält das LAGA-Merkblatt M 10 der Länderarbeitsgemeinschaft Abfall, in dem Komposte nach Rottegrad I-V eingeteilt werden.

Für die Freisetzung pflanzenverfügbarer Nährstoffe aus den organischen Kompostanteilen sind humifizierende Mikroorganismen verantwortlich.

Die Abfolge der während eines Rotteprozesses beteiligten Mikroorganismenpopulationen läßt deutliche Veränderungen in der Zusammensetzung erkennen derart, daß mit fortlaufender Rottedauer humifizierende Arten in den Vordergrund treten, so daß bei den Kompostierungsphasen Bodenbakterien der Humusflora überwiegen, die schließlich in einem Reifkompost den Hauptanteil der Mikoorganismenflora darstellen. Exotherme Rotteprozesse, wie sie durch die Mikroorganismenzusammensetzung des Ausgangsmaterials ausgelöst wurden, finden in einem humusähnlichen Bodenverbesserungsmittel nicht mehr statt.

Eine mikrobiell initiierte Selbsterhitzung von Komposten mit hohen Rottegraden ist also nicht mehr möglich; auf diesen Komposteigenschaften basiert der Selbsterhitzungsversuch von Komposten zur Bestimmung ihres Rottegrades.

Kommt es während der Tätigkeit der verschiedenen Rottepopulationen zu deutlichen Schwankungen in der Gesamtanzahl der Mikroorganismen, so stabilisieren sich diese Zahlen mit steigender Tendenz im weiteren Rotteablauf und bleiben in der Kompostierungsphase auf hohem Niveau im Bereich von 10^8 bis 10^{10} KBE je Gramm Material, so daß damit die Keimzahlen von Humusschichten guter landwirtschaftlicher Nutzböden erreicht werden. Da die verschiedenen Mikroorganismenarten in Humusböden nicht nur verantwortlich sind, die in Düngerstoffen enthaltenen Nährsubstanzen pflanzenverfügbar zu machen, sondern auch die Aufgabe übernehmen, auf Böden aufgebrachte Schadstoffe zu neutralisieren oder zu unschädlichen Substanzen umzuwandeln, kommt derartigen Mikroorganismen nicht nur eine besondere agrarwirtschaftliche, sondern auch eine umweltfreundliche Bedeutung zu.

Auch unter diesem Hintergrund stellt die Verrottung und Kompostierung von Siedlungsabfällen zur Schaffung von Komposten, die als Bodenverbesserungsmittel eingesetzt werden und den durch Intensivbewirtschaftung von Kulturböden bedingten Humusschwund ersetzen können, eine ökologische und umweltfreundliche Methode der Abfallbewirtschaftung dar. Darüber hinaus kann dieses Aufbereitungsverfahren von Siedlungsabfällen zur Rückführung organischer Substanzen in den Naturkreislauf im Sinne der Kreislaufwirtschaftsgesetzgebung als *das* biologische Recycling bezeichnet werden, weil es dabei zu einer sinnvollen Verwertung eines wesentlichen Anteils von Siedlungsabfällen kommen kann.

Dies waren auch die grundlegenden Überlegungen, bei der Selektion von Wertstoffen aus Siedlungsabfällen im Rahmen des Dualen Systems Deutschland die Recycling-Maßnahme „Grüne Tonne" oder „Biotonne" einzuführen, um die in Hausmüll, Gartenabfällen und ähnlichem Abfallmaterial enthaltenen organischen Anteile getrennt einzusammeln, um sie über ein Verrottungsverfahren oder eine Kompostierungsanlage der biologischen Wiederverwertung zuführen zu können. Im Hinblick auf diesen beabsichtigten mikrobiellen Rotteeffekt dürfen aber bereits bei dieser getrennten Einsammlung keine Stoffe zugegeben werden, welche sich hemmend auf die Verrottung auswirken. Da Cellulose - wenn zwar verzögert - ebenfalls mikrobiell abbaubar ist, stören Papierreste in der Biotonne nicht; durch lageförmige Abdeckung mit Zeitungspapier - wie es stellenweise empfohlen wird - wird jedoch die Verrottung durch die Druckerschwärze gestört.

Insgesamt gesehen ist die Verrottung bzw. Kompostierung von Siedlungsabfällen auf offenen Mieten also ein natürliches, biologisches Verfahren und zu vergleichen mit ähnlichen biologischen Selbstreinigungsprozessen in der Natur, bei denen es ebenfalls zu Entseuchungseffekten kommt.

Die biologische Selbstreinigung unserer Gewässer durch eine aufeinander abge-
stimmte Organismenpopulation führt dazu, daß mit Abwässern eingeleitete organische Schadstoffe abgebaut und mineralisiert werden. Durch ein intaktes, aktives
Ökosystem im Gewässer können dabei auch pathogene Mikroorganismen inaktiviert und abgetötet werden. Verwesung und Humifizierung organischer Substanzen in Richtung der Mineralisation, wie sie schon seit den Anfängen unserer Erde
als mikrobielle Zersetzungs- und Aufbereitungsvorgänge in der natürlichen Landschaft stattfinden, beruhen auf dem gleichen Prinzip einer biologischen Selbstreinigung.

Bei geschlossenen Rotteverfahren in Zellen laufen prinzipiell die gleichen Vorgänge ab. Der Rotteablauf jedoch ist in Rottezellen weitgehend unbeeinflußt von
Außenklimadaten und Niederschlägen, von Schadtier- und Vektorenbefall und
kann in abgeschirmter Zelle unter Hygienekautelen stattfinden. Durch steuerbare
Rotteführung sind Temperaturen und Gashaushalt im Rottegut beeinflußbar, so
daß zonale Unterschiede und ungünstige Rottebedingungen vermieden werden
können. Die Zellenrotte läuft als statisches Verfahren, bei dem es in der Regel
nicht zu einer Bewegung oder Umsetzung des Rottegutes kommt. Auch wenn der
Effekt einer Umsetzung bei der Mietenrotte teilweise durch die Rottesteuerung
ersetzbar ist, kann bei einigen Modellen des Rottezellenverfahrens durch Austragung des Zellenmaterials und seine Einbringung in eine neue Zelle die Umsetzung
bei einer offenen Miete kopiert werden, oder aber das Zellenmaterial wird nach
entsprechender Aufenthaltszeit in der Zelle auf offenen Mieten nachverrottet.

Ein solches Vorgehen wird aus Sicherheitsgründen zur Inaktivierung und Abtötung resistenter Keime, z.B. von Milzbrandbazillen, empfohlen für alles vorgerottete Rottegut, in dem noch keine Vollentseuchung des Ausgangsmaterials stattgefunden hat.

In statischen Rottezellen mit gesteuerter Rotteführung können Vegetativformen
pathogener Mikroorganismen aus potentiell infektiösen Abfällen schon innerhalb
von 14 Tagen Zellenaufenthalt abgetötet werden, für resistente Formen ist dann
eine Mietennachrotte von 8 Tagen erforderlich.

Als Variante des Zellenrotteverfahrens wurde kürzlich in Form einer Modellanla-
ge eine Methode vorgestellt, mit der Hausmüll in stationären Rottezellen innerhalb von 14 Tagen verrottet und dann soweit entfeuchtet wird, daß in dem ausge-
tragenen Rottegut keine mikrobiellen Abbauvorgänge stattfinden können.

Das als „Trockenstabilat" bezeichnete Material wird dann von Wertstoffen und
Schadstoffen getrennt, der als Stabilat verbleibende vorgerottete und trockene
Restanteil kann granuliert oder in Ballen gepreßt in „Energetischen Verbren-
nungsanlagen" verbrannt, deponiert oder als Frischkompost aufbereitet werden.

Inwieweit sich dieses Verfahren, das als Konservierungsmethode bezeichnet werden könnte, als Alternative zu bisherigen Abfallaufbereitungsmethoden entwickeln kann, müssen die Ergebnisse großtechnischer Anlagen zeigen. Von Seiten der Hygiene kann zumindest die Forderung zur vorrangigen Entseuchung eines potentiell infektiösen Ausgangsmaterials während der Zellenrotte erfüllt werden.

Eine weitere Alternative zu stationären Rotteverfahren stellt die Pressung von Siedlungsabfällen ohne oder mit vorheriger Abfallzerkleinerung dar. Bei dem „Brikollareverfahren" wird das Abfallmaterial unter hohen Drücken zu Platten von etwa 1m x 1m gepreßt. Bereits bei diesem Vorgang verliert der Preßling einen großen Teil seines Ausgangswassergehaltes, mikrobielle Vorgänge können jedoch noch ablaufen; das anfallende Preßwasser muß als potentiell infektiös angesehen und aufbereitet werden, was am besten durch Rückführung in eine Abwasserreinigung (Kläranlage) möglich ist.

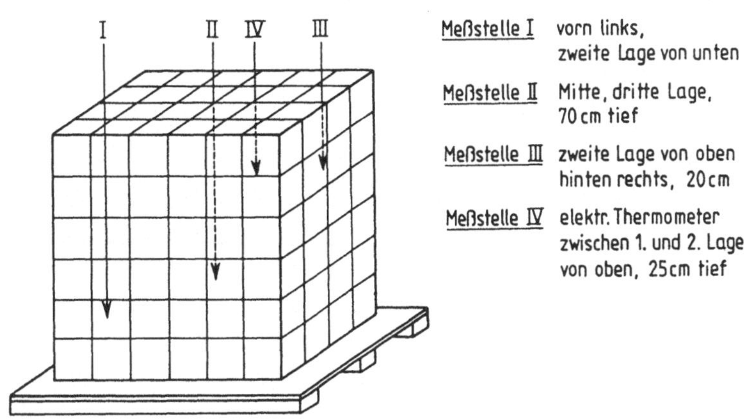

Abb. 11: Aufbau eines Brikollare-Stapels

Die gepreßten Platten werden auf Paletten bis zu einer Höhe von 2-3m aufeinander gestapelt und in Hallen, Erdstollen oder ähnlichen Einrichtungen gelagert. Bei dieser bis zu zwei Monaten dauernden Lagerung kommt es zu einem mikrobiell-exothermen Rotteablauf, welcher mit einem sehr hohen Wasserverlust verbunden ist. Dieser Effekt beruht auf besonderen physikalischen Gesetzen und wurde von Caspari als Kapillartrocknung bezeichnet (CASPARI, F. und H. Meyer, 1964). In den Platten können auf diese Weise Wassergehalte unter 10% erreicht werden, wobei keine mikrobiellen Stoffwechsel- und Vermehrungsvorgänge mehr möglich sind. Das Plattenmaterial befindet sich somit in einem konservierten Zustand, und verhält sich physikalisch hydrophob. Trotzdem ist es aber nicht völlig stabil, indem mikrobielle Prozesse wieder in Gang gesetzt werden können. Hierzu muß aber der Preßling zunächst zerkleinert werden, um bei der anschließenden Befeuchtung wieder Wasser aufnehmen zu können. Dieses Material kann einer erneuten Rotte mit nachfolgenden Kompostierungsphasen unterzogen werden.

Auch bei dem Brikollareverfahren kommt es in den Stapeln innerhalb von zwei bis drei Wochen bei Temperaturen des Rottegutes über 55°C zu einer Entseuchung des Ausgangsmaterials, mit Erfassung des resistenten Milzbrandbazillus.

Selbst wenn sich die trockenen Preßlinge auf Grund ihres günstigen Heizwertes zur energetischen Nutzung in Verbrennungsanlagen eignen, sollte ihre biologische Verwertung im Vordergrund stehen, vor allem wenn es sich um ein Abfallausgangsmaterial mit hohen Anteilen an organischer Substanz und keinen oder zu vernachlässigenden Schadstoffen gehandelt hat.

Aus der Erkenntnis, daß aus Gründen der Hygiene bei statischen Verfahren zur Entseuchung von Randzonen Umsetzungen erforderlich werden, entwickelten sich dynamische Verfahren, bei denen es durch Bewegung zu einer ständigen Durchmischung des Rottegutes mit Belüftungseffekten kommt. Die mikrobielloxidativen Abbauprozeße können hierdurch gefördert und das exotherme Geschehen im Rottegut weitgehend gesteuert werden. Dabei handelt es sich um geschlossene Anlagen, die ebenfalls seitens der Hygiene Vorteile haben, indem der Entseuchungsprozeß während der initialen Rottephase weitgehend vom Umfeld abgeschirmt ablaufen kann.

Bei den als „Bioreaktoren" arbeitenden Anlagen handelt es sich um Rottetürme, die meist mit zerkleinertem Abfallmaterial von oben beschickt und am Reaktorboden nach Ablauf der Rottezeit entleert werden. Diese Reaktoren können auch lüftungstechnisch versorgt werden und sind in der Arbeitsweise vergleichbar mit den statischen Rottezellen, da durch den kontinuierlichen Bodenaustrag zwar eine gewisse Durchmischung des Reaktorinhaltes stattfinden kann, diese aber bei den meist kurzfristigen Aufenthaltszeiten des Materials im Reaktor nicht zur Entseuchung des gesamten Reaktorinhaltes ausreicht. Damit wird eine Nachrotte - als Mietenrotte durchgeführt - erforderlich, um die bei der abgelaufenen Vorrotte nicht erfaßten resistenten pathogenen Keime ebenfalls abtöten zu können.

Da Bioreaktoren vielfach zur Verrottung von Klärschlämmen eingesetzt werden, die regelmäßig mit pathogenen Keimen kontaminiert sind, ist auf optimalen Rotteablauf in dem Rotteturm zu achten. Das muß bereits bei der Einstellung des C/N-Verhältnisses beginnen. Da im Klärschlamm überhöhte Stickstoffanteile vorliegen, werden C-haltige Zuschlagstoffe erforderlich; ebenfalls muß auf rottegünstige Wassergehalte um 55% geachtet und ein möglichst ausgeglichener Gashaushalt des Rottegutes eingestellt werden, um Rottetemperaturen um 60°C zu erreichen. Dennoch kommt es bei derartigen Reaktoren mit Materialaufenthaltszeiten von etwa einer Woche nicht zur Abtötung resistenter Milzbrandbazillen, die erst durch eine weitere Nachrotte auf Miete abgetötet werden können. Zur Optimierung des Rottegrades zum Zwecke der Komposterzeugung werden auch bei diesem Verfahren verlängerte Rotte- bzw. Kompostierungsphasen erforderlich.

Das „Multibacto"-Verfahren verarbeitet in einem Etagenrotteturm mit zentraler Drehachse Siedlungsabfälle und Müll-Klärschlammgemische. Das auf die oberste Etage aufgebrachte Ausgangsmaterial wird durch kontinuierliche Bewegung der mit pflugscharartigen Schaufel-Räumern ausgestatteten Drehachse von Etage zu Etage befördert; es unterliegt damit einem Zerkleinerungseffekt sowie einer ständigen Durchmischung und Belüftung und kann - je nach Geschwindigkeit der Drehbewegungen - nach eintägigem bis mehrtägigem Rotteturmaufenthalt ausgetragen werden. Bei kürzeren Zeiten im Multibactoturm bedarf das vorgerottete Material einer Mietennachrotte, um resistente Mikroorganismen ebenfalls abzutöten. Vegetativformen pathogener Testkeime waren bei diesem Rotteverfahren in unsortiertem Hausmüll und in Müll-Klärschlammgemischen bereits nach 48 Stunden Turmdurchgang nicht mehr zu reisolieren; Milzbrandbazillen konnten durch eine Woche Mietennachrotte mit Sicherheit abgetötet werden.

Abb. 12: Etagenrotteturm („Multibacto"-Verfahren) in Betrieb

Damit besteht bei einem dynamischen Rotteverfahren im Etagenturm nach dem Prinzip Multibacto die Möglichkeit, die Entseuchungszeit gegenüber statischen Verfahren in der Vorrotte wesentlich abzukürzen. Da ein Durchgang durch den Rotteturm vom System her steuerbar ist, wird von Seiten der Hygiene empfohlen, den Aufenthalt im Multibactoturm zeitlich bis zur humanhygienischen Entseuchung auszudehnen; ein derart entseuchtes Material kann dann - vor einer weiteren Aufbereitung durch Kompostierung - einer Wertstoff- oder Schadstoffauslese unterzogen werden, die ohne Hygienebedenken vorgenommen werden kann, zumal auch das Auslesegut hygienisch unbedenklich ist.

Bei diesem Verrottungsverfahren wurde von den Initiatoren der Einsatz von „Kompost-Startern" empfohlen, indem ein Mikroorganismengemisch verschiedener Keimarten dem Ausgangsmaterial zugegeben werden sollte, was dieser Methode auch den Namen „Multibacto" gegeben hatte.

Aber weder dieser mikrobielle Kompoststarter noch andere für die Verrottung von Siedlungsabfällen entwickelte Präparate konnten bei entsprechenden Kontrollen den Beweis einer verbesserten Rotte erbringen. Die für die Initialphase der Rotte und den weiteren mikrobiellen Rotteablauf erforderlichen Mikroorganismen sind qualitativ und quantitativ ausreichend bereits in Siedlungsabfällen enthalten (FARKASDI, G., 1963).

Ein weiteres dynamisches Rotteverfahren kann in rotierenden Trommeln durchgeführt werden. In solchen Rottetrommeln können neben unsortiertem Hausmüll alle Abfallarten einschließlich Müll-Klärschlammgemischen einer mikrobiell-exothermen Aufbereitung unterzogen werden.

Auch bei diesen Verfahren kann die Entseuchungsphase während der Vorrotte in einer geschlossenen Anlage erfolgen, so daß auch bei der Verarbeitung infektiöser Abfälle keine arbeitshygienischen und umwelthygienischen Infektionsprobleme bestehen.

Je nach Anlagensystem und Beschaffenheit der Rohabfälle kann eine Vorzerkleinerung vorgenommen werden. Sie ist aber nicht immer erforderlich, da infolge der rotierenden Trommelbewegung eine mechanische Zerkleinerung und Durchmischung des Rottegutes erfolgt. Die Trommeln unterscheiden sich in Länge und Durchmesser, wie auch durch Einbauten, Be- und Entlüftungssysteme des Trommelraumes; ebenfalls können mit der Anlage verschiedene Auslese- und Sortiersysteme oder Desodorierverfahren verbunden sein.

Die meist in geringer Schräglage montierten Trommeln werden am höher liegenden Ende mit dem Abfallmaterial beschickt, das entsprechend den Drehbewegungen und den vorhandenen Einbauten durch die Trommel transportiert wird, wobei der Gashaushalt des Rottegutes durch entsprechende Luftführung gesteuert werden kann.

Auf diese Weise lassen sich die Rottetemperaturen der mesophilen und thermophilen Phasen derart beeinflussen, daß die logarithmische Initialphase des Temperaturanstiegs prolongiert wird und auch keine zu hohen Temperaturen erreicht werden, welche zu hohen Stickstoffverlusten führen würden und die mikrobielle Rottetätigkeit zum Erliegen bringen könnten.

Somit läßt sich die Rottephase zur Entseuchung von potentiell infektiösen Siedlungsabfällen in Rottetrommeln durch die dort gegebenen Überwachungs- und Steuerungsmöglichkeiten am besten realisieren.

Ebenfalls kann der Trommeldrehrhythmus kontinuierlich oder diskontinuierlich vorgenommen werden, so daß Aufenthaltszeiten von einem Tag bis zu zwei Wochen möglich sind.

Entsprechend der Vorrottezeit in der Trommel wird das ausgetragene Rottegut einer nochmaligen Mietennachrotte unterzogen oder in weiteren Kompostierungsphasen zu Komposten in den gewünschten Reifegraden verarbeitet.

In einigen Anlagen wird die Trommelabluft über Bio-Kompostfilter geführt, was zu einem deutlichen Desodorierungseffekt führen kann. In der Regel ist bei einer achttägigen Aufenthaltszeit des rotierenden Abfallmaterials in einer rotierenden Rottetrommel mit aktiver Belüftung eine humanhygienische Entseuchung des Rottegutes sichergestellt.

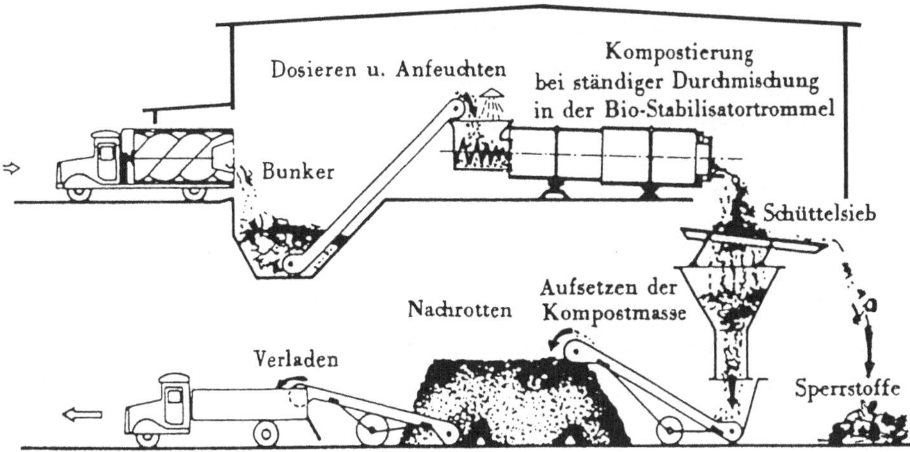

Abb. 13: Schema der Kompostierung von Abfällen mittels dynamischem Rotteverfahren in einer Drehtrommel (System DANO)

Die am besten überprüften Systeme sind die Dano-Trommel und das Bühler-Rheinstahl-Verfahren, bei denen auch in ausgedehnten Hygieneversuchsreihen der Hygienegüteindex festgelegt werden konnte. Sofern die Rottetemperaturen über eine Woche im Bereich von 60°C bis 65°C gehalten werden können, sind alle Vegetativformen pathogener Mikroorganismen mit Sicherheit inaktiviert oder abgetötet. Jedoch konnte schon bei Trommelbetriebszeiten von vier Tagen ein solcher Entseuchungseffekt festgestellt werden, so daß der aufgestellte Hygienegüteindex noch einen Sicherheitsfaktor enthält.

Zur Abtötung resistenter Milzbrandbazillen wird eine Woche Mietennachrotte gefordert.

Abb. 14: Rottetrommel (Verfahren Bühler-Rheinstahl) in Betrieb

Mit allen biologischen Abfallaufbereitungsverfahren kann die organische Substanz in Siedlungsabfällen, eine Hauptfraktion mit einem Anteil bis zu 60 Volumenprozent in unsortiertem Hausmüll und noch höheren Anteilen in selektiertem Biomüll, über verschiedene Rottestufen zu Komposten verarbeitet werden, die als Bodenverbesserungsmittel in verschiedenen agrarwirtschaftlichen Kulturen einsetzbar sind.

In hygienischer Hinsicht können derartige Rotteverfahren zur Entseuchung potentiell infektiösen Ausgangsmaterials eingesetzt werden. Nicht verrottbare Anteile, sofern sie nicht über die Wertstoffauslese eliminiert wurden, können ohne Hygienebedenken deponiert werden, da auch sie durch einen Entseuchungseffekt keine infektiösen Mikroorganismen enthalten.

Infolge der mikrobiellen Rottevorgänge wird die Verdichtung solcher Reststoffe verbessert, so daß für sie auch eine wesentlich geringere Deponiefläche zur Ablagerung erforderlich wird.

Für die biologische Verwertung von Komposten ist aber nicht nur deren Freiheit von Krankheitserregern für Mensch, Tier und Pflanze von Bedeutung, sondern auch der Gehalt an chemischen Schadstoffen oder Substanzen, die zu einer unerwünschten Anreicherung in Kulturböden führen könnten. Im Hausmüll und in Abwasserklärschlämmen sind derartige Stoffe enthalten, unter denen Schwermetallen eine besondere Umweltbedeutung beigemessen wird.

Da ihre quantitative Eliminierung, auch im Sinne des Dualen Systems, nicht möglich ist und selbst in selektiertem Biomüll mit Schadstoffen gerechnet werden muß, wurden für diese Grenzwerte zur landwirtschaftlichen Anwendung festgelegt. Sie sollen die Anreicherung von Metallen und Giftstoffen in Agrarnutzflächen verhindern.

Dabei muß allerdings berücksichtigt werden, ob und inwieweit derartige Substanzen überhaupt pflanzenverfügbar sind und über den Pflanzenkreislauf in pflanzliche oder tierische Nahrungsmittel übertragen werden können. Im Boden finden chelatisierende Vorgänge statt, wobei auch Metalle über eine Chelatbildung fixiert werden können und damit nicht mehr verfügbar sind. Bereits während des Rotteablaufes sind Chelatbildungen möglich.

Neben der Berücksichtigung des Nahrungsmittelkreislaufes, dessen Endglied der Mensch darstellt, sind aber auch Eluierungsmöglichkeiten derartiger Stoffe zu beachten. Bei den Niederschlägen kommen hierfür besonders die Anteile an „saurem Regen" infrage, die im wesentlichen für die Eluierung verantwortlich zu machen sind. Ob hierdurch auch stabilisierte oder fixierte Substanzen, Chelate u.ä. eluierbar werden, bedarf noch weiterer Untersuchungen.

Bei wissenschaftlichen Forschungsarbeiten zur mikrobiellen Verrottung von Siedlungsabfällen konnte festgestellt werden, ausgelöst durch den besseren Verdichtungseffekt vorgerotteten Restmülls, daß auch vermeintlich nicht durch Mikroorganismen verrottbare Substanzen mikrobiell angreifbar sind. Bei Kunststoffen und hochpolymeren Substanzen kommt es vermutlich durch innere Crackung des Moleküls zu mikrobiellen Angriffspunkten, so daß eine - wenn auch zeitlich verzögerte - mikrobielle Zersetzung stattfinden kann.

Erste Anzeichen dafür sind bereits optisch bei vorgerottetem, kunststoffhaltigem Restmüll an der veränderten Struktur der Kunststoffartikel erkennbar und werden auch in Anbetracht ihres besseren Deponieverdichtungseffektes bestätigt.
Die hierfür verantwortlichen Mikroorganismen müssen sich zunächst an derartige Stoffe adaptieren, bevor diese im mikrobiellen Zellstoffwechsel verarbeitet werden können. Bereits heute ist bekannt, daß ein Großteil von Kunststoffen mikrobiell zersetzbar ist. Bei Modellversuchen zur Behandlung von selektierten Kunststoffabfällen, die über den „Gelben Sack" getrennt erfaßt werden, kam es in nach oben offenen Rottezellen zu mikrobiellen Zersetzungen, die sich durch eine Selbsterwärmung des Rottegutes kenntlich machten. Wenn auch nicht die hohen Rottetemperaturen der mikrobiell-exothermen Zersetzung anderer organischer Abfallsubstanzen erreicht wurden, konnte auch in Rottezellen mit aus Hausmüll selektierten Kunstoffanteilen eine Teilentseuchung in Form der Abtötung zumindest einzelner in das Material eingelegter pathogener Testkeime festgestellt werden. Auch dieses vorgerottete Kunststoffmaterial zeichnete sich durch einen verbesserten Verdichtungseffekt für eine nachgeordnete Deponierung aus.

Im Hinblick auf mögliche mikrobielle Stoffwechselleistungen, wie z.B. die autochthoner Eisen- oder Schwefelbakterien, können weitere Zersetzungs- und Abbauvorgänge an anderen, bisher als nicht verrottbar bezeichneten Abfallinhaltsstoffen vermutet werden.

Auf diesem Sektor liegt noch ein breites Forschungspotential vor, das sowohl im Hinblick auf Nachsorgemaßnahmen, Aufbereitung von Altlasten, aber auch zur weiteren Verbesserung der bisher betriebenen Abfallaufbereitungsverfahren wesentliche Beiträge liefern könnte, um die Abfallwirtschaft der Zukunft zu optimieren.

In den gesetzlichen Grundlagen sind dafür die Weichen gestellt, indem die Vermeidung von Abfällen Priorität besitzt und als Hygieneforderung die Entseuchung aller Siedlungsabfälle und ihre Freihaltung von Gift- und Schadstoffen vorrangig ist mit dem Ziel, diese Forderung möglichst schon an der Anfallstelle der Abfälle zu realisieren.

Der präventive Charakter der Gesetzgebung wird ebenfalls mit dem Kreislaufwirtschaftsgesetz in umwelthygienischer Hinsicht unterstrichen, mit dessen gezielter Umsetzung gleichzeitig dem irreversiblen Verlust von Ressourcen dieser Erde vorgebeugt werden kann.

Dieser Recyclinggedanke wird durch die Verwendung von Produkten der Abfallaufbereitung ebenfalls verwirklicht. Es muß lediglich sichergestellt sein, daß durch diese Produkte keine gesundheitlichen Gefährdungen ausgelöst und keine Umweltschäden verursacht werden können.

So wie bei Verbrennungsanlagen die Gewinnung von Energie oder die Verwertung der Schlacken zu Straßenbelägen möglich ist, können bei Kompostierungsanlagen Komposte in die Landwirtschaft zurückgeführt, zu biologischen Kompostfiltern verarbeitet, aber auch zu Produkten verarbeitet werden, die vor allem in der Bauwirtschaft zum Einsatz kommen können. Bedingt durch die besondere Faserstruktur von Komposten besitzen daraus hergestellte Platten und Bauteile ideale Dämmeigenschaften und weitere günstige bauphysikalische Eigenschaften, die auch ein derartiges Materialrecycling möglich erscheinen lassen.

Gerade durch Schaffung neuer Einsatzmöglichkeiten von Produkten der Abfallaufbereitung könnte ein weiterer Beitrag zur Lösung der Abfallproblematik geleistet werden. Hierzu werden aber noch gezielte interdisziplinäre Forschungsarbeiten notwendig.

10.4.2 Biogasverfahren

Neben oxidativ arbeitenden biologischen Abfallyaufbereitungsanlagen sind auch anaerobe Verfahren zum Abbau der organischen Substanz möglich. Dabei können Abfallstoffe in Biogasanlagen behandelt werden, die eine ähnliche Funktion wie die anaeroben Faulverfahren für Klärschlämme haben. Durch mikrobielle Zersetzung organischer Stoffe unter Luftabschluß entsteht als gasförmiges Endprodukt Methan.

Durch fermentativen Abbau hochmolekularer Kohlenhydrate, Fette und Eiweiße mittels Hydrolyse in niedermolekulare Verbindungen, sowie deren weiterer Zersetzung in organische Säuren und niedere Alkohole, finden Methanbakterien ihr geeignetes Milieu, um durch Methangärung als Endprodukt der anaeroben Aufbereitung von Abfallstoffen Methan zu erzeugen. Wie bei der anaeroben Klärschlammfaulung treten verschiedene Populationen von Methanbakterien auf, welche unterschiedliche Temperaturoptima besitzen, in denen die beste Methangasausbeute erfolgt. Dies führte bei Faulverfahren von Klärschlämmen zu beheizten Faultürmen, die bei Temperaturen zwischen 30-35°C eine optimale Methangasproduktion aufweisen. Bei den Biogasverfahren finden sich ebenfalls unterschiedliche Temperaturbereiche für bestimmte Arten von Methanbakterien, welche hier ihr Temperaturoptimum haben, das dann auch zu einer erhöhten Gasproduktion führt. Für Biogasverfahren zur biologischen Behandlung fester Abfallstoffe werden in der Regel Temperaturen für mesophile Mikroorganismen zwischen 30-50°C bevorzugt, bei denen die beste Gasausbeute zu erwarten ist.
Auch für diese anaeroben Verfahren sind bestimmte Verfahrensparameter erforderlich. Für die Anlaufphase werden pH-Werte im schwach sauren Bereich bevorzugt. Der erforderliche Ausgangswassergehalt ist abhängig von dem Verfahren, das als Trockenvergärung oder Naßvergärung durchgeführt werden kann.

Da bereits die Anlaufphase der anaeroben Vergärung sehr langsam beginnt, die nachfolgenden Mikroorganismenpopulationen und besonders die Methanbakterien sich erst an das Milieu adaptieren müssen, sind lange Verweilzeiten in einer Biogasanlage vorprogrammiert.
In hygienischer Hinsicht können aber auch die längsten Vergärungszeiten keine einwandfreie Entseuchung des Ausgangsmaterials sicherstellen.

Auch bei anaeroben Gärungsverfahren treten Geruchsstoffe auf, zumal alle biochemischen Vorgänge im sauren Bereich stattfinden und geruchsintensive organische Säuren gebildet werden. Da diese Verfahren aber in geschlossenen Zellen durchgeführt werden, können während des Vergärungsprozesses keine oder nur geringe Gerüche emittiert werden. Diese können durch Absauganlagen erfaßt und sollten desodoriert werden, was aber bei der Austragung des Materials nur schwer möglich ist.

Da in der Regel die anaerobe Vergärung in einem geschlossenen Reaktor nicht
zum restlosen Abbau der organischen Substanz geführt hat, sind Reststoffe von
Biogasanlagen nicht inert und biochemisch weiter abbaubar; dieser weitere Abbau ist anaerob im Hinblick auf die anaerob vorprogrammierte Mikroorganismenpopulation am einfachsten durchführbar, kann aber nach einer gewissen Adaptati-
onsphase für aerobe Mikroorganismen auch oxidativ vorgenommen werden.

Hierbei sind jedoch mikrobielle, oxidativ-exotherme Abbauprozesse, wie bei der
Kompostierung, nicht mehr möglich, so daß derartige Nachrotteverfahren ebenfalls nicht zu einer hygienischen Aufbereitung im Sinne einer Entseuchung führen.

Bei den Betriebsabläufen der Anlagen fallen auch mit organischen Verbindungen
und Salzen kontaminierte Abwässer an, die mit kommunalen Abwässern vergleichbar sind und deshalb auch über eine Kläranlage entsorgt werden können.

Somit stellen anaerobe biologische Abfallaufbereitungsverfahren als verwertbares
Produkt nur Biogas her, dessen Erzeugung aus umwelthygienischen Gesichtspunkten nur dann gerechtfertigt ist, wenn es als Energiequelle genutzt werden
kann, wozu allerdings seine weitere Aufbereitung erforderlich wird.

Da alle bisher erprobten weiteren Aufbereitungsverfahren der verbleibenden festen Reststoffe, wie verlängerte anaerobe Vergärung oder aerobe Rotte, nicht zu
einem hygienisch einwandfreien Material führen, ist auch seine Deponierung auf
üblichen Deponien nicht durchführbar, so daß es in der Regel einer Verbrennung
zugeführt werden muß.

10.5 Chemische und Physikalische Abfallaufbereitung

Die in der Regel für Sonderabfälle, meist noch im Versuchsstadium, eingesetzten
Verfahren der Destillation, Verdampfung und Emulsionsspaltung, lassen gewisse
Recyclingmaßnahmen in Form von gewinnbarer Energie oder verwertbarer Stoffe
zu, sind in hygienischer Hinsicht aber nicht effektiv, um Abfälle in einwandfreie
Produkte umwandeln zu können.

Dies gilt auch für Neutralisations- und Entgiftungsverfahren, bei denen chemische
Schadstoffe oder toxikologisch bedenkliche Substanzen in inerte, umweltfreundli-
che Verbindungen überführt werden sollen, gegebenenfalls verbunden mit der
Rückführung von Wertstoffen in bestimmte industrielle Kreisläufe.

Auch bei diesen Verfahren der Sonderabfallbehandlung können noch nicht alle
Anforderungen der Hygiene hinsichtlich Verfahrenssicherheit und Umweltschutz
erfüllt werden.

11 Nachsorgemaßnahmen

Wesentliche Nachsorgemaßnahmen in der Abfallwirtschaft, die auch nachdrücklich von der Hygiene gefordert werden, stellen die sogenannten Altlasten dar.

Es sind vorwiegend wilde Müllkippen und ungeordnete Deponien von Siedlungsabfällen, aber auch von Gewerbe- und Industrieabfällen, die als „tickende Zeitbomben" einer Sanierung bedürfen. Neben der umwelthygienischen Absicherung dieser Ablagerungsflächen können auch sekundäre Aufbereitungsmaßnahmen infrage kommen.

Die Problematik „Altlasten" ist in Anbetracht der Vielgestaltigkeit der Ablagerungen und der Verschiedenartigkeit der Abfallarten sehr umfangreich. Mit der im Jahre 1997 erfolgten Buch-Veröffentlichung „Rückbau von Siedlungsabfalldeponien" (vgl. BRAMMER, F. et al. in „Teubner-Reihe Umwelt") werden Möglichkeiten zur technischen Durchführung derartiger Sanierungsmaßnahmen abgehandelt. Nach wie vor sind aber gesundheitliche und umwelthygienische Probleme noch offen. Sie sind jedoch derart differenziert, daß mit ihrer Abhandlung die vorliegende Thematik „Hygiene bei der Entsorgung von Siedlungsabfällen" gesprengt würde. Aus diesen Gründen muß deren Bearbeitung einer eigenen Publikation vorbehalten bleiben. Das bedeutet aber keineswegs, daß die Hygieneprobleme von Altlasten zu vernachlässigen wären. Aus eigener Konfrontation mit einer Reihe derartiger Probleme muß auf die Dringlichkeit von Problemlösungen hingewiesen werden.

Weitere Maßnahmen zur Nachsorge der im Rahmen der modernen Abfallgesetzgebung bei Einsammlung, Transport und Entsorgung von Siedlungsabfällen, in den Behandlungs- und Aufbereitungsverfahren Deponie, Verbrennung und Kompostierung durchgeführten Methoden, wie auch der dabei hergestellten Produkte, besitzen ebenfalls Hygienerelevanz.

Teilweise wurde in den Kapiteln zur Durchführung der Verfahren bereits auf solche Maßnahmen hingewiesen, so daß im vorliegenden abschließenden Kapitel die Nachsorge zusammenfassend abgehandelt werden soll.

Grundsätzlich gilt für alle Entsorgungsmaßnahmen und alle Behandlungsverfahren, daß sie dem jeweiligen Stand der Technik und den neusten Erkenntnissen der Wissenschaft anzupassen sind.

Ebenfalls müssen alle Einrichtungen und Anlagen überwacht und die Verfahren durch regelmäßige Kontrolluntersuchungen in ihrer Effektivität überprüft werden.

Entsprechend sind auch die Umweltschutzmaßnahmen zu verbessern.

Ebenso ist in Zusammenarbeit zwischen den Körperschaften des öffentlichen Rechts die Ausweisung neuer Nutzungs- oder Bebauungspläne für Wohn- oder Gewerbebetriebe so vorzunehmen, daß bestehende dezentrale oder regionale Behandlungsanlagen für Abfälle in ausreichender Entfernung dieser neuen Baugebiete liegen, so daß hygienerelevante Beeinträchtigungen nicht zu besorgen sind.

Die arbeitsmedizinische Überwachung der Müllwerker und die gewerbehygienische Kontrolle aller Entsorgungseinrichtungen und Behandlungsanlagen obliegt dem Öffentlichen Gesundheitsdienst im Rahmen der ihm gemäß den Durchführungsvorschriften zum Gesetz über die Vereinheitlichung des Gesundheitswesens oder entsprechender Nachfolgegesetze übertragenen Aufgaben. Hierzu hat das jeweils zuständige Gesundheitsamt die erforderlichen Maßnahmen in regelmäßigen Abständen durchzuführen, wie auch den persönlichen gesundheitlichen Schutz der Müllwerker zu überprüfen (Vorhandensein von Schutzkleidung, Sanitäreinrichtungen) und sicherzustellen (evtl. Impfung).

Das Gesundheitsamt muß bei der Planung und Errichtung von Abfallbehandlungsanlagen eingeschaltet werden und hat die Aufgabe, alle zum gesundheitlichen Schutz der Müllwerker notwendigen Einrichtungen und Schutzmaßnahmen zu fordern.

Zu den sanitärtechnischen Einrichtungen jeder Anlage gehören WC, Duschen und Waschgelegenheiten, die auch für alle im Transportdienst eingesetzten Müllwerker vorhanden sein müssen. Obwohl Müllwerker im allgemeinen einen guten Gesundheitszustand und offensichtlich eine intakte Immunabwehr besitzen, können Schutzimpfungen angezeigt sein, z.B. in besonderen Epidemiezeiten oder zur Vorsorge gegen Virus-Grippe (Influenza). Im übrigen ist die vom Arbeitgeber zu stellende notwendige Schutzkleidung bei allen Verrichtungen zu tragen und regelmäßig zu wechseln.

Während das Gesundheitsamt auch die gewerbehygienische Aufsichtspflicht der Entsorgungs- und Behandlungsanlagen besitzt und von daher auch hygienische Kontrolluntersuchungen anordnen oder durchführen kann, werden überwachende Maßnahmen mit Effektivitätskontrollen in der Regel von Umweltämtern durchgeführt oder angeordnet. Dies betrifft neben Nachsorgemaßnahmen bei geordneten Abfalldeponien ebenfalls die Überwachung, Kontrolle und Untersuchung von Behandlungsanlagen.

Bei Verbrennungsanlagen sind in regelmäßigen Abständen und bei Bedarf (z.B. Filterwechsel) lufthygienische Analysen durchzuführen sowie Aschen und Schlacken auf Eluierfähigkeit von Schadstoffen zu untersuchen.

Deponien für Verbrennungsrückstände sind wie Abfall- oder Restmülldeponien zu überwachen und zu kontrollieren.

Bei Verrottungs- und Kompostierungsanlagen sollte regelmäßig die Einhaltung der Verfahrensparameter und die Entseuchungseffektivität an Hand des Hygienegüteindex überprüft werden. Nach dem Bundesimmissionsschutzgesetz sind ebenfalls lufthygienische Kontrolluntersuchungen der Anlagen unter Betriebsbedingungen erforderlich. Eingesetzte Luftfilter- oder Desodorierungsanlagen sind auf Wirksamkeit zu überprüfen.

Ablagerungsflächen von Rottegut müssen auf Schutzvorrichtungen gegen Versickerung kontaminierten Sickerwassers und dessen einwandfreie Entsorgung kontrolliert werden.

Als Nachsorge in Betrieb befindlicher biologischer Abfallbehandlungsanlagen kommt der Vorsorge und Überwachung gegen Schädlingsbefall besondere Bedeutung zu. Das können Präventivmaßnahmen gegen Befall sein, was bereits durch gezielte Rotteführung zu erreichen ist, oder auch Bekämpfungsaktionen. In jedem Bedarfsfalle sind solche Aktionen großflächig als tatsächliche Vernichtung und nicht als Vertreibung durchzuführen. Sie kommen hauptsächlich infrage gegen Insekten, Nagetiere und Vögel. Dabei eingesetzte Verfahren und chemische Präparate müssen von der Gesundheitsbehörde zugelassen sein und dürfen sich nicht hemmend auf mikrobielle Rottevorgänge auswirken. Da für derartige Schädlingsbekämpfungsaktionen entsprechende Fachkenntnisse und Erfahrungen erforderlich sind, sollten diese Maßnahmen nicht in Eigenregie, sondern nur durch anerkannte und zugelassene Schädlingsbekämpfungsfirmen durchgeführt werden. In der Regel bieten derartige Firmen auch geeignete Überwachungsarbeiten zur präventiven Verhütung von Schädlingsbefall an.

Neben einer Betriebsnachsorge von Rotteanlagen sind auch die Produkte zu überwachen.

Bei Herstellung von Komposten sind die Einstellung des jeweils geforderten Rottegrades gemäß den LAGA-Richtlinien zu überprüfen sowie Schadstoffkontrollen vorzunehmen. Ebenfalls sollten im Kompostmaterial stichprobenweise Hygienekontrollen, insbesondere auf Freisein pathogener Keime für Mensch, Tier und Pflanze erfolgen.

Geordnete Deponien bedürfen sowohl während der Betriebsphase als auch nach abgeschlossener Deponie hinsichtlich der Nachsorge der ständigen und langfristigen Überwachung. Eine Sicherung des Deponiegeländes wird durch ausreichende Einzäunung erreicht, so daß es für Unbefugte nicht direkt zugänglich ist. Deponien fallen ebenfalls unter die Überwachungspflicht des Bundesimmissionsschutzgesetzes und sind deshalb regelmäßig lufthygienisch auf Emissionen zu überprüfen. Die Ablagerungsflächen sind gegen Papierflug und Tierbefall (vor allem gegen Vögel) durch Abdeckungen der Deponieoberfläche und der seitlichen Ränder zu sichern.

Sofern Rottegase über Entlüftungseinrichtungen abgeführt werden, ist deren schadlose Entsorgung zu überwachen.

Die für die Sammlung und Ableitung von Sickerwasser vorhandenen Drainagen und Sammelsysteme sind auf Betriebssicherheit zu kontrollieren, die effektive Aufbereitung des Sickerwassers durch Analysen festzustellen und seine ordnungsgemäße Entsorgung zu überwachen. Im Unterstrom von Deponien sind in der Betriebsphase und nach Beendigung oder Rekultivierung einer Deponie Kontrollen vorzunehmen, ob die Abdichtung der Deponie zum Untergrund noch intakt ist und die Drainagen noch quantitativ entwässern; diese Kontrollen können zweckmäßig durch Anlegen einer oder mehrerer Kontrollbohrungen im Unterstrom der Deponie vorgenommen werden.

Ebenfalls sollten bodenkundliche Kontrollen auf Setzungs- und Verwerfungsvorgänge im Deponiekörper erfolgen, da hierdurch sowohl negative Auswirkungen auf die lüftungstechnischen Anlagen wie auch auf die Abdichtungen und das Drainsystem der Deponie auftreten können. Im Hinblick auf den Stabilisierungszustand eines Deponiekörpers können auch Prüfungen der mikrobiellen Aktivität, wie ein Selbsterhitzungsversuch im Dewar-Gefäß, vorgenommen werden; die Ergebnisse können wertvolle Hinweise für die Art der Rekultivierungsmaßnahme sein.

Nach Abschluß der Betriebsphase müssen die Nachsorgemaßnahmen hinsichtlich der Auswahl des endgültigen Abdeckmaterials, seiner Mächtigkeit auf dem Deponiekörper und an den Seitenrändern, der Pionierbepflanzung und der endgültigen Kultivierung ergänzt werden. Dabei ist auch die mögliche Verwendung von Rottegut oder Komposten mit einem der vorgesehenen Bepflanzung entsprechenden Reifegrad zu überprüfen. Nach der Bepflanzung werden pflanzenphysiologische Kontrollen erforderlich, ob für die Pionierpflanzen gute Wachstumsbedingungen vorliegen sowie ob das Abdeckmaterial wurzelverträglich für die Erstbepflanzung und die Folgekulturen ist. Schließlich ist auch durch Pflanzmodelle der endgültig vorgesehenen Kulturen festzustellen, ob es bei tiefwurzelnden Gehölzen durch Deponiekörpereinwirkung (z.B. Schadgase) zum Wurzelabsterben und damit zur Vernichtung derartiger Baumkulturen kommen kann.

12 Abfallwirtschaft der Zukunft

Durch die Abfallgesetzgebung und durch einschlägige Hygienegesetze ist der Weg der Abfallwirtschaft in die Zukunft vorgezeichnet.

Auch zukünftig steht die Vermeidung von Abfällen als grundlegende Forderung im Vordergrund, nach dem Slogan: Der beste Abfall ist der, welcher überhaupt nicht entsteht!

Auch wenn der Gesamtabfall bereits in den letzten Jahren rückläufig tendierte, sind weitere Reduzierungen erforderlich. Das betrifft insbesondere das Verpakkungsmaterial, mit dem unter angeblichen Hygieneanforderungen in den letzten Jahrzehnten geradezu ein Fetischismuskult getrieben wurde. Nicht nur Lebens- und Genußmittel wurden zwei- bis dreifach verpackt an den Verbraucher geliefert, sondern auch Bedarfsgegenstände erhielten neben ihrer Verpackung beim Hersteller dann noch Transportverpackungen. Im Trend der Wegwerfgesellschaft nahm die Zahl von Einmalartikeln drastisch zu. Insbesondere in der Getränkeindustrie entwickelte sich die Einmalflasche oder Einmalverpackung in allen Größen und für alle möglichen Getränke. Hersteller, die auf der mehrfach zu verwendenden Rücklaufflasche bestanden, wurden als antiquiert oder sogar als umweltfeindlich bezeichnet, und zwar mit der unbewiesenen Begründung, daß die Reinigung von Mehrwegflaschen beträchtliche Umweltbelastungen mit sich bringen würde. Für Einmalflaschen wurden sogar besondere Glassorten entwickelt, ohne daß dabei an das mögliche Recycling gedacht wurde. Dies war auch bei den sonstigen Verpackungen für Getränke der Fall, die nicht nur zu einem Anschwellen der Abfallberge beitrugen, sondern auch bei Recycling-Aufbereitungsmaßnahmen Schwierigkeiten bereiteten. Auch auf vielen anderen Gebieten nahmen Einmalartikel, vorwiegend aus verschiedenem Kunststoffmaterial hergestellt, sprunghaft zu und zeigen immer noch steigende Tendenz, besonders in Krankenhäusern, sonstigen Gesundheitseinrichtungen und ärztlichen Praxen, trotz entsprechender Empfehlungen von Hygienikern zur Einschränkung von Einmalartikeln im Krankenhaus. Von daher wurde es sogar nicht mehr möglich, derartige Einmalartikel in Kliniksmüllverbrennungsanlagen unter den Kautelen des Immissionsschutzgesetzes zu verbrennen und stellen hinsichtlich der Aufbereitung die bei Kunststoffen bekannten Probleme dar.

Auch wenn sich dieser Trend sicher nicht aufhalten läßt, gilt nach wie vor die Vermeidung von Abfällen als wesentliche Forderung für die Zukunft. So sind auf dem Sektor der Kunststoffabfälle im Krankenhaus und in Gesundheitseinrichtungen bereits Recyclingverfahren entwickelt worden, um diese Abfälle einer Wiederverwendung zuzuführen.

Infolge einer Vielzahl der zur Herstellung von Medizinalartikeln verwendeten Kunststoffarten, wie auch auf Grund möglicher mikrobieller Kontaminationen der verbrauchten Artikel, treten Entsorgungs- und Aufbereitungsschwierigkeiten auf, so daß bisher nur ein Bruchteil der Kunststoffartikel wiederverwertet werden konnte.

Da eine Trennung verschiedener Kunststoffarten bei der getrennten Einsammlung von Siedlungsabfällen über den „Gelben Sack" oder ähnliche Sammelsysteme im Rahmen der Aktion „Grüner Punkt" des Dualen Systems Deutschland ebenfalls nicht möglich ist, wird die Entwicklung weiterer Trennsysteme für unterschiedliche Kunststoffarten notwendig oder von Verfahren zu ihrer gemeinsamen Aufbereitung für sinnvoll wiederzuverwendende Artikel.

Neben der Vermeidung von Abfällen insgesamt, müssen Verfahren zur Wiederverwendung von Wertstoffen und zur Eliminierung von Schadstoffen aus Siedlungsabfällen weiterentwickelt werden, wobei den präventiven Verfahren Vorrang gebühren sollte, welche solche Stoffe bereits so früh als möglich aus den Abfällen abtrennen und separat verwerten oder entsorgen können. Schwerpunkte sollten dabei Recyclingverfahren für Wertstoffe sein, die als Ressourcen nur begrenzt auf der Erde verfügbar sind. Auf dem Abwassersektor wurden bereits in der Industrie im Rahmen betriebsinterner Wasserkreisläufe vorbildliche Systeme entwickelt, um derartige Stoffe aus Abwasser zu eliminieren und wiederverwenden zu können. Damit werden ebenfalls die Kommunalabwässer und folglich auch die Klärschlämme von solchen Stoffen entlastet, die bei der weiteren Aufbereitung zu Störungen führen können. Sind es doch vorwiegend Schwermetalle aus Klärschlämmen, welche die landwirtschaftliche Nutzung dieser wegen ihres hohen Stickstoffanteiles für die Bodenbewirtschaftung geeigneten natürlichen Substanzen einschränken. Auch in Komposten aus Müll-Klärschlamm-Gemischen stören erhöhte Gehalte an Schwermetallen bei ihrer Anwendung als Bodenverbesserungsmittel. Die weitgehende Unterbindung der Zufuhr von Schwermetallen ins Abwasser muß daher als vorrangige Zukunftsaufgabe gesehen werden.

Wenn auf diese Weise die in Klärschlämmen enthaltenen Schwermetallgehalte abgesenkt werden könnten, gäbe es bei der Eliminierung pathogener Mikroorganismen aus Abwasser Schwierigkeiten in Anbetracht unbekannter Keimträger und Ausscheider von Infektionskeimen, die als Ursache für den Nachweis dieser Keime in häuslichem Abwasser angesehen werden müssen. Da bei Epidemien immer wieder einige der Infizierten als oft lebenslange Keimausscheider von Infektionskeimen zu einem Hygieneproblem werden, die Sanierung derartiger Personen jedoch nur begrenzt möglich ist, wird vor allem die mikrobielle Belastung des Abwassers durch diesen Personenkreis nach wie vor erhalten bleiben. Inzwischen ist auch bekannt, daß unter Tieren ebenfalls derartige Keimträger und Ausscheider möglich sind.

Wie man zukünftig dieses Hygieneproblem lösen kann, muß weiteren Forschungen vorbehalten bleiben.

Vor allem aus diesen Gegebenheiten muß aber die Hygieneforderung realisiert werden, die von Abfällen ausgehenden gesundheitlichen Gefahren so früh als möglich zu beseitigen.

Da durch Behandlungsverfahren von Siedlungsabfällen und die dabei verwendete Aufbereitungstechnik hierzu Möglichkeiten gegeben sind, müssen diese auch zum Einsatz kommen.

Nur die frühzeitige Unterbindung von Infektketten und die Eliminierung von Schadstoffen tragen zur Vermeidung von Gesundheitsgefahren durch Abfallstoffe bei.

Dieser Hygienegrundsatz gilt nicht nur für die durch Krankheitserreger und deren Gifte ausgelösten Erkrankungen, sondern auch für alle chemischen und physikalischen Substanzen in Siedlungsabfällen, die sich nachteilig auf Mensch, Tier und Pflanze auswirken können.

Werden auch in der Zukunft Probleme bei der Entsorgung von Siedlungsabfällen unter Hygienekautelen gelöst, so können damit nicht nur die gesundheitsvorsorgenden Ziele der Hygiene erreicht, sondern auch ökologisch sinnvolle Ergebnisse erzielt werden.

Abkürzungen

AbfG	Abfallgesetz
AbfKlärV	Klärschlammverordnung
AIDS	Durch Viren (HIV) ausgelöste Immunschwächekrankheit
AkA	Arbeitsgemeinschaft für kommunale Abfallwirtschaft
B	Bacterium, Bakterien
Bac	Bacillus, Bazillen
BAM	Bundesanstalt für Materialprüfung
Berner Box	Reinraumkammer
BGA	Bundesgesundheitsamt
BGBl	Bundesgesetzblatt
BGM	Bundesgesundheitsministerium
BImschG	Bundesimmissionsschutzgesetz
BImSchV	Bundesimmissionsschutzverordnung
BSB	Biochemischer Sauerstoffbedarf
BSE	Bovine Spongiforme Encephalopathie („Rinderseuche")
BSeuchG	Bundesseuchengesetz
BMU	Bundesumweltministerium
ChemiG	Chemikaliengesetz
CSB	Chemischer Sauerstoffbedarf
DGHM	Deutsche Gesellsschaft für Hygiene und Mikrobiologie
DIN	Deutsche Industrie-Norm
DSD	Duales System Deutschland
EAK	Europäischer Abfallkatalog
EAKV	Europäische Abfallkatalog-Verordnung
EAWAG	Eidgenössische Anstalt für Wasserversorgung, Abwasserreinigung und Gewässerschutz
EG	Europäische Gemeinschaft
EWG	Europäische Wirtschaftsgemeinschaft
EU	Europäische Union
GA	Gesundheitsamt
GefStoffV	Gefahrstoff-Verordnung
HdUR	Handwörterbuch des Umweltrechts
HBV	Virus (Erreger) der Hepatitis B-Erkrankung
HIV	Virus (Erreger) der Immunschwächekrankheit AIDS

IAM	Internationale Arbeitsgemeinschaft für Müllforschung
KBE	Kolonienbildende Einheit
KBT	Krankenhausbetriebstechnik
KrW-/AbfG	Kreislaufwirtschafts- und Abfallgesetz
KZ	Koloniezahl, Keimzahl
LAGA	Länderarbeitsgemeinschaft Abfall
MAK	Maximale Arbeitsplatzkonzentration
MEK	Maximale Emissionskonzentration
MIK	Maximale Immissionskonzentration
MUA	Medizinaluntersuchungsamt
PCB	Polychlorierte Biphenyle
PVC	Polyvinylchlorid
RdA	Recht der Abfallbeseitigung
RKI	Robert-Koch-Institut Berlin
Sp. (Spec.)	Spezies, Art
TA	Technische Anleitung
t° C	Temperatur in Grad Celsius
TKBA	Tierkörperbeseitigungsanstalt
TRI	Trichlorethylen, Trichlorethen
TVAB	Technische Vorschriften für die Abfallbeseitigung
UBA	Umweltbundesamt Berlin
UHT	Umwelt- und Hygiene-Technik
UV	Ultraviolett
UVV	Unfallverhütungsvorschrift
VerpackV	Verordnung über die Vermeidung von Verpackungsabfällen
WHG	Wasserhaushaltsgesetz
WHO	World Health Organization (Weltgesundheitsorganisation)
ZfA	Zentralstelle für Abfallbeseitigung

Glossar

Abbaufähigkeit	Die Fähigkeit von Mikroorganismen, Stoffe in einfachere Verbindungen zu zerlegen
AbfG	Abfallgesetz
abiogen	unbiologischen Ursprungs
acidophil	säureliebend, z.B. acidophile Mikroorganismen
Adaptation	Anpassung
adenotrop	auf Drüsen gerichtet, drüsenwirksam
Adsorption	oberflächliche Anlagerung von Substanzen/Mikroorganismen an einen festen Körper
aerob	unter (Luft)Sauerstoff lebend, z.B. aerobe Mikroorganismen, s.auch oxidativ
aerogen	durch die Luft übertragen
Ästhetik	Lehre von den Grundlagen und Gesetzen des Schönen
AkA	Arbeitsgemeinschaft für kommunale Abfallwirtschaft
AK-Erlaß	Ländererlaß zur Verhinderung der Aujezskyschen Krankheit bei Schweinen (Schweinepest) durch Drank-Verfütterung
Allergen	eine allergische Krankheit verursachender Stoff
Allergie	Überempfindlichkeit gegenüber bestimmten Stoffen
Allgemeinhygiene	allgemeine Präventivmedizin
Amoebe	Wechseltierchen, Wurzelfüßer, Einzeller
anaerob	ohne (Luft)Sauerstoff lebend, z.B.anaerobe Mikroorganismen, s. auch anoxidativ
anoxidativ	ohne Sauerstoff (anaerob) lebend.
Antagonismus	Gegenkampf; mikrobieller Antagonist = ein gegen andere Organismen gerichteter Mikroorganismus
anthropogen	durch den Menschen verursacht
Antibiotika	Stoffe die Antibiose bewirken, zur Bekämpfung von Krankheitserregern in der Medizin eingesetzt, z.B. Penicillin
Antibiose	Vernichtung von Bakterien u.a. Kleinlebewesen durch Stoffe, die von anderen Kleinlebewesen gebildet werden
Antigen	artfremder Stoff, der im Blutserum von Tier oder Mensch die Bildung spezifischer Antikörper anregt
Antikörper	der im Blutserum gegen ein Antigen gebildete spezifische Schutzstoff (z.B. gegen Krankheitserreger)
Arbo-Viren	Arthropodes born-viruses; z. B. durch Zecken übertragbare FSME

Arthropoden	Gliederfüßer
Asepsis	Keimfreiheit; aseptisch = keimfrei
Askariden	Spulwürmer
Assimilation	Umwandlung aufgenommener Nährstoffe in körpereigene Substanz; s. auch Dissimilation
Aujezskische Krankheit	Schweinepest
Ausscheider	Träger (Keimträger) von Infektionskeimen, die er zeitweise oder ständig (Dauerausscheider) ausscheidet
autochthon	alteingesessen, bodenständig
autotroph	sich nur von anorganischen Stoffen ernährend
Bakteriologie	Lehre von den Bakterien
Bakteriophagen	"Bakterienfresser", bakterienzerstörende, kleinste Mikroorganismen, die nur auf einem ganz bestimmten Typ eines Bakteriums parasitär leben können und dabei die Bakterienzelle auflösen; Bakteriophagen werden zur epidemiologischen Differenzierung von Bakterientypen im Rahmen der Lysotypie eingesetzt
Bakteriostase	Hemmung bakterieller Aktivitäten, wie Stoffwechsel, Vermehrung
bakteriostatisch	bakterielle Aktivitäten hemmend
bakterizid	bakterientötend
Bakterizidie	Bakterienabtötung
BAM	Bundesanstalt für Materialprüfung
Bazillen	Sammelbegriff für aerobe (Bacillus) und anaerobe (Clostridium) sporenbildende Bakterien
Berner Box	Reinraumeinheit
BGA	Bundesgesundheitsamt, als Behörde des Bundesgesundheitsministeriums im Jahre 1995 aufgelöst; die Aufgaben werden vom Robert-Koch-Institut Berlin wahrgenommen
biogen	biologischen Ursprungs, biologisch bedingt
Bioreaktor	Behälter, in dem (mikro)biologische Prozesse ablaufen
Biotop	Lebensraum einer Lebensgemeinschaft
Biozönose	Lebensgemeinschaft in einem Lebensraum

BImSchG	Bundesimmissionsschutzgesetz
BMU	Bundesumweltministerium
Botulismus	durch Clostridium botulinum ausgelöste (Lebensmittel)vergiftung
BSB	Biochemischer Sauerstoffbedarf, der von Mikroorganismen zum oxidativen, biochemischen Abbau benötigte Sauerstoff
BSE	Bovine Spongiforme Encephalopathie, durch Prione übertragbare Erkrankung von Rindern (Rinderwahnsinn)
BseuchG	Bundesseuchengesetz
Cestoden	Bandwürmer
Chelat	besondere Form der Metallbindung durch organische Moleküle
Chemosynthese	Verwertung chemischer Stoffe zum Aufbau organischer oder organismischer Substanz
Chemotherapeutikum	zur Chemotherapie eingesetztes Medikament
Chemotherapie	allgemein: Therapie mit chemischen Medikamenten, insbesondere Einsatz von Sulfonamiden zur germiziden Anwendung
Chitin	stickstoffhaltiges Polysaccharid
Chromatophor	bei pflanzlichen und tierischen Organismen mit Farbstoff gefüllte Zelle
Chromosomen	Kernschleifen, Träger der Erbanlagen
Ciliaten	Wimpertierchen, Einzeller
Creutzfeld-Jakob Erkrankung (CJK)	übertragbare (transmissible) spongiforme Encephalopathie durch Prionen(protein)
CSB	Chemischer Sauerstoffbedarf, der zum chemischen Abbau schwerer abbaubarer Substanz benötigte Sauerstoff
dermatotrop	auf die Haut gerichtet, hautwirksam
Desinfektion	Maßnahmen zur Bekämpfung infektiöser Krankheitserreger (Entseuchung)
Desinfektionsmittel	chemisches Präparat oder physikalisches Verfahren zur D.

Desinfestation	Gesamtheit von Maßnahmen zur Schädlingsbekämpfung
Desinfiziens	keimtötendes Mittel
Desinsektion	Bekämpfung von Insekten, meist mit chemischen Präparaten
Desodorans	Mittel zum Desodorieren, schlechten Geruch überdecken oder beseitigen
Detergentien	Tenside
DIN	Deutsche Industrie Norm; Zeichen für die in den Veröffentlichungen des Deutschen Normenausschusses veröffentlichten Arbeitsergebnisse und Empfehlungen
Dissimilation	Stoffwechselvorgänge, bei denen unter Freisetzung von Energie höhere organische Verbindungen in niedere zerlegt werden
domestizieren	wilde Tiere zu Haustieren, Wildpflanzen zu Kulturpflanzen machen
Drank	Gesamtheit der in Großküchen anfallenden Speisereste, besonders die Speisereste von Krankenhausküchen und von Patientenstationen
DSD	Duales System Deutschland. In der Bundesrepublik Deutschland eingeführtes Abfalltrennsystem („Grüner Punkt") im Rahmen der Kreislaufwirtschaft von Abfällen
EAK	Europäischer Abfallkatalog
EAKV	Europäische Abfallkatalog Verordnung
EG	Europäische Gemeinschaft
Ektotoxin	durch toxinbildende Krankheitserreger freigesetztes Toxin
Emission	Ausstoß eines (Schad)stoffes in die Umwelt, z. B. gas- oder rauchförmige E.
Encephalitis	Gehirnentzündung
Endemie	in bestimmten, geographisch eng umgrenzten Gebieten ständig vorkommende Krankheit
Endotoxin	durch Zerfall einer Bakterienzelle freigesetztes Toxin
enteral	den Darm betreffend
Entkeimung	Verfahren zur Entfernung von (Mikro)organismen, ihrer Dauerformen und partikulären Resten, meist in Form der Filtration

Entomologie	Lehre (Wissenschaft) von den Gliedertieren
Entrattung	Bekämpfung, Entfernung von Nagetieren, speziell von Ratten
Entsorger	Berufsbild, im Bereich der Abfallwirtschaft Tätiger
Entwesung	Schädlingsbekämpfung
Enzym	Ferment
Epidemie	durch einen bestimmten Krankheitserreger in einem umschriebenen Areal plötzlich auftretende und wieder abflauende Massenerkrankung
essentiell	unbedingt notwendig, wesentlich
Eutrophierung	durch Nährstoffanreicherung bedingte Vermehrung der Lebensgemeinschaft, meist bestimmter Organismen, z. B. in einem Gewässer
EWG	Europäische Wirtschaftsgemeinschaft
exotherm	Wärme abgebend; exotherme Reaktion = Reaktionsablauf unter Wärmeabgabe
fakultativ	wahlfrei, unverbindlich
Fauna	Gesamtheit der Tierwelt
Feiung	Immunisierung
Ferment	in lebenden Zellen gebildeter Stoff, dessen Gegenwart für bestimmte chemische Umwandlungen im Körper notwendig ist
Flagellaten	Geißeltierchen, Einzeller mit einer oder mehreren Geißeln
Flora	Gesamtheit der Pflanzenwelt
FSME	Früh-Sommer-Meningo-Encephalitis
Fungizide	gegen Pilze wirkende Präparate
genetisch	das Erbgut (Gene) betreffend
germizid	keimtötend
Grenzwert	ein definierter (festgelegt, vereinbart) Wert, der weder erreicht noch überschritten werden darf, z. B, aus gesundheitlichen Gründen

Haemorrhagie	Blutung; h. Fieber = durch innere (Organ)blutungen ausgelöstes Fieber, wie durch Ebola-, Lassa-, Marburg-Viren bedingte Erkrankung
haematogen	auf Blut beruhend; haematogene Infektion = Blutinfektion (Sepsis)
Helminthologie	Lehre von den Eingeweide- und parasitären Würmern
hepatotrop	auf die Leber gerichtet, leberwirksam
heterotroph	sich von organischen Stoffen ernährend, die von anderen Lebewesen stammen
Hospitalismus	infektiöser H. = durch Nosokomialerreger erst im Krankenhaus erworbene Infektion
humanpathogen	Menschen krankmachend, z. B. humanpathogene Mikroorganismen
hydrophil	wasserliebend
hydrophob	wasserabstoßend
Hygiene	vorbeugende Gesundheitspflege, präventivmedizinisches Fachgebiet
Hyphen	fadenförmige Zellen-Gebilde, z. B. Pilz-Hyphen
Immission	Einwirkung eines (Schad)stoffes auf die belebte oder unbelebte Umwelt
Immunisierung	Schutzimpfung
Immunität	Unempfindlichkeit, Gefeitsein (gegen Krankheitserreger)
Impfung	das Einbringen eines aktiven oder passiven Impfstoffes in den Körper eines Menschen zur Erzeugung einer Immunität
Infektion	„Eindringen", Übertragung von Infektions-(Krankheits-)erregern, Ansteckung; infektiöser Keim = Mikroorganismus, der eine Infektion hervorrufen kann
Infestation	Eindringen (Invasion) von Parasiten in einen Wirt, ohne deren Vermehrung
Inhalation	tiefe Einatmung
Injektion	Einspritzung in den Körper
Inkubation	„Einbettung", das Einnisten eines Krankheitserregers in einem durch diesen Erreger inizierten Organismus
Inkubationszeit	Zeitdauer zwischen einer Infektion und dem Auftreten der durch den Infektionskeim ausgelösten Infektionskrankheit (dient als Maßstab für die Dauer der Quarantänezeit, s. dort)

Insektizid	Bekämpfungsmittel gegen Insekten
Intoxikation	Vergiftung, durch Toxine verursachte Krankheit
intramuskulär	Injektion in einen Muskel
intravenös	Injektion in eine Vene
Invasion	„Infektion" eines Wirtes mit Parasiten und deren Vermehrung im Wirt
Inversion	Umkehrung
Inzidenz	Erkrankungshäufigkeit, Anzahl der Personen, die in einem bestimmten Zeitraum an einer gestimmten Krankheit erstmals erkrankten, in Bezug gesetzt zur untersuchten Bevölkerungsgruppe
Isolierung	Absonderung (z. B. von Infektionskranken) oder durch Quarantäne von Kontaktpersonen
Isotop	chemisches Element, das im periodischen System dieselbe Ordnungszahl hat wie ein anderes Element, dessen Atomkern aber eine andere Zahl von Neutronen enthält
kanzerogen	krebserzeugend
Kautele	Vorbehalt
KBE	kolonienbildende Einheit
Keime	allgemeine Bezeichnung für alle Mikroorganismen: z. B. pathogene K. = Krankheitserreger
keimfrei	frei von Keimen
Keimzahl	Anzahl von Keimen, z. B. in einem Substrat (Wasser, Lebensmittel, Abfall)
Klärwärter	Berufsbild; in der Abwasserwirtschaft, speziell auf einer Kläranlage Tätiger
Kommensale, Kommensalismus	Nahrungsnutznießertum im Verhältnis zweier Organismen verschiedener Art, aus dem der eine - der Kommensale - durch Beteiligung an der Nahrung des anderen - des Wirtes - einseitigen Vorteil zieht
Konservierung	Verfahren zur Haltbarmachung (Konserve)
Kontagiosität	Ansteckungsmöglichkeit
Kontaktpersonen	Personen, die mit Infektionskranken Kontakt hatten; bei Kontakt mit an quarantänepflichtigen Krankheiten Erkrankten besteht nach internationalem Recht Quarantänezwang
Kontamination	„Berührung"; allgemein: Verschmutzung, Belastung; mikrobielle K. = durch Mikroorganismen besiedelte Fläche oder Gegenstand

Krankenhaus- hygiene	vorbeugende Gesundheitspflege in Gesundheitseinrichtungen zur Vermeidung nosokomialer Infektionen
kryophil	kälteliebend
Kurative Medizin	heilende Medizin, im Gegensatz zur Präventivmedizin
LAGA	Länderarbeitsgemeinschaft Abfall
Larve (Larven- stadium)	Entwicklungs(stadium) von Insekten
letal	tödlich
Letalität	Tödlichkeit, Häufigkeit des tödlichen Ausgangs einer Erkrankung
Limnologie	Lehre von den Binnen(süß)gewässern
lipophil	fettliebend
Lyophilisierung	Gefriertrocknung
Lysotyp	bestimmter Typ einer Bakterienart, der z. B. durch Bakteriophagen differenziert wurde
Lysotypie	Typisierung von Mikroorganismen, meist mittels Bakteriophagen durch Lysis des Bakteriums swein feststellbarer Lysotyp (dient der epidemiologischen Aufklärung von Infektionszusammenhängen durch identische Keime)
MAK	Maximale Arbeitsplatzkonzentration
Makroorganismus	mehrzelliges Lebewesen
MEK	Maximale Emissionskonzentration
Meningitis	Gehirnhautentzündung
mesophil	mittlere Temperaturen liebend
Metabolisierung	Umwandlung von Stoffen; mikrobielle M. = durch Mikroorganismen verursachte Stoffumwandlung
MIK	Maximale Immissionskonzentration
Mikrobiologie	Lehre von den Mikroorganismen
Mitose	indirekte Zellkernteilung
Morphologie	Lehre von der Gestalt und Formenbildung
Mortalität	Sterblichkeit(sziffer)
Morbidität	Krankheitsstand, Krankheitshäufigkeit, Erkrankungsziffer
Müllwerker	Berufsbild: im Bereich der Abfallentsorgung, speziell bei der Müllabfuhr Tätiger

Multiresistente Erreger	gegen viele Hemmstoffe unempfindliche Krankheitskeime
Mutation	sprunghafte, plötzliche, ungerichtete, zufällige, aber erbliche (genetisch fixierte) Abänderung der Eigenschaften eines Lebewesens
Mykologie	Lehre von den Hefen und Pilzen
Mykotoxin	Pilzgift (z. B. Aflatoxin)
Mytilotoxin	Muschelgift
Myzel	Gesamtheit von Pilzzellen, die zu einem Geflecht verschmelzen können
Nährboden	für mikrobielles Wachstum und Vermehrung geeignetes Milieu, z. B. Agar-Agar-Nährboden
Nährbouillon	für mikrobielle Anzüchtung und Anreicherung geeignetes Milieu
Nematoden	Fadenwürmer, Rundwürmer
neurotrop	auf die Nerven gerichtet, nervenwirksam
nosokomial	im Krankenhaus erworben, z. B. nosokomiale Infektion (infektiöser Hospitalismus)
Ökosystem	Zusammenleben verschiedener belebter oder unbelebter Glieder einer Lebensgemeinschaft (Biozönose) in einem biologischen Gleichgewicht
onkogen	Geschwulst (Krebs) erzeugend
Omsgrube	Abwasser-Sammelgrube
oral	den Mund betreffend; o. Infektion = durch Essen oder Trinken verursachte Infektion
organismisch	durch Organismen bedingt
Osmose	Durchgang eines gelösten Stoffes durch eine semipermeable Membran
oxidativ	unter Sauerstoff ablaufend; o. Vorgänge laufen unter Mitwirkung von Sauerstoff ab (Oxidation), im Gegensatz zu anoxidativen Vorgängen (Reduktion)
Oxyuren	Madenwürmer, Springwürmer
Pandemie	mit einem bestimmten Krankheitserreger über Länder und Erdteile sich massenhaft ausbreitende Infektionskrankheit (Seuche)
pantrop	auf alle Organe gerichtet; allgemein wirksam

Parasit	tierischer oder pflanzlicher Schmarotzer; Parasitismus = Schmarotzertum
Parasitologie	Lehre von den Parasiten
passagär	durchgehend
Pasteurisierung	Verfahren zur schonenden Inaktivierung und Abtötung aller Vegetativformen von Mikroorganismen
pathogen	krankmachend; p. Keim = krankmachender Mikroorganismus
Pathogenität	Fähigkeit, Krankheiten hervorzurufen
Pathologie	Lehre von den Krankheiten
Persistenz	persistente Beschaffenheit, Widerstandsfähigkeit
Pestizide	Gesamtheit gesundheitsschädlicher Stoffe, wie z. B. Herbizide
Pheromone	Sexuallockstoffe
Photosynthese	Ausnutzung von Licht durch die grüne Pflanze für die Umwandlung von Kohlendioxid in Kohlenhydrate (s. auch Assimilation)
Physiologie	Lehre von den Lebensvorgängen
phytopathogen	Pflanzen krankmachend, z. B. pflanzenpathogene Organismen
Plasma	der flüssige Anteil des Blutes (Blutplasma)
Plasmidische Resistenz	genetisch fixierte, vererbbare Resistenz (z. B. von Krankheitskeimen) gegen antibiotische Hemmstoffe oder chemische Wirkstoffe
Pneumonie	Lungenentzündung
pneumotrop	auf die Lunge gerichtet, lungenwirksam
Population	Gesamtheit der Angehörigen einer Art in einem bestimmten Milieu oder Gebiet
Präventivmedizin	vorbeugende Gesundheitspflege (Hygiene), im Gegensatz zur kurativen Medizin (Heilende Medizin)
Prionen	„infektiöses Eiweiß", löst BSE bei Rindern und die Creutzfeld-Jakob-Krankheit bei Menschen aus
Protoplasma	die von einer Zellmembran umhüllte Grundsubstanz der lebenden Zelle, in der alle Lebensvorgänge ablaufen
Protozoen	Einzeller
psychrophil	kälteliebend
psychrotolerant	kälteneutral
Pyrogene	fiebererzeugende Substanzen
Pyrolyse	Verbrennungsverfahren unter Ausschluß von Luftsauerstoff, auch trockene Destillation

Pyrolysat	das bei der Pyrolyse entstehende feste Produkt
Quarantäne	Isolierung von Personen, die Kontakt mit Seuchen-Kranken hatten, über die Quarantänezeit (= Inkubationszeit)
Recycling	Rückführung ... von Stoffen zur Wiederverwertung, Kreislaufwirtschaft
Resistenz	Widerstandsfähigkeit, Zählebigkeit (z. B. von Krankheitserregern)
Rhizopoden	Wurzelfüßer, Einzeller
Richtwert	ein Wert, der bei Erreichen zu beachten ist (z. B. in gesundheitlicher Hinsicht) und möglicherweise Präventivmaßnahmen erfordert
RKI	Robert Koch Institut Berlin
Saprobien	„Fäulnis"organismen der Flora und Fauna von Oberflächengewässern, die im Saprobiensystem zu Stufen verschiedener Wassergüteklassen zusammengefaßt sind
Saprobienstufe	Wassergüteklasse in einem Gewässer
Sensibilisierung	Empfindlichkeit hervorrufen (z. B. gegenüber artfremdem Eiweiß, Allergenen bei Mensch oder Tier
sensibilisieren	Empfindlichkeit hervorrufen
Sepsis	Blutvergiftung; septisch = eine Infektion (Blutvergiftung) hervorrufend
Serologie	Lehre von den Eigenschaften und Reaktionen des Blutserums
Serum	der wäßrige, nicht gerinnende Anteil des Blutes
Seuche	massenhaftes Auftreten einer Infektionskrankheit
Spezies	Arten
Spore	Dauerform von Organismen, ohne aktive Stoffwechsel- und Vermehrungsvorgänge
Sporozoen	Sporentierchen
Stabilat	Bezeichnung für nach Verrottung maximal getrocknetes Abfallrottegut
Sterilisation	Verfahren zur Inaktivierung und Abtötung aller Mikroorganismen einschließlich ihrer Dauerformen (Sporen)
subletal	unterhalb der Letalität; s. Temperatur = Temperatur, die nicht abtötet
Sulfonamid	chemotherapeutisches Heilmittel zur Bekämpfung bakterieller Infektion

Symbiose	dauerndes Zusammenleben zweier Lebewesen zum beiderseitigen Nutzen
TA	Technische Anleitung, Empfehlungen technischer Art, z. B. TA Abfall
Tenazität	Überlebensfähigkeit (z. B. von Mikroorganismen)
Tenside	die Oberflächenspannung (z. B. von Wasser) herabsetzende chemische Stoffe (Detergentien)
thermosensibel	empfindlich gegen (höhere) Temperaturen
thermophil	hohe Temperaturen liebend
TKBA	Tierkörperbeseitigungsanstalt
Trachea	Luftröhre, Atemröhre von Insekten
Toxi-Infektion	Vergiftung durch Toxine, die nach einer mikrobiellen Infektion erst im befallenen Organismus gebildet werden und die eigentlichen Krankheitssymptome verursachen
Toxikologie	Lehre von den Giften, Vergiftungen
Toxin	Gift; Bakterien-Toxin = durch Bakterien gebildetes Gift
Toxizität	Giftigkeit, toxisch = durch Toxine verursacht
Trematoden	Saugwürmer
Tyndallisierung	fraktionierte Sterilisation; schonendes Verfahren zur Inaktivierung und Abtötung aller Mikroorganismen einschließlich ihrer Dauerformen
UBA	Umweltbundesamt Berlin, Behörde des Bundesumweltministeriums
Umwelthygiene	Präventive Aufgaben und Tätigkeiten in der Umwelt, speziell auf den Gebieten Wasser, Boden, Abfall, Luft
Urbanisierung	Verstädterung
Vegetativform	aktive Lebensform, z. B. von Bazillen, im Gegensatz zur passiven Dauerform (Spore)
Vektor	Träger, Überträger; z. B. biogener Vektor = Tier als Überträger von Mikroorganismen
veterinärpathogen	Tiere krankmachend, z. B. tierpathogene Mikroorganismen
Virologie	Lehre von den Viren
Virulenz	Grad der Pathogenität; virulenter Krankheitserreger = Krankheitskeim besonders ausgeprägter Pathogenität
Virus	kleinster, einem Lebewesen ähnlicher Eiweißträger, meist als Krankheitserreger von Mensch, Tier oder Pflanze
viruzid	zur Virus-Inaktivierung wirksames Präparat oder Verfahren

WaBoLu	Bundesinstitution für Wasser-, Boden- und Luft-Hygiene in Berlin
WHO	World Health Organization (Weltgesundheitsorganisation)
Wirt	der von Parasiten, Mikroorganismen befallene Organismus
ZfA	Zentralstelle für Abfallbeseitigung, Berlin
Zoonose	eine vom Tier auf den Menschen (Zoo-anthroponose), oder von Menschen auf Tiere (Anthropo-zoonose) übertragbare Infektionskrankheit
Zyklone	„Wirbelsturm", Wirbelverfahren zur Rauchgasreinigung
Zytoplasma	das in der Zelle (Protoplasma) enthaltene Plasma ohne Zellkern
Zytostatika	zur Krebsbehandlung eingesetzte chemische Präparate

Gesetze, Verordnungen, Richtlinien

Abfallgesetz: S. Gesetz über die Vermeidung und Entsorgung von Abfällen (Abfallgesetz-AbfG) vom 7.6.1972, BGBl. I, 873ff. i.d.F.der Bekanntmachung vom 27.8.1986, BGBl. I, 1410ff. und 1501ff.

BGA-Liste, Liste der vom Bundesgesundheitsamt geprüften und anerkannten Desinfektionsmittel und -verfahren, 12. Ausgabe, Bgesundhbl. 37 (1994), 127-142.

Bundesimmissionsschutzgesetz: S. Gesetz zum Schutz vor schädlichen Umwelteinwirkungen ...

Bundesseuchengesetz: s. Gesetz zur Verhütung und Bekämpfung übertragbarer Krankheiten beim Menschen.

Chemikaliengesetz: S. Gesetz zum Schutz vor gefährlichen Stoffen.

DGHM-Liste, Liste der nach den „Richtlinien für die Prüfung und Bewertung chemischer Desinfektionsmittel" geprüften und von der Deutschen Gesellschaft für Hygiene und Mikrobiologie (DGHM) als wirksam befundenen Mittel, VII.

Gefahrstoffverordnung: S. Verordnung über gefährliche Stoffe.

Gesetz- und Verordnungsblatt für das Land Hessen (VGS-HE): Verordnung über die Erfassung und Erlaubnisfreiheit von Einleitungen gefährlicher Stoffe in Abwasseranlagen. GVOBl.Hessen, Teil I, Nr. 6 vom 7.4.1987.

Gesetz über die Beseitigung von Abfällen (Abfallbeseitigungsgesetz) vom 7.Januar 1972 (BGBl. I, 873ff.) in der Novellierung vom 21.1.1976, i.d.F. der Bekanntmachung vom 5.Januar 1977 (BGBL.I, 41ff.).

Gesetz zum Schutz vor gefährlichen Stoffen (Chemikaliengesetz-ChemiG) i.d.F.der Bekanntmachung vom 14.3.1990, BGBl. I, 521ff., sowie vom 25.7.1994, BGBl. I, 1703 ff.

Gesetz zum Schutz vor schädlichen Umwelteinwirkungen durch Luftverunreinigungen, Geräusche, Erschütterungen und ähnliche Vorgänge (Bundes-Immissionsschutzgesetz-BImSchG) vom 15.3.1974 i.d.F.der Bekanntmachung vom 14.5.1990, BGBl. I, 880ff.

Gesetz zur Förderung der Kreislaufwirtschaft und Sicherung der umwelt-verträglichen Beseitigung von Abfällen (Kreislaufwirtschafts- und Abfallgesetz - KrW-/AbfG) vom 27.September 1994 (BGBl. I, 2705ff.), geändert durch Gesetz vom 12. September 1996 (BGBl. I, 1354ff.), in Kraft getreten am 7. Oktober 1996.Dieses Gesetz dient der Umsetzung der Richtlinie 91/156/EWG des Rates vom 18. März 1991 zur Änderung der Richtlinie 75/442/EWG über Abfälle (Abl. EG Nr. L 78, 32ff.) und der Richtlinie 94/31/EG des Rates vom 27. Juni 1994 zur Änderung der Richtlinie 91/689/EWG über gefährliche Abfälle (Abl. EG Nr. L 168, 28ff.).

Gesetz zur Ordnung des Wasserhaushaltes (Wasserhaushaltsgesetz-WHG) vom 27.7.1957, BGBl. I, 1110ff. i.d.F.der Bekanntmachung vom 23.9.1986, BGBl. I. 1529 u. 1654ff., geändert durch Artikel 5 am 12.2.1990, BGBl. I, 205 und Art. 6 vom 6.8.1992, BGBl. I, 1564ff.

Gesetz zur Verhütung und Bekämpfung übertragbarer Krankheiten beim Menschen (Bundes-Seuchengesetz) vom 18,7.1961 (BGBl I, 1012 ff. und 1300 ff.) in der Fassung der Bekanntmachung vom 18.12.1979 (BGBl. I, 2262ff. und BGBl. I, 1980, 151ff.), geändert am 21.12.1992 (BGBl. I, 2094ff.).

Klärschlammverordnung (AbfKlärV) vom 15.4.1992, BGBl. I, 912ff.

LAGA-Merkblatt (Länderarbeitsgemeinschaft Abfall): Vermeidung und Entsorgung von Abfällen aus öffentlichen und privaten Einrichtungen des Gesundheitsdienstes vom 11.Mai 1991.

LAGA-Umsteigekatalog, Zuordnung LAGA-Abfallschlüssel zum Europäischen Abfallkatalog, Stand 18.04.1997, Hrsg.: Länderarbeitsgemeinschadt Abfall (LAGA), Anlageband zu TVAB, Technische Vorschriften für die Abfallbeseitigung, Erich Schmidt-Verlag, Berlin.

Liste der vom Bundesgesundheitsamt geprüften und anerkannten Entwesungsmittel und -verfahren zur Bekämpfung tierischer Schädlinge (Gliedertiere, Arthropoden), Bgesundhbl. 32, (1989), 502-511.

Recht der Abfallbeseitigung des Bundes, der Länder und der Europäischen Union (RdA)-Kommentar zum Kreislaufwirtschafts- und Abfallgesetz, Nebengesetze und Vorschriften. Hrsg.: von Lersner, H. und H.Wendenburg, 64.Lieferung, Sept.1997, Erich Schmidt-Verlag, Berlin.

Richtlinie des Rates der EG über den Schutz der Arbeitnehmer gegen Gefährdung durch biologische Arbeitsstoffe bei der Arbeit (7.Einzelrichtlinie im Sinne von Art. 16, Abs. 1 der Richtlinie 89/391/EWG) - 90/679/EWG vom 26.Nov.1990, Amtsblatt der EG, Nr. L 374. 1-12.

Richtlinie des Rates der EG vom 12.12.1991 über gefährliche Abfälle C 91/689/EWG, Amtsbl.L. 377/20.

Richtlinie des Rates der EG über Abfälle 75/442/EWGi.d.F.94/3EG; Amtsblatt der Europäischen Gemeinschaften Nr. L5/15 vom 7.1.1994.

Robert-Koch-Institut Berlin: Richtlinie für Krankenhaushygiene und Infektionsprävention, ab 1976 (Bundesgesundheitsamt), mit Anlagen, Bundesgesundheitsblatt 1976, 1ff.

TA Siedlungsabfall, 3.Allgemeine Verwaltungsvorschrift zum Abfallgesetz, vom 21.4.1993.

TA Sonderabfall, 2.Allgem.Verwaltungsvorschrift zum Abfallgesetz vom 12.3.1991, GMBl. 138, sowie 469.

Technische Anleitung zum Schutz gegen Lärm (TA Lärm), Allgemeine Verwaltungsvorschrift über genehmigungspflichtige Anlagen nach § 16 der Gewerbeordnung -GeWO- vom 16.7.1968, Bundes-Anzeiger Nr. 137 vom 26.7.1968, Beilage.

Technische Anleitung zur Reinhaltung der Luft (TA Luft), 1.Allgem.Verwaltungsvorschrift zum Bundesimmissionsschutzgesetz vom 27.2.1986, GMBl., 99ff.

Technische Vorschriften für die Abfallbeseitigung (TVAB). Ergänzbare Sammlung der Technischen Anleitungen, Technischen Regeln, Richtlinien, Merkblätter, Musterblätter u.ä. für Vorbereitung, Planung und Durchführung von Maßnahmen zur schadlosen Beseitigung und zur Verwertung von Abfällen aus Haushaltungen, Gemeinden, gewerblichen Betrieben und der Landwirtschaft einschließlich der Maßnahmen gesundheitstechnischer Art. Hrsg.: Hösel, G. und K.H.Lindner, 47. Lieferung, September 1997, Erich Schmidt-Verlag, Berlin.

Unfallverhütungsvorschrift Gesundheitsdienst (UVV). Hrsg.: Berufsgenossenschaft für Gesundheitsdienst und Wohlfahrtspflege, vom 1.10.1982, BGBl. 1982, Nr. 155, 9ff.

Verordnung über die Vermeidung von Verpackungsabfällen (VerpackV) vom 12.6.1991, Hrsg.: Bundesminister für Umwelt, Naturschutz und Reaktorsicherheit. BGBl. I, 1234ff.

Verordnung über gefährliche Stoffe (Gefahrstoff-VO-GefStoffV) vom 26.8.1986, BGBl.I, 1476 i.d.F. vom 25.9.1991, BGBl. I, 1981ff.

Verordnung über Verbrennungsanlagen für Abfälle und ähnliche brennbare Stoffe (17.BImSchV) 17.VO zur Durchführung des Bundesimmissionsschutzgesetzes vom 23.11.1990, BGBl. I, 2545 und 2832.

Verordnung zur Änderung der Verordnung über Immissionsrichtwerte vom 27.5.1994, BGBl. I, 1095ff.

Verordnung zur Bestimmung von Abfällen vom 3.4.1990, BGBl. I, 614ff.

Verordnung zur Durchführung des Bundesimmissionsschutzgesetzes (22.VO über Immissionswerte - 22.BImSchV) vom 26.10.1993, BGBl. I, 1819ff.

Verordnung zur Einführung des Europäischen Abfallkatalogs (EAK-Verordnung-EAKV) vom 13.9.1996, BGBl. I, 1428ff.

World Health Organisation (WHO): Environmental Health Criteria, Bd. 124, 1991.

Literaturverzeichnis

Im Text zitierte Literatur

Bornkessel, J. (1960): Über die Wirkung der städtischen Kläranlage Giessen und der Kompostierung von Faulschlamm und Müll auf die Lebensfähigkeit von Wurmeiern der Haustiere. Dissertation Vet. Med. Fakultät der Justus Liebig-Universität Gießen.

Brammer, F., Bahadir, M., Collins, H.-J., Hanert, H. und E. Koch (1997): Rückbau von Siedlungsabfalldeponien. Teubner-Reihe Umwelt, B.G. Teubner Verlagsgesellschaft, Stuttgart - Leipzig.

Caspari, F. und H. Meyer (1964): Technik und Wirtschaftlichkeit des Brikollare-Verfahrens. Kommunalwirtschaft, H. 4.

Farkasdi, G. (1963): Versuche über die Wirkung verschiedener Zusatzstoffe bei der Mietenkompostierung von Müll und Klärschlamm. Informationsblatt der IAM 13, 5.

Farkasdi, G. (1965): Do additives affect windrow composting of refuse and sludge? Compost Science 6, 11.

Farkasdi, G. (1966): Die mikrobiologischen Vorgänge bei der Kompostierung. Organischer Landbau 9, 85.

Glathe, H. (1960): Biologische Vorgänge bei der Kompostierung von Müll. In: Taschenbuch der AkA.

Glathe, H. (1962): Microbiological Processes in Composting. Compost Science 3, H. 2, 8.

Glathe, H. und N. Athanasiu (1961): Ein Beitrag zur Bedeutung von Förderungsmitteln bei der Kompostierung. Organischer Landbau Heft 4/5, 3-7.

Glathe, H. und G. Farkasdi (1964): Biologie und Hygiene der Kompostierung. In: Müll- und Abfallbeseitigung, KZ 5000. Kumpf, W., Maas, K. und H.Straub (Hrsg.). Erich Schmidt Verlag, Berlin.

Grossmann, F. und G. Menke (1964): Krankheitserreger und Parasiten für die Pflanze. In: Müll und Abfallbeseitigung, Handbuch über die Sammlung, Beseitigung und Verwertung von Abfällen. Kumpf, W., Maas, K. und H. Straub (Hrsg.). Erich Schmidt Verlag, Berlin.

Jager, E, L. Xander und H. Rüden (1989): Medizinische Abfälle. 1. Mitteilung: Mikrobiologische Untersuchungen von Abfällen verschiedener Disziplinen eines Groß- und eines Kleinkrankenhauses im Vergleich zu Haushaltsabfällen. Zbl. Hyg., I. Abt. Orig. B 188, 243-254.

Jager, E. (1996) Hygienische Risiken von Arbeitsplätzen in der Abfallwirtschaft. In: Müll und Abfall, KZ 5065. Hösel, G., Bilitewski, B., Schenkel, W. und H. Schnurer (Hrsg.). Erich Schmidt Verlag Berlin, Bielefld, München.

Knoll, K.H. (1961): Die Anforderungen der Hygiene bei der Beseitigung städtischer Abfallstoffe. Städtehygiene 12, 95-99.

Knoll, K.H. (1963): Akute Aufgaben der Kommunalhygiene in Gegenwart und Zukunft. Kommunalwirtschaft 4, 145-149.

Knoll, K.H. (1969): Deponie oder Kompostierung aus der Sicht der Hygiene. Wasser und Abwasser, Heft 11.

Knoll, K.H. (1969): Die Arbeitsgemeinschaft Gießener Universitätsinstitute für Abfallwirtschaft und und ihre Tätigkeit auf dem Gebiet der Abfallbeseitigung. Müll und Abfall 1, 80-86.

Knoll, K.H. (1970): Müllbeseitigung durch Verbrennung und einwandfreie Beseitigung der Verbrennungsrückstände. Müll-Abfall-Abwasser, Staubtechnik und Lufthygiene 14, 35-36.

Knoll, K.H. (1970): Hygienische Beurteilung von Kompostierungsverfahren; Aufgabe und allgemeine Verfahren der Kompostierung im Hinblick auf ihren hygienischen Effekt; hygienisch-bakteriologischer Güte-Index. In: Handbuch Müll- und Abfallbeseitigung, KZ 5150 ff. Kumpf, W., Maas, K. und H. Straub (Hrsg.). Erich Schmidt Verlag, Berlin.

Knoll, K.H. und D. Strauch (1970): Bakteriologische Untersuchungen zur hygienischen Überprüfung des Multibacto-Rotteturm-Verfahrens. Zbl. Bakter., Abt. II, 124, 346-354.

Knoll, K.H. und W. Stein (1972): Die Bedeutung der Fliegen einer Mülldeponie für die Übertragung von Mikroorganismen. Forschungen an der Justus Liebig-Universität Gießen - Biologie in der Umweltsicherung, 43, Gießen-Wiesbaden.

Knoll, S. (1995): Sonderheft Weitergehende Abwasserreinigung, Forum Städtehygiene, Heft 2/3.

Menke, G. und F. Grossmann (1971): Einfluß der Schnellkompostierung von Müll auf Erreger von Pflanzenkrankheiten. Z. Pflanzenkrankheiten 78, 75-84.

Möse, J. R, und F. Reinthaler (1985): Mikrobiologische Untersuchungen zur Kontamination von Krankenhausabfällen und Hausmüll. Zbl. Bakt. Hyg. I Orig. B 181, 98-110.

Müller, W. (1967): Untersuchungen über die Überlebensfähigkeit von Salmonellen bei der anaeroben alkalischen Schlammfaulung im beheizten und unbeheizten Faulraum. Vet.Med.Diss. der Veterinärmedizinischen Fakultät der Justus Liebig-Universität Gießen.

Niese, G. (1969): Selbsterhitzungsversuche mit häuslichem und industriellem Klärschlamm. Gesundheits-Ing. 90, 119-122.

Niese, G. (1970): Die Messung der Sauerstoffaufnahme von Komposten als Möglichkeit zur Beurteilung von Rotteprozessen. Landw.Forschung 25, II Sonderheft, 125-127.

Pöpel, F. (1970):Aufbau, Wirkungsweise und Förderleistung von Umwälzbelüftern. In: Flüssigkompostierung von Flüssigmist und Abwasserschlamm durch Umwälzbelüftung (Verfahren Fuchs). Landtechn. Forschung 18, Heft 5.

Strauch, D. (1964): Veterinärhygiene und Abfallbeseitigung. In: Müll- und Abfallbeseitigung, KZ 5000 ff. Kumpf, W., Maas, K. und H. Straub (Hrsg.). Erich Schmidt-Verlag, Berlin.

Strauch, D. (1965): Kompostierungsverfahren experimentell getestet. Ztg. f. kommunale Wirtschaft 12, 17.

Zeschmar-Lahl, B. (1994): Mikrobiologische Belastung von Müllwerkern. SchrR. WAR 81, 211-234.

Weiterführende Literatur

Ahrens, E., Farkasdi, G. und I. Ibrahim (1965): Einige Kriterien zur Charakterisierung der Müllrotte. IAM-Informationsblatt 24, 17.

Arbeitsgemeinschaft für kommunale Abfallwirtschaft (AkA), Sammlung, Aufbereitung und Verwertung von Siedlungsabfällen. Taschenbuch, Hrsg. H. Straub, Baden-Baden, 1960.

Arbeitsgemeinschaft Gießener Universitäts.Institute für Abfallwirtschaft (1972): Klärschlamm-Behandlung, Beseitigung, Verwertung. Gießener Berichte zum Umweltschutz, Band 1.

ARGE Gießener Universitäts-Institute für Abfallwirtschaft (1974): Beseitigung und Verwertung von Siedlungsabfällen durch Kompostierung. Gießener Berichte zum Umweltschutz, Band 4.

Banse, H.-J., Farkasdi, G., Knoll, K.H. und D. Strauch (1967): Kompostierung von Siedlungsabfällen - Versuche in der DANO-Anlage des Bodenverbesserungsverbandes Bad Kreuznach. Der Städtetag 20, 408.

Banse, H.-J., Farkasdi, G., Knoll, K.H. und D. Strauch (1967): Kompostierung von Siedlungsabfällen. IAM-Informationsblatt 32, 232.

Beyer, A. et al. (1993): Geruchsminimierung bei Kompostwerken. Schriftenreihe WAR 68, 125-140.

Bidlingmaier, B. (1985): Biologische Grundlagen der Kompostierung. In: Kompostierung von Abfällen 2, 7-23, Hrsg.: Thomé-Kozmiensky, K.J., EF-Verlag, Berlin.

Bilitewski, B. (1985): Recyclinganlagen für Haus- und Gewerbeabfälle. Grundlagen-Technik-Wirtschaftlichkeit-Umweltwirkungen. Müll und Abfall, Beiheft 21.

Blair, M. R. (1951): The public health importance of compost production in the Cape. Public Health (Johannesburg, S. A.) 15, 29-37.

Bornkessel, J. (1960): Über die Wirkung der städtischen Kläranlage Gießen sowie der Kompostierung von Faulschlamm und Müll auf die Lebensfähigkeit von Wurmeiern der Haustiere. Inaugural-Dissertation Vet.-Med. Fakultät der Justus-Liebig-Universität Gießen.

Braun, R. (1966): Zur Frage der Beeinflussung des Grundwassers durch Ablagerung von Verbrennungsrückständen und Müllkompost. Schweiz. Bauzeitung 84, 36.

Braun, R. et al. (1979): Empfehlungen für die verfahrenstechnische Gestaltung und die maschinelle Ausstattung von Kompostwerken. Bericht über die Ergebnisse eines internationalen Fachgespräches. Müll und Abfall 9, 248ff.

Buekens, A. and J. Schoeters (1984): Thermal methods in waste disposal. Part 1:

Pyrolysis and gasification. Final Report. Study performed for E.E.C. under Contract Number ECJ 1011/B/7210/83/b.

Bundesärztekammer, Der Wissenschaftliche Beirat (1990): Potentielle Gesundheitsgefahren durch Emissionen aus Müllverbrennungsanlagen. D.Ärztebl. Heft 1 und 2.

Buttner, G. L. (1954): Composting in connection with sludge removal. Street and Business 40, 393-395.

Chammah, A., Collins, H.-J., Ramke, H.-G. und P. Spillmann (1987): Einfluß von Recycling-Maßnahmen auf den Wasser- und Stoffhaushalt von Hausmülldeponien. Müll und Abfall 9, 353-357.

Collins, C.H. und D.A. Kennedy (1987): Microbiological hazards of occupational needlestick and 'sharps' injuries. J. of Applied Bacteriology 62, 385-402.

Collins, H.-J: (1979): Wasser- und Stoffhaushalt in Abfalldeponien und deren Wirkung auf Gewässer. Bericht über ein interdisziplinäres Forschungsvorhaben. Müll und Abfall 11, 53-59.

Collins, H.-J. (1986): Zeitliche Veränderung des Austritts von Schadstoffen aus Hausmülldeponien. In: Fortschritte der Deponietechnik - Abfallwirtschaft in Forschung und Praxis, Band 16, 203-223, Hrsg.: Fehlau, K. und K. Stief. Erich Schmidt-Verlag, Berlin.

Collins, H.-J. und P. Spillmann (1990): Lagerungsdichte und Sickerwasser einer Modelldeponie von selektiertem Hausmüll. Müll und Abfall 6, 365-373.

Collins, H.-J. und F. Brammer (1994): Bewässerung von Mülloberflächen. Müll und Abfall 5, 260-278.

Cremona, E. (1957): Wirtschaftlicher und technischer Vergleich verschiedener Müllbeseitigungsverfahren. In: VI. Internationaler Kongreß für Städtereinigung.

Derrikx, P.J.L. et al. (1990):Odorous sulfur compounds emitted during production of compost used as a substrate in mushroom cultivation. Appl. Environm. Microb. 56, 176-180.

Dott, W. et al. (1990): Biologische Verfahren der Abfallbehandlung, EF-Verlag, Berlin.

Ehrig, H.J. (1991): Sickerwasser aus Mülldeponien - Menge und Zusammensetzung. In: Müll-Handbuch KZ 4587, Hrsg.: Hösel, G., Schenkel, W. und H. Schnurer. Erich Schmidt-Verlag, Berlin.

Erhard, H. (1991): Aus der Geschichte der Städtereinigung. In: Müll-Handbuch KZ 110, Hrsg.: Hösel, G., Schenkel, W. und H.Schnurer. Erich Schmidt-Verlag, Berlin-Bielefeld-München.

Farkasdi, G. (1961): Temperaturverhältnisse bei der Kompostierung nach dem Verfahren Baden-Baden. Städtehygiene 7. 138.

Farkasdi, G. (1963): Versuche über die Wirkung verschiedener Zusatzstoffe bei der Mietenkompostierung von Müll und Klärschlamm. IAM-Informationsblatt 19, 17.

Farkasdi, G. (1965): Do additives affect windrow composting of refuse and sludge Compost Science 6, 11.

Farkasdi, G. (1966): Die mikrobiologischen Vorgänge bei der Kompostierung. Organ. Landbau 9, 85.

Farkasdi, G., Glathe, H., Knoll, K.H., Niese, G. und D. Strauch (1968): Die toxikologische Bedeutung von Detergentien in Müll-Klärschlamm-Komposten. Müll-Abfall-Abwasser 8, 18.

Farkasdi, G., Golwer, A., Knoll, K.H., Matthess, G. und W. Schneider (1969): Mikrobiologische und hygienische Untersuchungen von Grundwasserverunreinigungen im Unterstrom von Abfallplätzen. Städtehygiene 20, 25-31.

Farkasdi, G., Knoll, K.H., Niese, G., Menke, K. und D. Strauch (1971): Hygienische und biologische Effektivität von Rottetürmen bei der Kompostierung von Siedlungsabfällen. Müll und Abfall 3, 21-27.

Fichtel, K. (1988): Behandlung von Rückständen aus Müllverbrennungsanlagen. Entsorgungspraxis 12, 560-562.

Finstein, M.S. et al. (1986): Waste treatment composting as a controlled system. In: Biotechnology, Vol. 8, Microbioal degradiations, Hrsg. Rehm, H.J. et al. VCH-Verlag, Weinheim. New York.

Fresenius, W., Knoll, K.H., Leonhatdt, H.W., Matthess, G., Tangermann, H. und W. Schneider (1977): Qualitative und quantitative Untersuchung des Sickerwassers einer Hausmülldeponie mit Basisabdichtung. Müll und Abfall 7, 190-206.

Gallenkemper, B. und H.Doedens (1988): Getrennte Sammlung von Wertstoffen des Hausmülls. In: Abfallwirtschaft in Forschung und Praxis, Band 21, Erich Schmidt-Verlag, Berlin.

Glathe, H. (1959): Biologische Vorgänge bei der Kompostierung von Müll. I. Internationaler Kongreß für Beseitigung und Verwertung von Siedlungsabfällen, Scheveningen (Niederlande).

Glathe, H. (1961): Bestimmung von Kompostmodellen von Müll mit und ohne Klärschlamm unter Verwendung physikalischer, chemischer und biologischer Messungen. In: Gemeinsamer Bericht über die Ergebnisse zum DFG-Forschungsauftrag Nr. A 204 der AkA. DLG-Kommissionsverlag Frankfurt/Main.

Glathe, H. (1962): Microbiological processes in Composting. Compost Science 3, 2, 8,

Glathe, H. (1962): Mikrobiologische Vorgänge bei der Kompostierung und ihre Auswirkungen in physikalisch-chemischer Hinsicht. Tagungsberichte des II. Internat. Kongresses der IAM, Mai 1962, Essen.

Glathe, H., Knoll, K.H. und A.A.M.Makawi (1963): Das Verhalten von Salmonellen in verschiedenen Bodenarten. Z. Pflanzenernährung, Düngung, Bodenkunde 100, 224.

Golueke, C. G. and H. B. Gotaas (1954): Public health aspects of waste disposal by composting. American J. of Public Health 44, 399.

Golwer, A. und G. Mattheß (1968): Research on groundwater contaminated by deposits of solid waste. Intern. Assoc. Sci. Hydrol. 78, 129-133.

Golwer, A., Mattheß, G. und W. Schneider (1971): Einfluß von Abfalldeponien auf das Grundwasser. Städtetag, 119.

Golwer, A., Knoll, K.H., Mattheß, G., Schneider, W. und K.H.Wallhäußer (1971): Biochemical processes under anaerobic and aerobic conditions in groundwater contaminated by solid waste. Geochimica et Cosmochimica Acta, Pergamon Press, London.

Golwer, A., Knoll, K.H., Mattheß, G., Schneider, W. und K.H. Wallhäußer (1972): Mikroorganismen im Unterstrom eines Abfallplatzes. Ges.Ing. 142.

Golwer, A., Knoll, K.H., Nöring, F. und W. Schneider (1976): Belastung und Verunreigung des Grundwassers durch feste Abfallstoffe. Abh. Hess. Landesamt für Bodenforschung 73, 131 S., 23 Abb., 34 Tab., 2 Taf., Wiesbaden.

Göttlich, E. und D.Bardtke (1991): Keimemission bei der Müllverarbeitung. Gesundheitsschädigung der Beschäftigten durch mikrobielle Aerosole. Entsorgungs-Technik 12, 32-35.

Götze, K., Budig, M. und E. Homrighausen (1969): „Giessener Modell"- gemeinsame Beseitigung fester und flüssiger Siedlungsabfälle. Teil 1: Der Städtetag 22, 202-205. Teil 2: Der Städtetag 22, 251-255.

Gotaas, H.B. (1956): Composting, Sanitary disposal and reclamation of organic wastes. World Health Organization, Genf.

Grossmann, F. und G. Menke (1964): Krankheitserreger und Parasiten für die Pflanze. In: Müll- und Abfallbeseitigung KZ 5115, W. Kumpf, K.Maas und H. Straub (Hrsg.). Erich Schmidt-Verlag, Berlin.

Härdtle, G. et al. (1991): Recycling von Kunststoffabfällen. Müll und Abfall, Beiheft 27, 2.Aufl. Erich Schmidt-Verlag, Berlin.

Halbwachs, H. (1994): Solid Waste Disposal in District Health Facilities. World Health Forum, Vol. 15.

Hangen, H.O. (1993): Kompostproduktion heute und in Zukunft. Schriftenreihe des AK für die Nutzbarmachung von Siedlungsabfällen (ANS) e.V., Heft 20, Bad Kreuznach.

Hartinger, L. (1991): Handbuch der Abwasser- und Recyclingtechnik. Hanser-Verlag, München-Wien.

Helmer, R. (1974): Abluftreinigung in Müllkompostwerken mit Hilfe der Bodenfiltration. Müll und Abfall 5, 140-146.

Hirschheydt von, A. (1966): Städtereinigung 3, 75.

Homrighausen, E. (1971): Die Abfallbeseitigung im Hinblick auf zukünftige infrastrukturelle Planungen und Maßnahmen. Kommunalwirtschaft, H. 1, 29-34.

Hösel, G. (1990): Unser Abfall aller Zeiten. Ihle-Verlag, München.

Hösel, G. (1991): Beseitigung von Abfallstoffen aus der Sicht der öffentlichen Gesundheitspflege. Müll-Handbuch, KZ 0120, Hrsg. Hösel, G., W. Schenkel und H.Schnurer. Erich Schmidt-Verlag, Berlin-Bielefeld-München.

Hösel, G. und H.Freiherr von Lersner (Hrsg.): Recht der Abfallbeseitigung des Bundes und der Länder (RdA). 1.-56. Lieferung (März 1996). Ab 57. Ergänzungslieferung (Juli 1996): Freiherr von Lersner, H. und H. Wendenburg (Hrsg.). Ergänzbares Handbuch als Loseblattsammlung bis 64. Ergänzungslieferung (September 1997). Erich Schmidt-Verlag, Berlin-Bielefeld-München.

Hösel, G., Bilitewski, B., Schenkel, W. und H. Schnurer (Hrsg.): Müll-Handbuch. Sammlung und Transport, Behandlung und Ablagerung, sowie Vermeidung und Verwertung von Abfällen, - Ergänzbares Handbuch für die kommunale und industrielle Abfallwirtschaft. Seit 1980 mehrere Bände, Lieferung 7/97 im Oktober 1997. Erich Schmidt-Verlag, Berlin-Bielefeld-München.

Hösel, G. und K.-H. Lindner (Hrsg.): Technische Vorschriften für die Abfallbeseitigung (TVAB). Ergänzbare Sammlung der Technischen Anleitungen, Technischen Regeln, Richtlinien, Merkblätter, Musterblätter u. ä. für Vorbereitung, Planung und Durchführung von Maßnahmen zur schadlosen Beseitigung und zur Verwertung von Abfällen aus Haushaltungen, Gemeinden, gewerblichen Betrieben und Landwirtschaft einschließlich der Maßnahmen gesundheitstechnischer Art. Stand: 46. Lieferung Juni 1997. Erich Schmidt-Verlag, Berlin-Bielefeld-München.

Jäger, B. und J.Jager (1980): Ermittlung und Bewertung von Geruchsemissionen bei der Kompostierung von Siedlungsabfällen. Müll und Abfall 13, 22-28.

Jäger, B. (1990): Die Behandlung und Beseitigung fester Abfälle durch biologische Verfahren. In: Müll-Handbuch KZ 5300, Hrsg.: Hösel, G., Schenkel, W. und H. Schnurer. Erich Schmidt-Verlag, Berlin.

Jäger, B. (1991): Die hauptsächlichen Verfahren der Kompostierung. In: Müll-Handbuch KZ 5410, Hrsg. Hösel, G., Schenkel, W. und H. Schnurer. Erich Schmidt-Verlag, Berlin.

Jager, E. et al.(1989): Medizinische Abfälle, 1. Mitteilung: Mikrobiologische Untersuchungen von Abfällen verschiedener Disziplinen eine Groß- und eines Kleinkrankenhauses im Vergleich zu Haushaltsabfällen. Zbl. Hyg., 188, 343-346.

Jager, E. et al. (1990): Medizinische Abfälle, 2. Mitteilung: Vergleichende Untersuchungen über die mikrobielle Kontamination von Abfällen aus Arztpraxen verschiedener Disziplinen sowie von Haushaltungen. Zbl. Hyg. 190, 188-206.

Jager, E. et al. (1994): Kompostierungsanlagen. 2. Mitteilung: Aerogene Keimbelastung an verschiedenen Arbeitsbereichen von Kompostierungsanlagen. Zbl.Hyg. 196, 367-379.

Jager, E. et al. (1995): Aerogene Keimbelastung bei der Wertstoffsortierung. Zbl. Hyg. 197, 398- 407.

Jager, E. et al. (1996): Hygienische Risiken von Arbeitsplätzen in der Abfallwirtschaft. In: Müll-Handbuch KZ 5065, Hrsg.: Hösel, G., Bilitewski, B., Schenkel, W. und H.Schnurer. Erich Schmidt-Verlag, Berlin-Bielefeld-München.

Jager, J. (1979): Zur chemischen Ökologie der biologischen Abfallbeseitigung. Diss.Univ. Heidelberg, Naturwissenschaftliche Fakultät.

Jager, J. et al. (1989): Geruchsemissionen bei der Kompostierung. In: Müll-Handbuch, KZ 5330, Hrsg.: Hösel, G. et al. Erich Schmidt Verlag, Berlin-Bielefeld-München.

Jager, J., Beyer, A. und B. Zeschmar-Lahl (1992): Geruchsminimierung bei Kompostwerken. Entsorgungspraxis 10, 869-875.

Jansen, J. und H. Kunst (1953): Are pathogenic micro-organisms killed in wastedumps where sufficiently high fermentation temperatures occur ? Netherlands J. of agricultural Science, Vol. 1, No. 2, 111.

Jung, K.D. (1982): Einfluß der Deponieverfahren auf Retention und Elimination von pathogenen Mikroorganismen. Forum Städtehygiene 33, 292-295.

Jung, K.D. (1986): Verhalten pathogener Indikatorkeime in Versuchsdeponien in Abhängigkeit besonderer Betriebsbedingungen. Forum Städtehygiene 37, 27-32.

Kalnowski, G., Kraepelin, G. und H. Rüden (1982): Untersuchungen des mikrobiellen Aerosols in einer Müllumladestation und in ihrer Umgebung. Ges.Ing. 103, 150-155.

Kern, M. (1991): Untersuchungen zur vergleichenden Beurteilung von Kompostierungsverfahren. Bioabfallkompostierung - flächendeckende Einführung. In:Abfallwirtschaft Witzenhausen 6. Bilitewski, G. (1994): Abfallwirtschaft. Springer-Verlag, Berlin, Heidelberg, New York.

Klatte, St. (1990): Populationsanalyse der bakteriellen Flora eines Biobettes zur Reinigung der Abluft einer TKVA. Diplomarbeit der Univ. Osnabrück, Fachbereich Biologie/Chemie.

Kliche, R. et al.(1993): Zusammenhang zwischen mikrobieller Besiedlung und Geruchsemission. Endbericht zum Verbundvorhaben „Neue Techniken zur Kompostierung", Umweltbundesamt. Berlin.

Klopotek von, A. (1963): Schimmelpilze und Müll. IAM-Informationsblatt 19, 10.

Klotter, H.E. und E. Hantge (1969): Abfallbeseitigung und Grundwasserschutz. Müll und Abfall 1, 1-8.
Knoll, K.H. (1959): Die Kompostierung im Blickpunkt der Hygiene. I.Internationaler Kongreß für Beseitigung und Verwertung von Siedlungsabfällen. Scheveningen (Niederlande).

Knoll, K.H. (1960): Hygiene der Abfallbeseitigung und Kompostierung. In: AkA-Taschenbuch: Sammlung, Aufbereitung und Verwertung von Siedlungsabfällen, Hrsg. H. Straub, Baden-Baden.ö

Knoll, K.H. (1961): Neuzeitliche Probleme der Abfallbeseitigung unter besonderer Berücksichtigung der Abtötung von Salmonellen. Habil.Schrift der Medizinischen Fakultät der Justus Liebig-Universität Gießen.

Knoll, K.H. (1961): Public Health and Refuse Disposal. Compost Science Vol.2, No.1, 35-40.

Knoll, K.H. (1961): Die Anforderungen der Hygiene bei der Beseitigung städtischer Abfallstoffe. Städtehygiene 12, 95-99.

Knoll, K.H. (1967): Gegenwärtiger Stand der hygienisch einwandfreien Beseitigung fester und flüssiger Siedlungsabfälle - unter besonderer Berücksichtigung der Kompostierung. Städtehygiene 18, 28-32.

Knoll, K.H. (1968): Anforderungen der Hygiene an die Abfallentsorgung. In: Müll-Handbuch KZ 5040, Hrsg.: Hösel, G., Kumpf, W., Maas, K. und H.Straub. Erich Schmidt-Verlag, Berlin.

Knoll, K.H. (1970): Bakteriologische Untersuchungen zur hygienischen Überprüfung des Multibacto-Rotteturm-Verfahrens. Zbl. Bakter. II Orig. 124, 346-351.

Knoll, K.H. (1972): Verstärkte Abwasserreinigung bringt neue Abfallbeseitigungsprobleme. In: Umwelt-Report. Umschau-Verlag, Frankfurt am Main.

Knoll, K.H: (1972): Hygienische Aspekte der Abfallbeseitigung. korrespondenz Abwasser 19, 230ff.

Knoll, K. H. (1973): Hygiene der Abfallbeseitigung. In: Umwelt aktuell, Teil III; Verlag C.F. Müller, Karlsruhe.

Knoll, K.H. (1973): Groundwater contamination by waste deposits and implications for methods of refuse disposal. J.Americ.Water Works Assoc. 65.

Knoll, K.H. (1973): Möglichkeiten und Grenzen der biologischen Abbaubarkeit fester Abfälle (einschließlich der Kunststoffe). VDI-Berichte Nr. 207, 61-67.

Knoll, K.H. (1973): Umweltfreundliche, gemeinsame Beseitigung von Klärschlamm und Müll. In: Monographie des österr. Forums für Umweltschutz und Umweltgestaltung, 70-90.

Knoll, K.H. (1974): Gesundheitstechnische Grundlagen der Abfallbeseitigung. Stuttgarter Berichte zur Abfallwirtschaft 1, 1-16.

Knoll, K.H. (1974): Prüfung der Entseuchung bei den verschiedenen Kompostierungsverfahren. Wasser und Abwasser II, 1. 30-32.

Knoll, K.H. (1974): Environmental Hygiene and Disposal of Waste. International Water Pollution Control, Johannesburg (S.A.).

Knoll, K.H. (1975): Biologisches Recycling von Abfällen und Abfallprodukten. Gießener Berichte zum Umweltschutz, Band 5, 11-14.

Knoll, K.H. (1977): Abfallbeseitigung aus der Sicht der Kommunal- und Umwelthygiene. Der Städtetag, Heft 9, 190-206.

Knoll, K.H. (1980): Hygienische, biologische und chemisch-hydrogeologische Untersuchungen einer geordneten Mülldeponie. Umweltforschungsplan des Bundesministers des Innern- Abfallwirtschaft. Forschungsbericht 17/70A - II A 90.

Knoll, K.H. (1982): Persistenz anthropogener Mikroorganismen in Porengrundwasserleitern. Forum Städtehygiene 33, 270-275.

Knoll, K.H. (1983): Hygienische Probleme bei der Deponierung, Kompostierung und Verbrennung von Siedlungsabfällen. Zbl. Bakter. I., Orig. B 178, 166-173.

Knoll, K. H. (1986): Persistenz anthropogener Mikroorganismen in Porengrundwasserleitern. Forum Städtehygiene 37, 270-275.

Knoll, K.H. (1987): Krankheitserreger aus Abfalldeponien auf dem Wege zum und im Grundwasser. Öff.Gesundh.Wesen 49, 41-46.

Knoll, K.H. (1988): Anthropogene Schadstoffe im Trinkwasser - präventive Aufgaben der Gesundheitsämter. Öff. Gesundh.Wes. 50, 431-434.

Knoll, K.H. (1989): Standortbeurteilung aus medizinischer Sicht. Langzeitwirkung und Grenzwertproblematik von Belastungen. Forum Städtehygiene 40, 233-238.

Knoll, K.H. und D.Strauch (1964): Ein neuer Weg zur Aufbereitung und Verwertung von Siedlungsabfällen. - Die hygienische Wirksamkeit des Brikollare-Verfahrens. Städtetag H. 5, 243- 247.

Knoll, K.H., H.H.Rump und W.Schneider (1983): Effects of Toxic Pollutants on Indicator Germs in Large-Scale Solid-Waste Ecosystems. Ecotoxicology and Environmental Safety 7, 463-474.

Knoll, K.H. und K. D. Jung (1986): Wasser- und Stoffhaushalt von Abfalldeponien und deren Wirkungen auf Gewässer. In. Forschungsbericht der DFG, Band 2, 217-239.

Knoll, S. (1995). Sonderheft Weitergehende Abwassereinigung, Forum Städtehygiene, Heft 2/3.

Knorr, M. (1956): Hygienische Probleme um den Müll. In: Aktuelle Fragen der Müllbeseitigung, Müllaufbereitung und Müllverwertung. Züricher Symposium 1955. Oldenbourg-Verlag, München.

Koch, J. (1974): Untersuchungen und biologische Reinigung von Sickerwasser aus Mülldeponien. Dissertation TU Braunschweig.

Koch, M. (1981): Eluate aus pyrolysiertem Hausmüll. Diss.Arbeit, Technische Univ. Berlin.

Koepp-Bank, H.J. (1989): Mikrobiologische Grundlagen des aneroben Abbaus organischer Substanzen. In: Biogas - Anaerobtechnik in der Abfallwirtschaft, 85ff, Hrsg.: Thomé-Kozmiensky, K.J. EF-Verlag, Berlin.

LAGA-Merkblatt Nr. 10: Qualitätskriterien und Anwendungsempfehlungen für Kompost aus Müll und Müllklärschlamm. In: Müll-Handbuch KZ 6857. Hrsg.: Hösel, G., Schenkel, W. und H.Schnurer. Erich Schmidt-Verlag, Berlin-Bielefeld-München.

LAGA-Informationsschrift: Umschlagstationen für Hausmüll und hausmüllähnliche Abfälle. In: Müll-Handbuch KZ 2322. Hrsg.: Hösel, G., Schenkel, W. und H.Schnurer. Erich Schmidt-Verlag, Berlin-Bielefeld-München.

LAGA-Umsteigekatalog. Zuordnung LAGA-Abfallschlüssel zum Europäischen Abfallkatalog. Stand: 18.04.1997, Hrsg.: Länderarbeitsgemeinschaft Abfall. In: Müll-Handbuch, Anlageband. Hrsg.: Hösel, G., Bilitewski, G. Schenkel, W. und H. Schnurer. Erich Schmidt-Verlag, Berlin, 1997.

LAGA-Umsteigekatalog. Zuordnung LAGA-Abfallschlüssel zum Europäischen Abfallkatalog und zu den OECD-Codes. Stand 10.08.1995, Hrsg.: Länderarbeitsgemeinschaft Abfall, In: Müll-Handbuch, Anlageband. Hrsg.: Hösel, G., Bilitewski, G., Schenkel, W. und H. Schnurer. Erich Schmidt-Verlag, Berlin, 1995.

LAGA-Merkblatt (1991): Entsorgung von Abfällen aus öffentlichen und privaten Einrichtungen des Gesundheitsdienstes Bundesgesundheitsblatt 30, 92.

Lahl, U. (1993): Arbeitsschutz in Kompostanlagen. WLB Wasser, Luft und Boden 37, 68-69.

Lenz, S. (1979): Optimale Abfallnutzung durch neuartige Pyrolyseverfahren. Umwelt 4, 291-292.

Loll, U. (1985): Kompostierung als Verfahren zur Klärschlammstabilisierung. In. Kompostierung von Abfällen 2, 244-259, Hrsg.: Thomé-Kozmiensky, K.J. EF-Verlag, Berlin.

Lotter, S. und R. Stegmann (1989): Verfahren zur anaeroben Behandlung organischer Siedlungsabfälle. In: Biogas - Anaerobtechnik in der Abfallwirtschaft, 215ff. Hrsg.: Thomé-Kozmiensky, K.J.Verlag, Berlin.

Lundholm. M. and R. Rylander (1980): Occupational symptoms among compost workers. J.Occup. Med. 22, 256-257.

Malmros, P. (1994): Arbeitsumweltprobleme im Bereich der Wiederverwertung von Abfällen. In: 5. Hohenheimer Seminar „Nachweis und Bewertung von Keimemissionen bei der Entsorgung von Kommunalen Abfällen sowie Spezielle Hygieneprobleme der Bioabfallkompostierung. (Hrsg.: Böhm, R.), 21-35.

Malmros, P., Sigsgaard, T. and B. Bach (1992): Occupational Health problems due to garbage sorting. Waste Management & Research 10, 227-234.

Martin, P. (1963): Phytopathologische Probleme bei der Müllkompostierung. IAM-Informationsblatt 19, 8.

Mayer, J. (1990): Geruchsstoffe bei der Heißrotte von Hausmüll. Diss. Univ. Tübingen, Fakultät für Chemie und Pharmazie.

Megay, K. (1956): Seuchenhygienische Gefahren bei der Einbringung von Abfall-stoffen aus Siedlungen in Gewässer, Wasser und Abwasser. Bundesanstalt für Wasserbiologie und Abwasserforschung, Wien-Kaisermühlen, 58-65.

Menke, G. und F. Grossmann (1971): Einfluß der Schnellkompostierung von Müll auf Erreger von Pflanzenkrankheiten. Z. Pflanzenkrankh. 78, 75-84.

Merkblatt: Die Geordnete Ablagertung von Abfällen (1991): In. Müll-Handbuch KZ 4690. Hrsg.: Hösel, G., Schenkel, W. und H. Schnurer. Erich Schmidt-Verlag, Berlin.

Möse, J. R. und F. Reinthaler (1985): Mikrobiologische Untersuchungen zur Kon-tamination von Krankenhausabfällen und Hausmüll. Zbl. Bakt. Hyg. I Orig. B 181, 98-110.

Müller, H. E, (1992): Das Bundesseuchengesetz und die Abfallentsorgung aus Krankenhäusern und Arztpraxen. Gesundh.-Wes. 54, 655-661.

Müller, H. J. (1991): Umladestationen. In: Müll-Handbuch KZ 2320, Hrsg.:Hösel,G., Schenkel,W. und H. Schnurer. Erich Schmidt-Verlag, Berlin.

Nersting, L., Malmros, P., Sigsgaard, T. and C. Petersen (1991): Biological health risk associated with resource recovery, sorting of recycle waste and composting. Grana 30, 454-457.

Neumann, U. und G. von Ooyen (1979): Rekultivierung von Deponien und Müll-kippen - Grundlagen für die Praxis der Rekultivierungsplanung. Müll und Abfall, Beiheft 16. Erich Schmidt-Verlag, Berlin.

Niese, G. (1963): Versuche zur Bestimmung des Rottegrades von Müllkomposten mit Hilfe der Selbsterhitzungsfähigkeit. IAM-Informationsblatt 17, 3.

Niese, G. (1969): Selbsterhitzungsversuche mit häuslichem und industriellem Klärschlamm. Ges.Ing. 90, 119-122.

Niese, G. (1969): Unterbringung von Siedlungsabfällen unter dem Aspekt des Landschaftsschutzes. Müll-Abfall-Abwasser, Staubtechnik und Lufthygiene, H. 12, 2-6.

Niese, G. (1970): Die Messung der Sauerstoffaufnahme von Komposten als Mög-lichkeit zur Beurteilung von Rotteprozessen. Landw.Forschung 25, II. Sonderheft. 125-127.

Nöring, F., Farkasdi, F., Golwer, A., Knoll, K.H., Matthess, G. und W. Schneider (1968): Über Abbauvorgänge von Grundwasserverunreinigungen im Unterstrom von Abfalldeponien. GWF 109, 137-142.

Nordhaus, R. (1992): Das Herhof-Verfahren zur Bioabfallkompostierung. In: Ver-fahrenstechnik der Bioabfallkompostierung, Hrsg.: Wiemer, K. und M. Kern, Ab-fallwirtschaft 10.

Oetjen, R. (1985): Problemstoffe im Hausmüll. Umwelt 6, 494-496.

Orth, H. (1991): Fahrzeuge für den Transport von Fäkalien. In: Müll-Handbuch KZ 2021. Hrsg.: Hösel, G., Schenkel, W. und H. Schnurer. Erich Schmidt-Verlag, Berlin.

Peter, E. (1953): Die Kehrichtbeseitigung, eine der dringlichsten Aufgaben der öffentlichen Gesundheitsdienste. Schweizer. Vereinigung für Landesplanung, Plan 10, 78.

Peters, J. (1992): Abfälle aus Gesundheitseinrichtungen des Gesundheitsdienstes - Einteilung in Risikogruppen und Entsorgung. Bundesgesundheitsblatt 35, 27-29.

Peters, J, (1993): Krankenhausabfälle und die Richtlinie der Europäischen Gemeinschaft über gefährliche Abfälle. Bundesgesundheitsblatt 5, 212.

Philipp, W., Pfirrmann, A., Schmidt, B. und D. Strauch (1994): Keime und Viren bei Abfallbehandlungsanlagen - Konsequenzen für den Arbeitsschutz. 6.Kasseler Abfallforum: Verwertung Biologischer Abfälle, 19.-21.4.1994.

Pierau, H. und G. Müller (1970): Die Bedeutung der „Rotte-Deponie" für eine hygienisch einwandfreie Beseitigung von Klärschlamm zusammen mit festen häuslichen Abfällen. Städtehygiene 21, 82-87.

Pöhle, H. und R. Kliche (1996): Geruchsstoffemissionen bei der Kompostierung von Bioabfall. Zbl. Hyg. 199, 38-50.

Pöpel, F. (1970):Aufbau, Wirkungsweise und Förderleistung von Umwälzbelüftern. In: Flüssigkompostierung von Flüssigmist und Abwasserschlamm durch Umwälz-belüftung (Verfahren Fuchs). Landtechn. Forschung 18, Heft 5.

Powell, J. (1992): Safety of workers in recycling and mixed waste processing plants. Resource Recycling 9, 49-51.

Rössler, B. (1951): Beeinflussung des Grundwassers durch Müll- und Schuttablagerungen. Vom Wasser 18, 43-60.

Ronellenfitsch, M. (1989): Standortwahl bei Abfallentsorgungsanlagen: Planfeststellungsverfahren und Umweltverträglichkeitsprüfung. Die Öffentliche Verwaltung, 737.

Rüden, H. (1988): Zur Frage der Abfallentsorgung im Krankenhaus. Hygiene und Medizin 13, 47.

Rüden, H. und E. Jager (1989): Entsorgung von medizinischen Abfällen unter hygienischen und wirtschaftlichen Aspekten. Krankenhaus 80 (9), 504-508.

Rüden, H., Jager, E.und B. Zeschmar-Lahl (1994): Hygienische Aspekte der Bioabfallkompostierung aus humanmedizininischer Sicht. In: 5. Hohenheimer Seminar „Nachweis und Bewertung von Keimemissionen bei der Entsorgung von

Kommunalen Abfällen sowie spezielle Hygieneprobleme der Bioabfallkompostierung" (Hrsg.: Böhm, R.), 311-327.

Ruchhoft, C. C. (1934): Studies on the longevity of Bact. typhosa (Eberthella typhi) in sewage sludge. Sewage Works Journal 6, 1054.

Schinzel, A. (1957): Die Belastung des Grundwassers durch Abfallstoffe. Wasser und Abwasser, 192-217. Verlag Winkler, Wien.

Schlag, D. et al. (1993): Betriebsanlagen zur Vergärung von Abfällen. Müll und Abfall 23, 8.

Schlegel, W.E. (1985): Betrieblicher Umweltschutz: Immissionsschutz, Gewässerschutz, Abfallbeseitigung. Ecomed-Verlagsgesellschaft, Landsberg.

Schultz, R. (1988): Umweltverträglichkeitsprüfung. Z. für angewandte Umweltforschung 2, 137-150

Sigsgaard, T. and P. Malmros (1990): Respiratory impairment among workers in a garbage-handling plant. American Journal of Industrial Medicine 17, 92-93.

Stokes, E. J. et al. (1945): Effect of drying and digestion of sewage, sludge on certain pathogenic organisms. J. and Proc. Inst. Sewage Purification I, 36-44.

Spillmann, P. (Hrsg.) - (1986): Wasser- und Stoffhaushalt von Abfalldeponien und deren Wirkungen auf Gewässer. DFG-Forschungsbericht. VCH-Verlag, Weinheim.

Spillmann, P. und H.-J. Collins (1981): Das Kaminzug-Verfahren - eine einfache und zielsichere Belüftung als Voraussetzung des aeroben Abbaues im Betrieb einer geordneten Mülldeponie. Forum Städtehygiene 32, 27-57.

Storm, C. und Bunge, Th. (1988): Richtlinien des Rates vom 27. 8.1985 über die UVP. Handbuch der Unverträglichkeitsprüfung, KZ 9405. Erich Schmidt-Verlag, Berlin.

Straub, H. (1950): Herstellung von Kompost aus Abwasserschlamm und Hausmüll. Berichte der ATV, Heft 1. Die Stuttgarter Tagung 1949. Oldenbourg-Verlag, München.

Straub, H. (1956): Die Kompostierung städtischer Abfallstoffe. Ein Erfahrungsbericht vom Kompostwerk Baden-Baden. Ges. Ing. (GI) H. 19/20.

Straub, H. (1957): Grundsätzliche Fragen bei der Behandlung von Siedlungsabfällen. AkA-Arbeitstagung Düsseldorf, Tagungsheft S. 46.

Strauch, D. (1961): Veterinärhygienische Untersuchungen an Müll-Klärschlammkomposten. Monatsheft für Tierheilkunde 13, 292.

Strauch, D. (1965): Kompostierungsverfahren experimentell getestet. Z.f.kommunale Wirtschaft 12, 17.

Strauch, D., Knoll, K.H. und H.J.Banse (1963): Werden die hygienischen Forderungen bei der Kompostierung von Siedlungsabfällen erfüllt ? Städtetag H. 9, 473.

Strauch, D. und H.-J. Banse (1963): Zur Frage der Desodorierung bei der Mietenkompostierung von Siedlungsabfällen. Städtehygiene 14, 188.

Strauch, D. und G. Hahn (1968): Untersuchungen über die Tenazität von Krankheitserregern in tierischen Fäkalien. 1.Mitt.: Die Tenazität von Salmonellen in Flüssiglisten. Berl.Münchner tierärztl.Wschr. 81, 441-444. 2. Mitt.: Die Tenazität von Salmonellen in Hühnerkot. Berl. Münchner tierärztl. Wschr. 81, 468-471.

Strauch, D. und E. Parrakova (1969): Gefährdung des Weideviehs bei Düngung mit Klärschlamm ? DLG-Mitt. 84, 1256-1260.

Streib, R., Herbold, K. und K. Botzenhart (1989): Keimzahlen ausgewählter Mikroorganismen in ungetrenntem Hausmüll, Biomüll und Naßmüll bei unterschiedlichen Standzeiten und Außentemperaturen. Forum Städtehygiene 40, 290-292.

Tabasaran, O. (1986): Technische, umwelttechnische und ökologische Aspekte bei der getrennten Sammlung von Hausmüll. Konzepte zur Gewinnung von Wertstoffen aus Hausmüll. In: Berichte aus Wassergütewirtschaft und Gesundheitswesen, 287-321, Techn.Univ.München.

Thöne, H. und M. Cevrin (1992): Abfallbehandlung - ein wesentlicher Bestandteil der Deponieplanung. Entsorgungspraxis 1.

Thomé-Kozmiensky, K.J. (1981): Rauchgasreinigung nach der Abfallverbrennung. TU-Eigenverlag, Berlin.

Thomé-Kozmiensky, K.J. (1987): Deponie-Ablagerung von Abfällen. Hrsg.: Thomé-Kozmiensky, H.J. EF-Verlag, Berlin.

Thomé-Kozmiensky, H.J. (1989): Sammlung, Umschlag und Transport von Haushaltsabfällen. Hrsg.: Thomé-Kozmiensky, K.J., 1-110. EF-Verlag, Berlin.

Tietjen, C. und H.J. Banse (1960): Strukturuntersuchungen an Kompostmieten. IAM-Informationsblatt 8, 3.

Töpfer, B. (1988): Genehmigungspraxis von Anlagen für die Behandlung von organischen Abfällen. Schriftenreihe des Arbeitskreises für die Nutzbarmachung von Siedlungsabfällen. Verwertung organischer Abfälle 12.

Tope, O. (1951): Hygiene-Fürsorge für Straßenreiniger und Müllwerker. Städtehygiene 2, 22-25.

Tope, O. (1957): Bakterien und Ungeziefer im Müll und auf Müllhalden. Städtehygiene 8, 197-201.

Trost, M. und Z. Filip (1985): Mikrobiologische Untersuchungen an Abfällen aus Arztpraxen und Hausmüll. Zbl. Bakt. Hyg. I. Orig. B 181, 159-172.

Unz, W. (1973): Diskussion der Beseitigungsmethoden. Müll und Abfall 2, 29-32.

Vater, W. Schlammtrocknung - Thermische Trocknung, In: Müll-Handbuch KZ 3310. Hrsg.: Hösel, G., Schenkel, W. und H. Schnurer. Erich Schmidt-Verlag, Berlin.

Vereinigung Deutscher Gewässerschutz (VDG) e.V. (1967): Schriftenreihe, Heft 16. Gewässerschäden durch Ablagerung von Abfallstoffen.

VKS-Informationsschrift (1991) des Verbandes kommunaler Städtereinigungsbetriebe: Wertstoffe aus Siedlungsabfällen, Möglichkeiten der Wiederverwertung. In: Müll-Handbuch KZ 2985. Hrsg.: Hösel, G., Schenkel, W. und H. Schnurer. Erich Schmidt-Verlag, Berlin.

Vogel, G. (1991): Getrennte Sammlung von Stoffen des Mülls. In: Müll-Handbuch KZ 2810. Hrsg.: Hösel, G., Schenkel, W. und H. Schnurer. Erich Schmidt-Verlag, Berlin.

Wedde, F. (1987): Lärmschutz an Anlagen zur Behandlung und Verwertung von Haushaltsabfällen. In: Konzepte in der Abfallwirtschaft 1. Hrsg.: Thomé-Kozmiensky, K.J. und W. Schenkel, 207-219. EF-Verlag, Berlin.

Wiegel, U. und K. Wengenroth. Emissions- und prozeßtechnische Optimierung der Kompostierung von Biomüll. In: Recycling von Abfällen 1, Hrsg.: Thomé-Kozmiensky, K.J. EF-Verlag für Umwelt- und Energietechnik GmbH., Berlin.

Wiemer, K. (1983): Die Ablagerungsdichte von Abfällen und Setzungen in Deponien. Müll-Handbuch, KZ 4590, Hrsg. Hösel, G., Straub, H. und W.Schenkel. Erich Schmidt-Verlag Berlin.

Wiemer, K. (1987): Grundlagen zur Abdichtung und Kapselung von Deponien. In. Deponie-Ablagerung von Abfällen, 394-418. Hrsg.: Thomé-Kozmiensky, K.J. EF-Verlag, Berlin.

Wiemer, K. und M. Kern (1992): Abfallwirtschaft Witzenhausen.

Wilderer, T. und L. Hartmann (1972): Untersuchungen über Menge und Abbaubarkeit von Sickerwasserinhaltsstoffen auf einer Mülldeponie. Müll und Abfall, 82.

Wolfskehl, O. und E. Boye (1966): Einwirkung abgelagerter Müllasche und Müllkompostes auf das Grundwasser. Schweiz. Bauzeitung 84, 61-63 und 358.

Wolters, N. (1965): Alterung, Verwitterung und Auslaugung abgelagerter Feststoffe. Wasser, Luft und Betrieb H. 3, 154-156.

Würz, W. (1991): Die Verfahren der Abfallsammlung. In: Müll-Handbuch, KZ 2120. Hrsg.: Hösel, G., Schenkel, W. und H. Schnurer. Erich Schmidt-Verlag, Berlin.

Sachwortverzeichnis